高等职业院校“十三五”课程改革优秀成果规划教材

单片机应用技术项目化教程

主　编　董艳艳　全瑞花
副主编　田治礼

北京理工大学出版社
BEIJING INSTITUTE OF TECHNOLOGY PRESS

图书在版编目（CIP）数据

单片机应用技术项目化教程/董艳艳，全瑞华主编．—北京：北京理工大学出版社，2018.9（2022.7重印）

ISBN 978－7－5682－6258－3

Ⅰ.①单…　Ⅱ.①董…②全…　Ⅲ.①单片微型计算机－职业教育－教材　Ⅳ.①TP368.1

中国版本图书馆 CIP 数据核字（2018）第 200497 号

出版发行／北京理工大学出版社有限责任公司
社　　址／北京市海淀区中关村南大街 5 号
邮　　编／100081
电　　话／（010）68914775（总编室）
　　　　　（010）82562903（教材售后服务热线）
　　　　　（010）68944723（其他图书服务热线）
网　　址／http：//www.bitpress.com.cn
经　　销／全国各地新华书店
印　　刷／廊坊市印艺阁数字科技有限公司
开　　本／787 毫米×1092 毫米　1/16
印　　张／16.5
字　　数／387 千字
版　　次／2018 年 9 月第 1 版　2022 年 7 月第 3 次印刷
定　　价／49.00 元

责任编辑／张鑫星
文案编辑／张鑫星
责任校对／周瑞红
责任印制／李志强

前 言

Qianyan

本书结合目前最新的职业教育改革要求，采用项目化设计，是学习单片机的入门教材。全书以 AT89S52 单片机为例，从实际应用入手，可以采用任何一款单片机实训台或者实训箱作为载体，以智能玩具车的各个功能模块设计为主线，通过 8 个项目 24 个典型工作任务，按照基于工作过程的编写思路，循序渐进的介绍了 51 系列单片机 C 语言编程方法以及单片机的硬件结构和功能应用，重点锻炼学生的单片机应用能力和单片机的编程设计思想。

全书共分为 8 个项目 24 个典型工作任务，整个设计过程以玩具智能车的设计与制作为主线，设计项目包括：车灯系统设计、按键系统设计、智能车启动停止和车速控制系统、仪表显示系统、自动控制系统、通信系统 6 个基本功能项目和温度报警系统设计、出租车计价器的设计 2 个拓展训练项目。每个设计项目根据知识的难易程度设计了 3 ~ 4 个典型工作任务，引导学生由易到难循序渐进的学习和掌握单片机的基本知识并能灵活运用。每个项目都配有相应的课后拓展训练，供学生课后自主学习，以便学生课后巩固本章的知识。

本书编写的最大特色是打破传统的知识体系结构，以应用为主线，重组单片机的硬件与软件知识，将单片机的所有知识点融入智能车设计这个产品的设计和制作中，以具体的设计实例贯穿全书，增强学生的学习兴趣和成就感。而整个设计中的 8 个项目遵循"软硬件一体化、理实一体化"的设计思路，使学生"做中学、学中做"。

书中内容通俗易懂，图文并茂，循序渐进，可操作性较强。在叙述方式上，引入了大量与实训相关的图、表及数据等，针对每个项目都设计了具体的学习内容和学业评价标准，引导学生自己动脑设计作品，自己动手完成设计，对每个工作任务都配有相应的仿真设计图，可操作性强，特别适合单片机的初学者，本书可作为高职高专院校计算机应用技术、电子信息、机电等相关专业单片机技术课程的教材，也可作为广大电子制作爱好者的自学用书。

本书主要内容如下表所示，参考学时为 72 学时，其中项目七和项目八为拓展训练项目，在使用时可根据具体教学情况酌情增减学时。

	项目	典型任务
单片机应用技术	项目一　智能车灯系统设计	任务 1.1　点亮一个 LED 灯
		任务 1.2　智能车双闪灯的设计
		任务 1.3　流水灯设计

续表

	项目	典型任务
单片机应用技术	项目二　智能车按键系统设计	任务 2.1　独立按键控制智能车双闪灯
		任务 2.2　智能车转向灯设计
		任务 2.3　矩阵键盘控制车灯亮灭
	项目三　智能车车速控制系统设计	任务 3.1　独立按键控制智能车启动和停止
		任务 3.2　定时器控制车灯按照 1 s 闪烁
		任务 3.3　按键控制智能车的前进和倒退
		任务 3.4　智能车车速控制系统设计
	项目四　智能车仪表显示系统设计	任务 4.1　电子秒表设计
		任务 4.2　模拟交通灯设计
		任务 4.3　数码管显示智能车运动时间
		任务 4.4　LCD/602 显示智能车运动时间
	项目五　智能车车灯自动控制系统设计	任务 5.1　智能车车灯亮度调节
		任务 5.2　智能车对环境亮度的自动采集与显示
		任务 5.3　智能车车灯亮度自动调节
	项目六　智能车通信系统设计	任务 6.1　A 车控制 B 车前进与倒退
		任务 6.2　PC 机控制智能车前进与倒退
	项目七　智能车温度报警系统设计	任务 7.1　单片机应用系统设计原则与过程
		任务 7.2　认识数字温度传感器 DS18B20
		任务 7.3　数字温度报警器设计
	项目八　出租车计价器的设计	任务 8.1　认识 I^2C 总线
		任务 8.2　出租车计价器设计

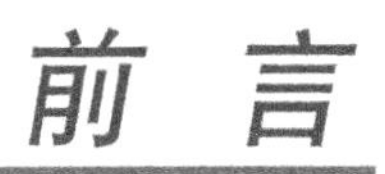

为了方便教师教学，本书配有电子教学课件、习题参考答案、C 语言源程序等，供师生下载学习。

本书由烟台汽车工程职业学院董艳艳和全瑞花担任主编，东营职业学院田治礼担任副主编，负责本书的总体策划及全书的编写指导。董艳艳完成本书项目 1 ~ 3 的编写，全瑞花完成本书项目 4 ~ 7 的编写，田治礼完成本书项目 8 的编写，书中的程序设计及测试由唐国锋和王万君完成，同时郭三华、李晓艳、徐加爽、徐蕾等人也参与了本书的编写及校对工作，并提出了许多宝贵意见和建议，在此一并表示衷心的感谢。

由于时间紧迫和编者水平有限，书中的缺点和不足在所难免，恳请读者批评指正。

编　者

Contents

目 录

目 录

Contents 目 录

目 录

Contents

目 录

目 录

项目一　智能车灯系统设计

学习情境任务描述

炫酷的智能车玩具给孩子带来了很多乐趣，仿真的刹车灯、转向灯以及外形各异的装饰灯为智能车玩具增色不少。本学习情境的工作任务是采用单片机来设计一个最简单的智能车流水灯。将单片机的输入输出口与8个LED灯相连，同时通过改变I/O口的数据就可以实现流水灯设计。通过本项目的学习，使同学们认识单片机，了解单片机的最小系统，学会单片机I/O口赋值的基本方法，能够编写简单的C51语言程序。在认识单片机的基础上，进行单片机流水灯的任务分析和计划制订、硬件电路和软件程序的设计，完成流水灯的制作、调试和运行演示，并完成工作任务评价。

学习目标

（1）认识什么是单片机及单片机的发展现状；
（2）掌握单片机的最小系统；
（3）掌握单片机并行口的结构及功能；
（4）能进行单片机I/O口数据的任意赋值；
（5）能进行LED的点亮和熄灭控制；
（6）能编写简单的C51语言程序；
（7）能按照设计任务书的要求，完成智能车流水灯的设计、调试与制作。

学习与工作内容

本学习情境要求根据工作任务书的要求，如表1－1所示，学习单片机的基本结构、最小系统和引脚功能及C51语言程序设计的相关知识，进一步掌握单片机最小系统和I/O口的应用知识，查阅资料，制订工作方案和计划，完成智能车流水灯的设计与制作，需要完成以下工作任务：

（1）认识单片机及其发展现状；
（2）学习单片机的最小系统及I/O口结构和功能；
（3）学习C51语言的基本结构及编程方法；
（4）划分工作小组，以小组为单位完成一个LED灯的点亮，智能车刹车灯、流水灯设计的任务；
（5）根据任务书的要求，查阅收集相关资料，制订完成任务的方案和计划；
（6）根据任务书的要求，整理出硬件电路图；

(7) 根据任务要求和电路图，整理出所需要的器件和工具仪器清单；

(8) 根据功能要求和硬件电路原理图，绘制程序流程图；

(9) 根据功能要求和程序流程图，编写软件程序并进行编译调试；

(10) 进行软硬件调试和仿真运行，电路的安装制作，演示汇报；

(11) 进行工作任务的学业评价，完成工作任务的设计制作报告。

表 1-1　智能车灯系统设计任务书

设计任务	采用单片机的控制方式，设计智能车流水灯，实现 8 个 LED 灯的流水闪烁
功能要求	流水灯采用实训台上面的 8 个 LED 灯代替，每个 LED 灯连接一个单片机的引脚，能通过单片机的控制实现 8 个 LED 灯的轮流点亮和闪烁
工具	1. 单片机开发和电路设计仿真软件：Keil μVision4 软件、Protues 软件； 2. PC 机及软件程序、万用表、电烙铁、装配工具
材料	元器件（套）、焊料、焊剂、焊锡丝

学业评价

本学习情境的学业根据工作任务的完成过程进行考核评价，注重学习和工作过程的考核评价，依据完成任务中实际的学习和工作过程分为 10 个评分项目，根据各项目主要完成主体的不同，分别对个人和小组进行考核评价，如表 1-2 所示。

表 1-2　考核评价表

项目名称	分值	第______组			备注
		学生 1	学生 2	学生 3	
单片机最小系统的学习	10				
单片机并行口的学习	10				
C51 语言的库函数的学习	5				
Keil 软件运行环境的学习	10				
流水灯项目硬件电路设计	5				
流水灯项目软件电路设计	10				
调试仿真	10				
安装制作	10				
设计制作报告	15				
团队及合作能力	15				

任务 1.1　点亮一个 LED 灯

1.1.1　认识单片机

1. 单片机

单片微型计算机简称单片机。由于它的结构及功能均按工业控制要求设计，因此其确切的名称应是单片微控制器。

单片机是把中央处理器 CPU、随机存取存储器 RAM、只读存储器 ROM、I/O 口电路、定时器/计数器以及串行通信接口等集成在一块芯片上，构成一个完整的微型计算机，故又称为单片微型计算机。

2. 单片机的发展历史

单片机出现的历史并不长，它的产生与发展和微处理器的产生与发展大体同步，经历了四个阶段。

第一阶段（1971—1974 年）：1971 年 11 月，美国 Intel 公司首先设计出集成度为 2 000 只晶体管/片的 4 位微处理器 Intel 4004，并且配有随机存取存储器 RAM、只读存储器 ROM 和移位寄存器等，构成第一台 MCS－4 微型计算机。1972 年 4 月，Intel 公司又研制成功了处理能力较强的 8 位微处理器——Intel 8008。这些微处理器虽说还不是单片机，但从此拉开了研制单片机的序幕。

第二阶段（1974—1978 年）：初级单片机阶段。以 Intel 公司的 MCS－48 为代表，这个系列单片机内集成有 8 位 CPU、I/O 口、8 位定时器/计数器，寻址范围不大于 4 KB，且无串行口。

第三阶段（1978—1983 年）：高性能单片机阶段。在这一阶段推出的单片机普遍带有串行 I/O 口，有多级中断处理系统、16 位定时器/计数器。单片机内 RAM、ROM 容量加大，且寻址范围可达 64 KB，有的片内还带有 A/D 转换器接口，如 Intel 公司的 MCS－51、Motorola 公司的 6801 和 Zilong 公司的 Z80 等。这类单片机的应用领域极其广泛，这个系列的各类产品仍是目前国内的主流。其中 MCS－51 系列产品，以其优良的性能价格比，成为我国广大科技人员的首选。

第四阶段（1983 年至今）：8 位单片机巩固发展及 16 位单片机推出阶段。此阶段单片机的主要特征：一方面发展 16 位单片机及专用单片机；另一方面不断完善高档 8 位单片机，改善其结构，以满足不同的用户需要。纵观单片机三十多年的发展历程，我们认为单片机今后将向多功能、高性能、高速度、低电压、低功耗、低价格、外围电路内装化以及内存储器容量增加的方向发展。但其位数不一定会继续增加，尽管现在已经有 32 位单片机，但使用的并不多。今后的单片机将功能更强、集成度和可靠性更高、价格更低以及使用更方便。

1.1.2 MCS－51 单片机的基本结构及信号引脚

1. MCS－51 单片机的内部结构

单片机是在单一芯片上构成的微型计算机，MCS－51 单片机由微处理器（包含运算器和控制器）、存储器、I/O 口以及特殊功能寄存器 SFR 等组成，其内部结构如图 1－1 所示。

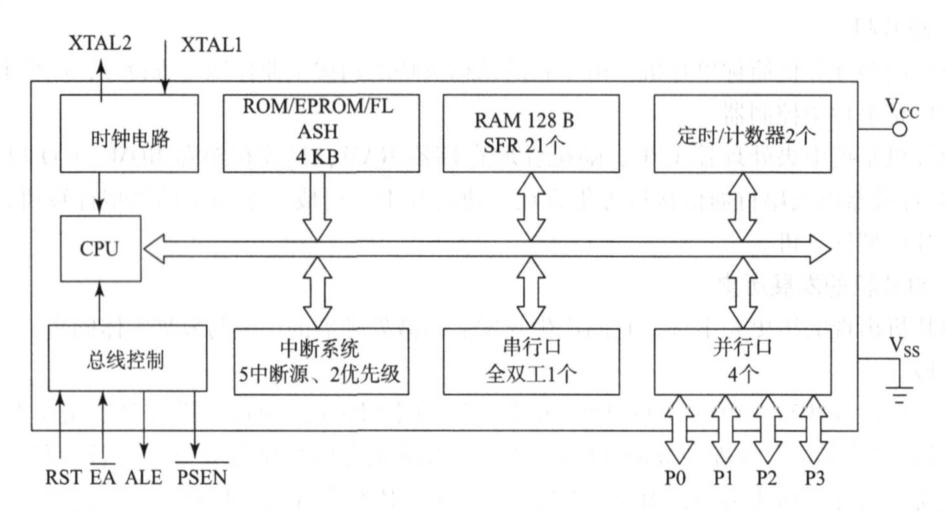

图 1－1　MCS－51 单片机的内部结构图

1）CPU

CPU 即中央处理器的简称，是单片机的核心部件，它完成各种运算和控制操作，CPU 由运算器和控制器两部分电路组成。

（1）运算器电路。

运算器电路包括 ALU（算术逻辑单元）、ACC（累加器）、B 寄存器、状态寄存器、暂存器 1 和暂存器 2 等部件，运算器的功能是进行算术运算和逻辑运算。运算器电路以 ALU 为核心单元，可以完成半字节、单字节以及多字节数据的运算操作，其中包括加、减、乘、除、十进制调整等算术运算以及与、或、异或、求补和循环等逻辑操作，运算结果的状态由状态寄存器保存。

（2）控制器电路。

控制器电路包括程序计数器 PC、PC 加 1 寄存器、指令寄存器、指令译码器、数据指针 DPTR、堆栈指针 SP、缓冲器以及定时与控制电路等。控制电路完成指挥控制工作，协调单片机各部分正常工作。程序计数器 PC 用来存放即将要执行的指令地址，它可以完成 64 KB 的外部存储器寻址，执行指令时，PC 内容的高 8 位经 P2 口输出，低 8 位经 P0 口输出。数据指针 DPTR 为 16 位数据指针，它可以对 64 KB 的外部数据存储器和 I/O 口进行寻址，它的低 8 位为 DPL（地址 82H），高 8 位为 DPH（地址为 83H）。堆栈指针 SP 在片内 RAM（128 B）中开辟栈区，并随时跟踪栈顶地址，它按先进后出的原则存取数据，上电复位后，SP 指向 07H。

2）时钟电路

单片机的工作过程是：取一条指令、译码、进行微操作，再取一条指令、译码、微操作，这样一步一步地由微操作依序完成相应指令规定的功能。各指令的微操作在时间上有严格的次序，这种微操作的时间次序就称为时序。单片机的时钟电路就是用来产生时钟信号为芯片内部的各种微操作提供时间基准。

3）定时器/计数器

MCS－51 单片机片内有两个 16 位的定时/计数器，即定时器 0 和定时器 1。它们可以用于定时控制、延时以及对外部事件的计数和检测等。

4）存储器

MCS－51 系列单片机的存储器包括数据存储器和程序存储器，其主要特点是程序存储器和数据存储器的寻址空间是相互独立的，物理结构也不相同。对 MCS－51 系列（8031 除外）而言，有 4 个物理上相互独立的存储器空间：即内、外程序存储器和内、外数据存储器。对于 8051 其芯片中共有 256 个 RAM 单元，其中后 128 个单元被专用寄存器占用，只有前 128 个单元供用户使用。

5）并行 I/O 口

MCS－51 单片机共有 4 个 8 位的 I/O 口（P0、P1、P2 和 P3），每一条 I/O 线都能独立地用作输入或输出。P0 口为三态双向口，能带 8 个 TTL 门电路，P1、P2 和 P3 口为准双向口，负载能力为 4 个 TTL 门电路。

6）串行 I/O 口

MCS－51 单片机具有一个采用通用异步工作方式的全双工串行通信接口，可以同时发送和接收数据。它具有两个相互独立的接收、发送数据缓冲器，两个缓冲器共用一个地址（99H），发送缓冲器只能写入，不能读出，接收缓冲器只能读出，不能写入。

综上所述，实际上单片机内部有一条将它们连接起来的“纽带”，即所谓的“内部总线”。而 CPU、ROM、RAM、I/O 口、中断系统及定时器系统等就分布在此总线的两旁，并和它们连通，从而使一切指令、数据都可以经过内部总线传送。

2. MCS－51 单片机的信号引脚

MCS－51 系列单片机芯片均为 40 个引脚，其中 HMOS 工艺制造的芯片采用双列直插（DIP）方式封装，其引脚示意如图 1－2 所示。CMOS 工艺制造的低功耗芯片也有采用方形封装（PLCC）的，但为 44 个引脚，其中 4 个引脚是不使用的。本教材主要讲解标准 40 引脚的双列直插式封装的 8051 单片机。

MCS－51 单片机的 40 个引脚大体可分为以下几类：

（1）电源及时钟引脚（4 个）。

①V_{CC}（40 引脚）：电源接入引脚；

②V_{SS}（20 引脚）：接地引脚；

③XTAL1：接外部晶振和微调电容的一端，在片内它是振荡器倒相放大器的输入，若使用外部 TTL 时钟时，该引脚必须接地；

④XTAL2：接外部晶振和微调电容的另一端，在片内它是振荡器倒相放大器的输出，若使用外部 TTL 时钟时，该引脚为外部时钟的输入端。

（2）并行 I/O（输入/输出）引脚（32 个）。

8051 单片机有 4 个 8 位的并行输入/输出端口 P0、P1、P2 和 P3，其中每一条 I/O 线都

（a）

引脚	名称	引脚	名称
1	P1.0	40	V_{CC}
2	P1.1	39	P0.0
3	P1.2	38	P0.1
4	P1.3	37	P0.2
5	P1.4	36	P0.3
6	P1.5	35	P0.4
7	P1.6	34	P0.5
8	P1.7	33	P0.6
9	RST	32	P0.7
10	P3.0/RXD	31	$V_{PP}/\overline{EA}$
11	P3.1/TXD	30	ALE/$\overline{PROG}$
12	P3.2/$\overline{INT0}$	29	$\overline{PSEN}$
13	P3.3/$\overline{INT1}$	28	P2.7
14	P3.4/T0	27	P2.6
15	P3.5/T1	26	P2.5
16	P3.6/$\overline{WR}$	25	P2.4
17	P3.7/$\overline{RD}$	24	P2.3
18	XTAL2	23	P2.2
19	XTAL1	22	P2.1
20	V_{SS}	21	P2.0

8051

（b）

图 1－2　MCS－51 单片机的引脚示意图

（a）实物图；（b）示意图

能独立地作为输入或输出来用。

①P0：P0.0～P0.7 是一般 I/O 口引脚或数据/低地址总线复用引脚；

②P1：P1.0～P1.7 是一般 I/O 口引脚；

③P2：P2.0～P2.7 是一般 I/O 口引脚或数据/高地址总线复用引脚；

④P3：P3.0～P3.7 是一般 I/O 口引脚或第二功能引脚。P3 口的第二功能如表 1－3 所示。

表 1－3　P3 口的第二功能表

口线	第二功能	功能含义
P3.0	RXD	串行数据接收
P3.1	TXD	串行数据发送
P3.2	$\overline{INT0}$	外部中断 0 申请
P3.3	$\overline{INT1}$	外部中断 1 申请
P3.4	T0	定时/计数器 0 计数输入
P3.5	T1	定时/计数器 1 计数输入
P3.6	$\overline{WR}$	外部 RAM 写选通
P3.7	$\overline{RD}$	外部 RAM 读选通

（3）控制引脚。

①ALE/$\overline{PROG}$（30 引脚）：地址锁存允许信号输出引脚/编程脉冲输入引脚。当 8051 上电正常工作后，ALE 引脚不断向外输出脉冲信号，此频率为振荡器频率的 1/6，当 CPU 访问

外部存储器时（振荡频率的1/12），ALE输出信号作为锁存低8位地址的控制信号；不访问片外存储器时，ALE端以振荡频率的1/6固定输出脉冲，因此ALE信号可用作对外输出时钟或定时信号，因此利用ALE引脚可以很方便地判断单片机是否正常工作。当单片机上电复位后，用示波器测ALE引脚，若有脉冲输出，则说明单片机最小系统外围电路连接正确，单片机正常工作。

②$\overline{PSEN}$（29引脚）：访问外部程序存储器选通信号，低电平有效。

③$V_{PP}/\overline{EA}$（31引脚）：访问内部或外部ROM选择信号。引脚为高电平时，CPU访问内部ROM，但当PC指针超过0FFFH时（4KB），自动转向执行外部ROM，引脚为低电平，则访问外部ROM。

④RST（9引脚）：复位引脚对于微机系统都是必不可少的，该引脚可以保证程序跑飞后重新开始执行程序。对8051单片机复位而言，高电平有效，只要在该引脚上输入两个机器周期以上的高电平，就可完成复位操作。

3. 并行端口P1的应用特性

单片机P1口由一个输出锁存器、两个三态输入缓冲器和输出驱动电路组成，且输出电路内部设有上拉电阻，其内部结构如图1-3所示。

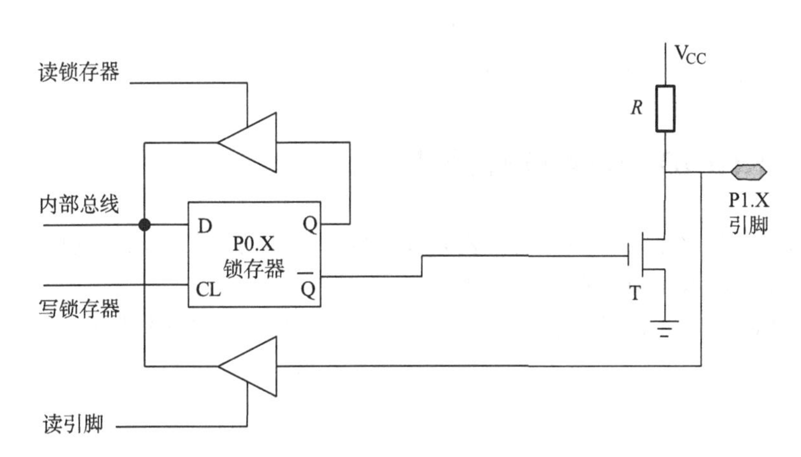

图1-3　P1口的位结构图

P1口是通用的准双向I/O口，输出高电平时，能向外提供拉电流负载，不需要外接上拉电阻。当用作输入时，需向锁存器写入1。

1.1.3　LED灯点亮的原理

LED灯（发光二极管），具有单向导电性，LED灯的正极又称为阳极，负极又称为阴极，电流只能从阳极流向阴极，通过5 mA左右电流即可发光，电流越大，其亮度越强，若电流过大，会烧毁二极管，一般电流控制在3～10 mA。LED灯串联一个限流电阻，限制电路中电流大小。当LED灯发光时，测量它两端的电压约为1.7 V，这个电压称为LED灯的“导通压降”。LED灯的工作原理如图1-4所示。

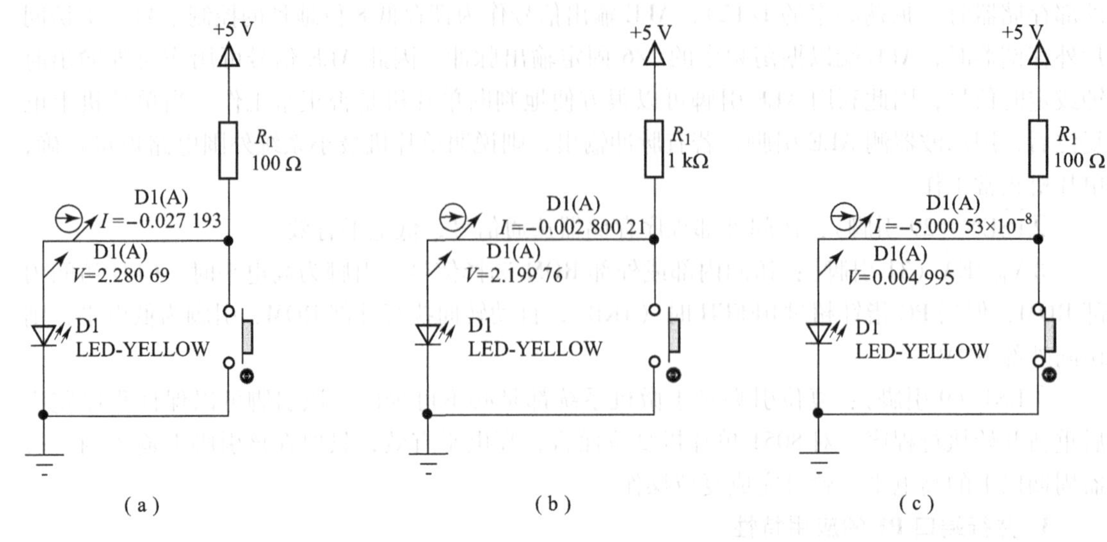

图 1－4　LED 灯的工作原理

限流电阻的选择：

$$R_{1\max} = (5-1.7)/3\ \text{mA} \approx 1.1\ \text{k}\Omega$$

$$R_{1\min} = (5-1.7)/10\ \text{mA} = 330\ \Omega$$

所以 R_1 的取值范围为：330 Ω ~ 1.1 kΩ。

1.1.4　Keil μVision4 软件的使用

在使用 Keil 软件之前，必须正确安装 Keil 软件。具体的安装方法，这里不做详细介绍，下面我们一起来学习 Keil 软件的使用方法。

首先启动 Keil μVision4 软件，如图 1－5 所示，紧接着出现编辑界面。

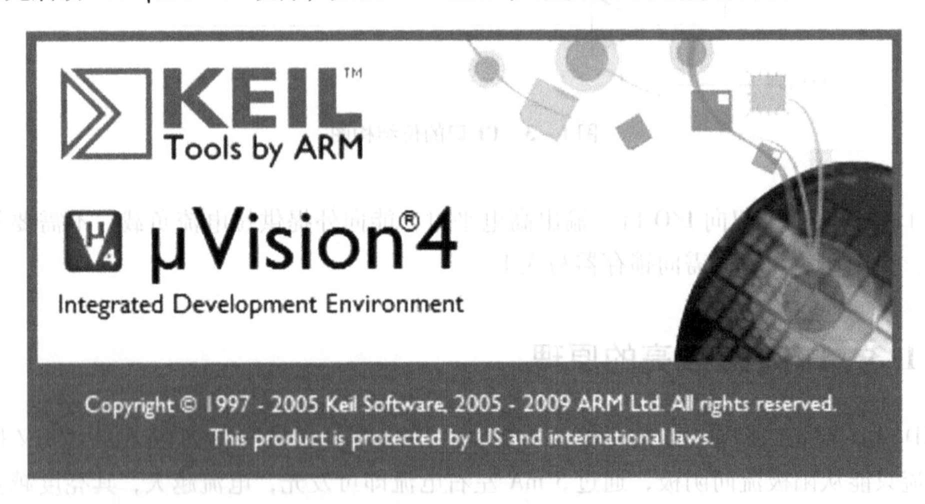

图 1－5　Keil 软件启动界面

（1）建立新工程，单击【Project】菜单中的【New μVision Project...】，如图 1－6 所示。

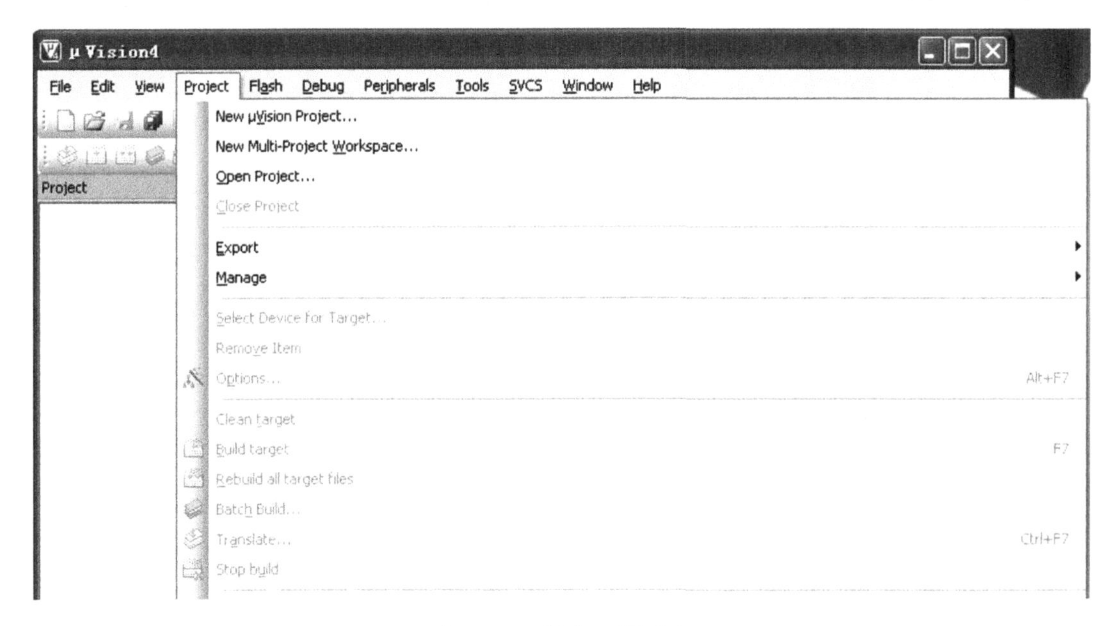

图 1-6　新建工程界面

（2）选择工程要保存的路径，输入工程文件名，如图 1-7 所示。

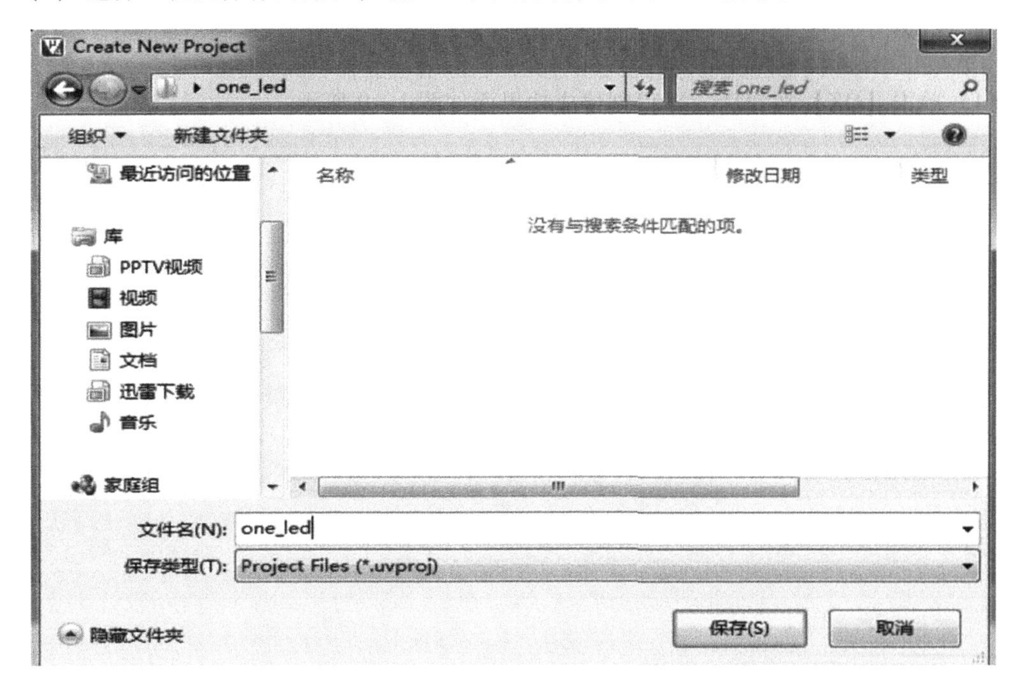

图 1-7　工程保存界面

合理建立文件夹：

①专门的路径下建立文件夹。

②文件夹的命名要求跟程序内容相同。

③看到文件夹能够明白程序大体内容。

④设计模块化程序。

(3) 选择 CPU 型号：Atmel/AT89C52 或者（AT89C51），如图 1-8 所示。

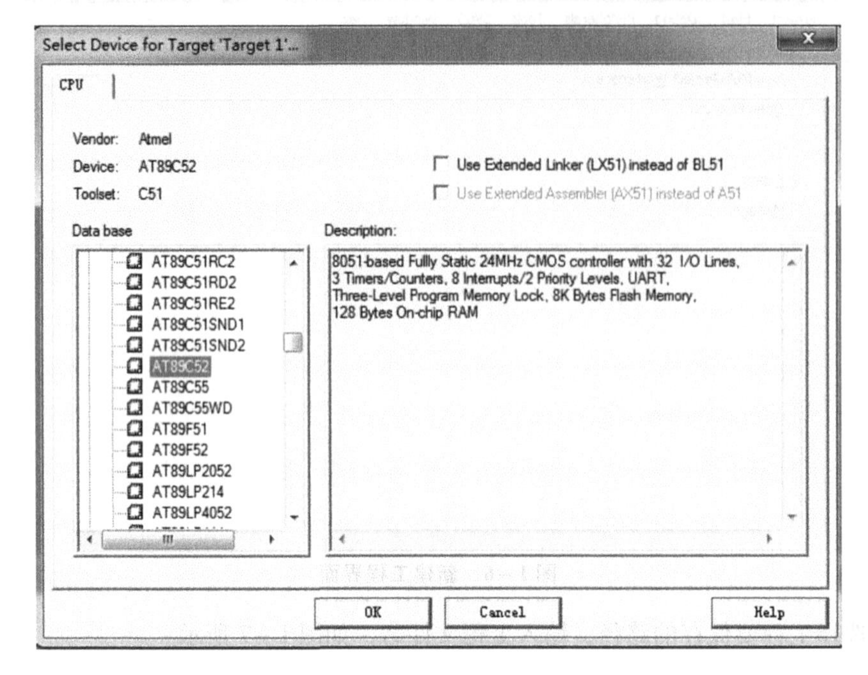

图 1-8　CPU 型号选择界面

(4) 单击【OK】按钮后，工程创建成功界面如图 1-9 所示。

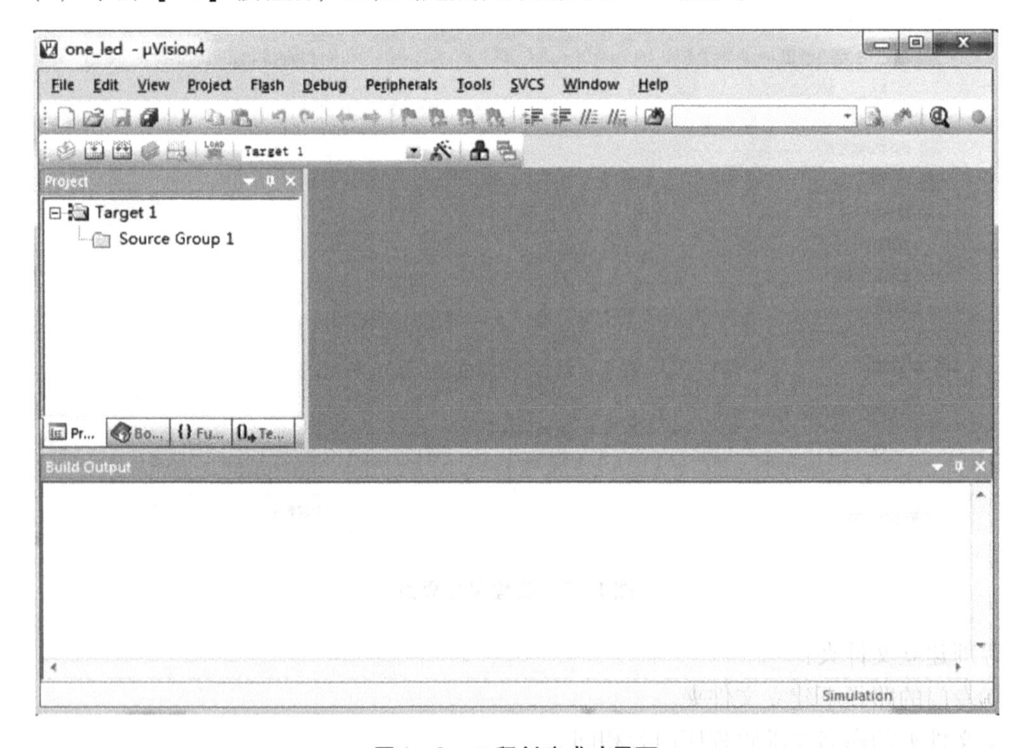

图 1-9　工程创建成功界面

(5) 添加文件。单击【File】菜单中的【New】菜单项或者单击按钮，快捷键：

【Ctrl + N】。新建源文件界面如图 1 – 10 所示。

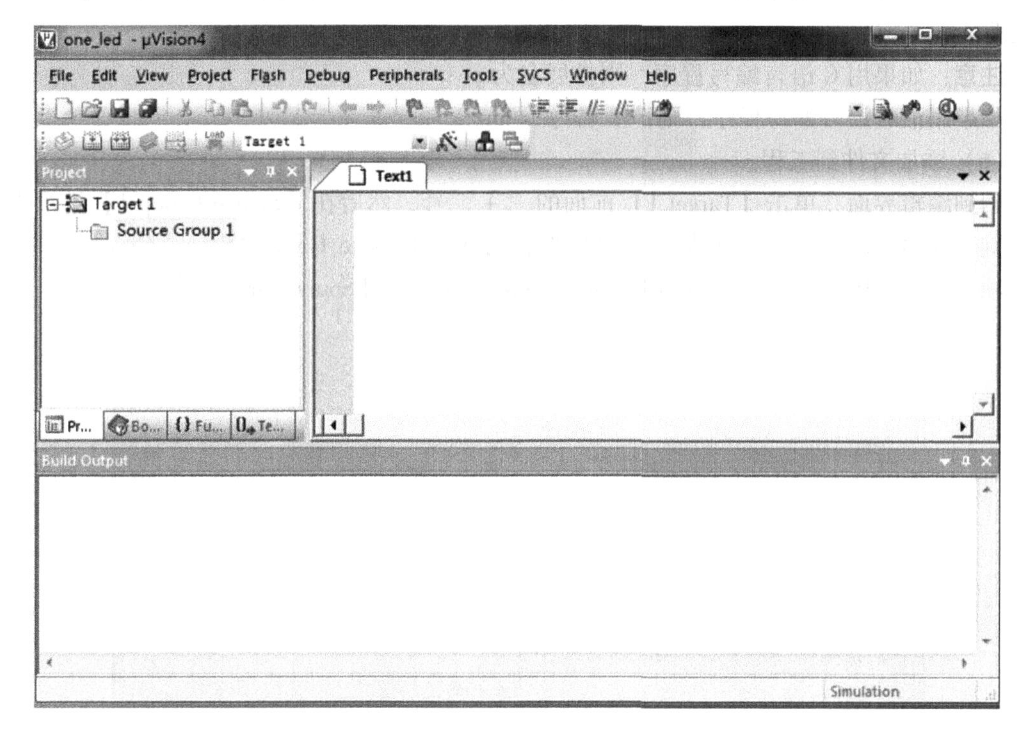

图 1 – 10　新建源文件界面

单击【File】菜单中的【Save】菜单项或者单击按钮，快捷键：【Ctrl + S】，出现保存文件对话框，如图 1 – 11 所示。

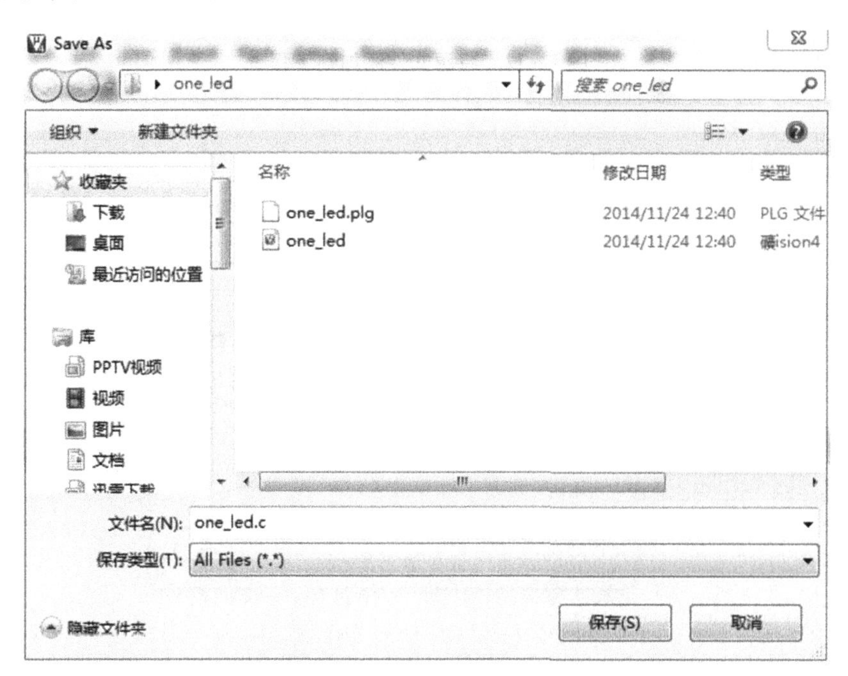

图 1 – 11　源文件保存界面

在文件名（N）的编辑框中，输入要保存的文件名，同时必须输入正确的扩展名，并单击【保存】按钮。

注意：如果用C语言编写程序，则扩展名为.c；

如果用汇编语言编写程序，则扩展名为.asm。

（6）添加文件到工程。

回到编辑界面，单击【Target 1】前面的“+”号，然后在【Sourse Group 1】选项上单击右键，弹出如图1－12所示菜单。然后选择【Add Files to Group‘Sourse Group 1’...】菜单项，弹出如图1－13所示对话框，或者直接左键双击【Sourse Group 1】选项。

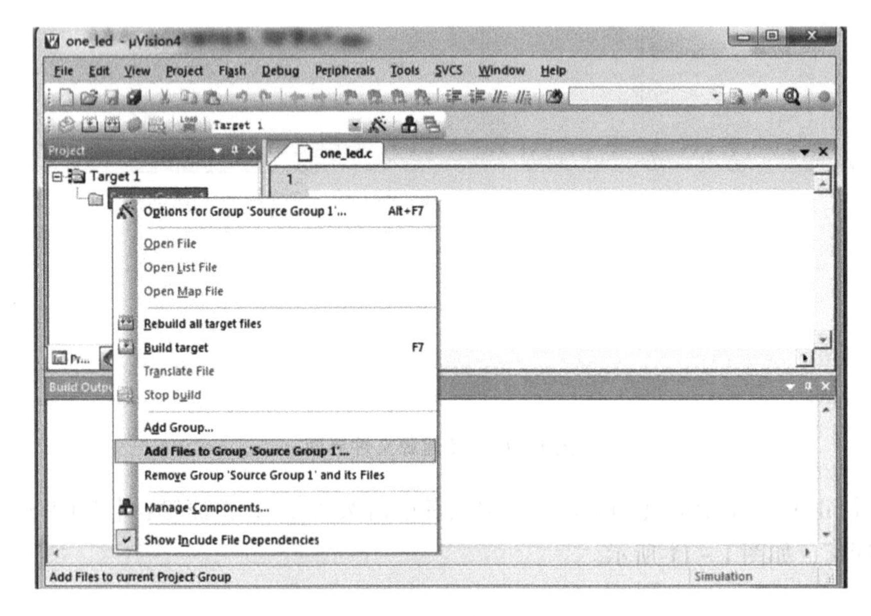

图1－12　将源文件添加到工程

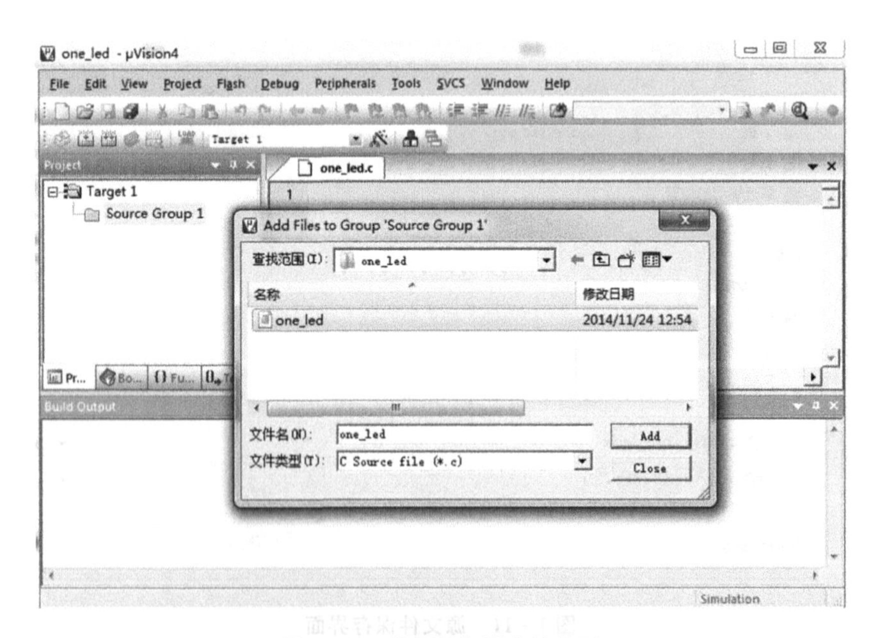

图1－13　选择添加源文件类型

选中【one_ led. c】文件，单击【Add】按钮，或者直接双击左键添加到工程中。源文件添加成功如图 1－14 所示。

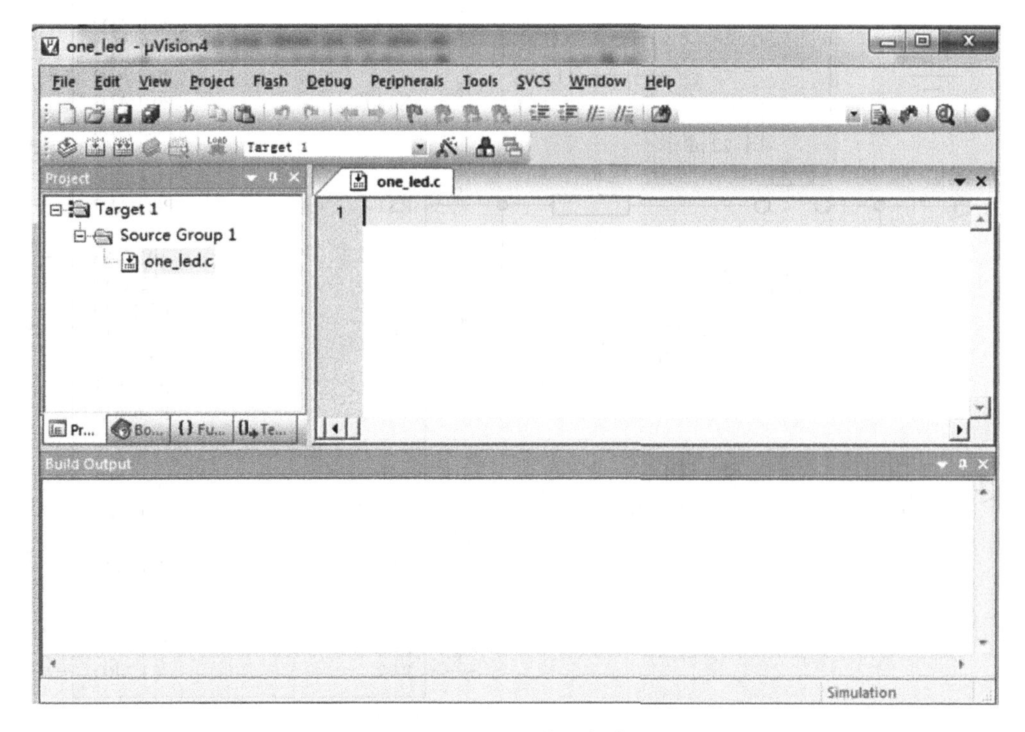

图 1－14　源文件添加成功

此时【Sourse Group 1】文件夹多了一个子项【one_ led. c】，当一个工程中有多个代码文件时，都要加在这个文件夹下，这时源代码文件与工程就关联起来了。

注意：当文件添加到工程中时，文件处于可编译状态。

1. 1. 5　一个 LED 灯点亮的硬件电路与软件程序设计

1. 硬件电路设计

1）电路原理图及其分析

该电路由两部分组成，一部分是单片机最小系统电路，另一部分是 P1 口接发光二极管（LED 灯）。单片机最小系统电路将在下一任务中详细介绍，这里重点讲解 P1 口外接发光二极管电路，利用发光二极管的单向导通性，一个 LED 灯通过限流电阻接 +5 V 电源，这样，当 P1 口输出低电平时二极管导通发光，而 P1 口输出高电平时 LED 灯则熄灭。其电路原理图如图 1－15 所示。

2）电路连接方式

注意：在系统断电情况下，连接电路。

用一条连接线将单片机最小系统模块的 P1 口与 LED 灯模块连接起来，将主机模块的 +5 V 电源、显示模块的 +5 V 电源和电源模块的 +5 V 电源连接，同时将主机模块、显示模块和电源模块的 GND 连接在一起。

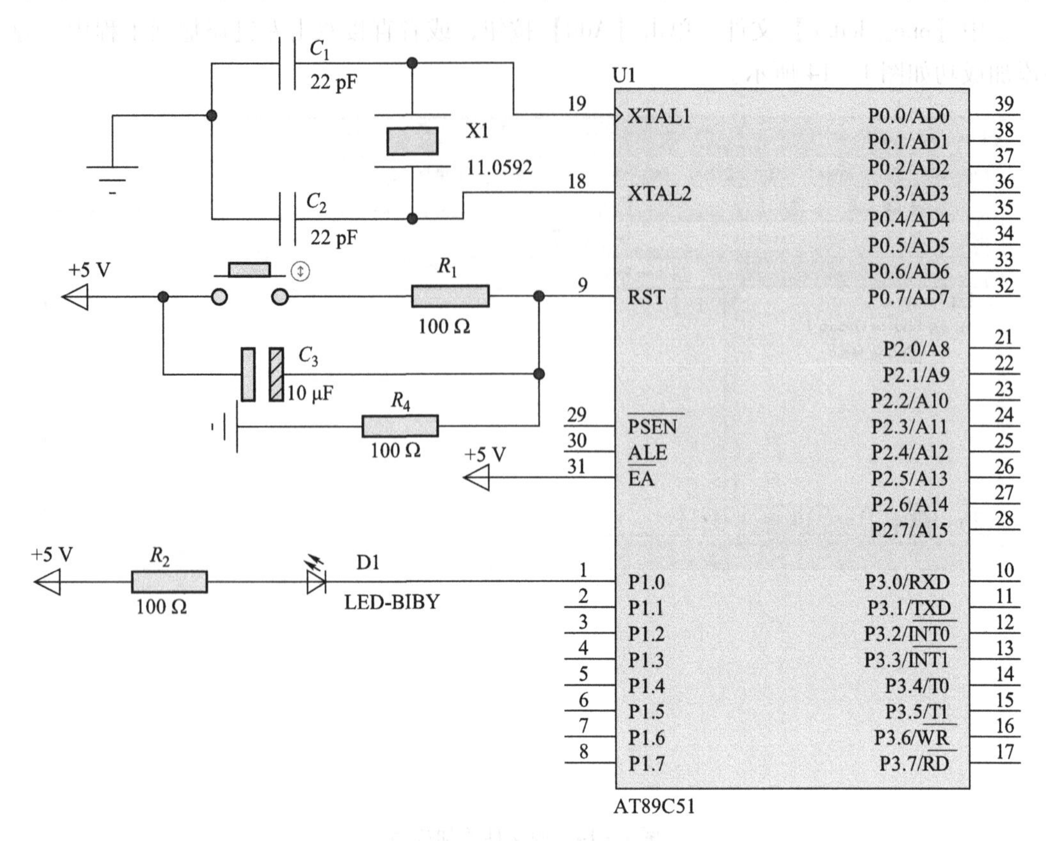

图 1－15　单片机与 LED 电路连接原理图

2. 软件程序设计

运行 Keil μVision4 软件，新建一个工程文件 one_led. uvproj，输入并编辑源程序文件 one_led. c，并且编译生成 one_led. hex 文件。

参考程序如下：

```
#include <reg52.h>              //52 系列单片机头文件包含
sbit D0 = P1^0;
void main()                     //主函数
{
    while(1)
    {
        D0 = 0;                 //点亮 1 个 LED
    }
}
```

说明：在程序输入过程中，“P1”中的“P”必须大写。

3. 下载程序

下载程序，Proteus 仿真图如图 1－16 所示。

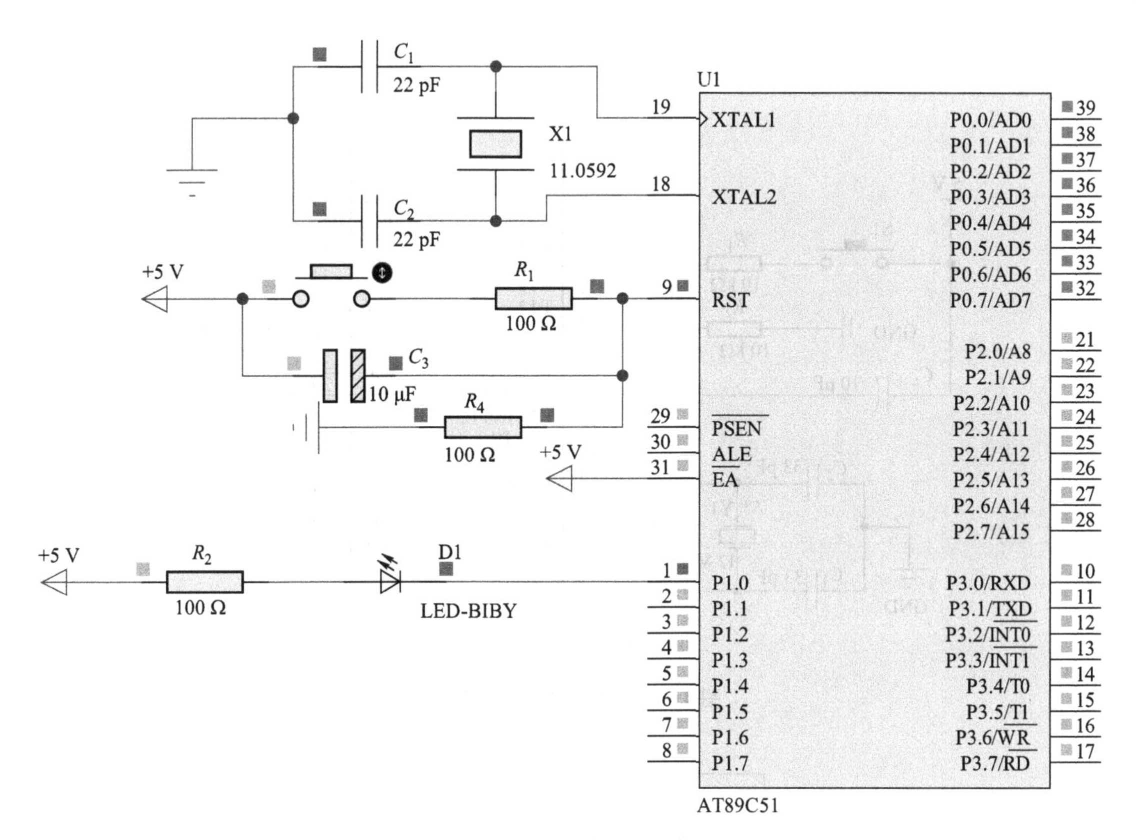

图 1-16　Proteus 仿真图

任务 1.2　智能车双闪灯的设计

1.2.1　单片机的最小系统

单片机最小系统（也称为最小应用系统），是指用最少的元件组成的单片机可以工作的系统。对 51 系列单片机来说，最小系统一般应该包括：单片机、时钟电路、复位电路。我们对单片机进行的所有操作都是以最小系统为基础的，其电路如图 1-17 所示。

1. 时钟电路

1）信号的产生

8051 单片机的时钟信号通常有两种产生方式：一是内部时钟方式，二是外部时钟方式。其电路图分别如图 1-18 所示。

内部时钟方式电路如图 1-18（a）所示，8051 单片机内部本身包含时钟电路，即在 MCS-51 系列单片机内部有一个高增益反相放大器，其输入端引脚为 XTAL1，输出端引脚为 XTAL2。只需要在单片机的 XTAL1 和 XTAL2 引脚两端跨接石英晶体振荡器和两个微调电

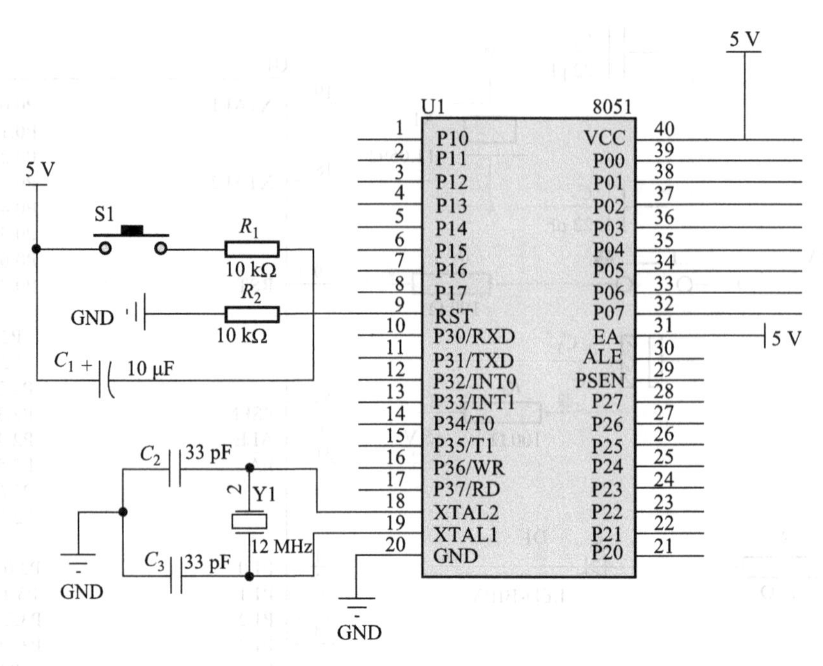

图 1－17　单片机最小系统图

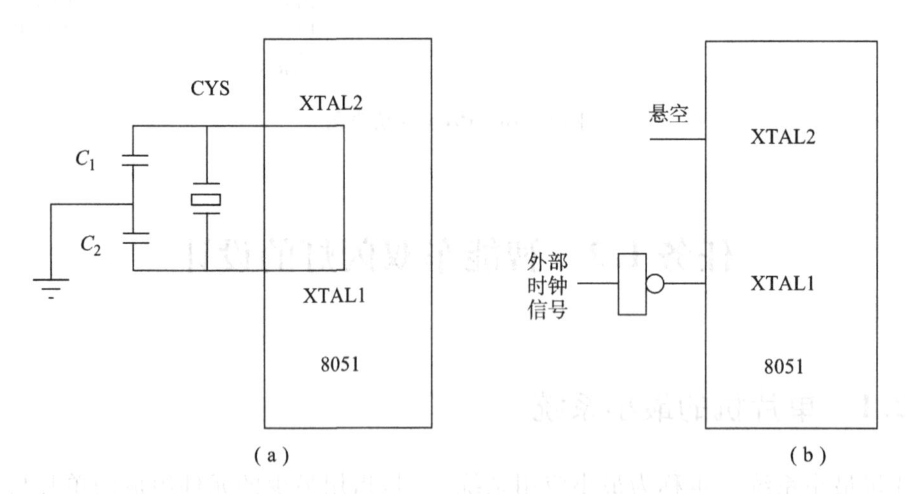

图 1－18　8051 单片机的时钟电路图

(a) 内部时钟方式；(b) 外部时钟方式

容构成振荡电路，就可以构成一个稳定的自激振荡器。通常 C_1 和 C_2 一般取 30 pF，晶振的频率取值在 1.2～12 MHz。

外部时钟方式是把外部信号引入到单片机作为时钟信号，如图 1－18（b）所示。此方式常用于多片单片机同时工作，用来保持各单片机之间的同步。外部时钟要由 XTAL1 引脚引入，而 XTAL2 引脚应悬空。

2）时序

计算机在执行指令时，通常将一条指令分解为若干基本的微操作，这些微操作所对应的脉冲信号在时间上的先后次序称为计算机的时序。MCS－51 系列单片机的时序概念共有 4

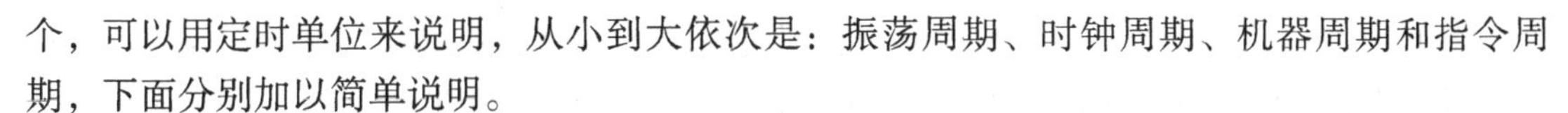

个，可以用定时单位来说明，从小到大依次是：振荡周期、时钟周期、机器周期和指令周期，下面分别加以简单说明。

（1）振荡周期：振荡周期指为单片机提供定时信号的振荡源的周期或外部输入时钟的周期，用 P 表示。如果单片机采用内部时钟方式其振荡周期即外接晶体振荡器的振荡周期。

（2）时钟周期（状态周期）：2 个振荡周期为 1 个状态周期，用 S 表示。它分为 P_1 节拍和 P_2 节拍，通常在 P_1 节拍完成算术逻辑操作，在 P_2 节拍完成内部寄存器之间的传送操作。

（3）机器周期：一个机器周期是指 CPU 访问存储器一次所需要的时间。MCS－51 的一个机器周期包括 12 个振荡周期，分成 6 个状态：$S_1 \sim S_6$，每个状态又分为两拍，称为 P_1 和 P_2，因此一个机器周期中的 12 个振荡周期表示为 S_1P_1、$S_1P_2 \cdots\cdots S_6P_1$、$S_6P_2$。

（4）指令周期：即执行一条指令所占用的全部时间，通常由 1～4 个机器周期组成。不同的指令，所需要的机器周期数也不相同。通常，将包含一个机器周期的指令称为单周期指令，包含两个机器周期的指令称为双周期指令，以此类推。

例如，某单片机采用内部时钟方式，外接晶振为 12 MHz 时，单片机的 4 个时间周期的具体值为：

振荡周期 $=\frac{1}{f_{osc}}=1/12\ \mu s$；

状态周期 $=2*$振荡周期 $=1/6\ \mu s$；

机器周期 $=12*$振荡周期 $=6*$状态周期 $=1\ \mu s$；

指令周期 $=1\sim4\ \mu s$。

2. 复位电路

通过某种方式，使单片机内各寄存器的值变为初始状态的操作称为复位。复位是单片机的初始化操作，单片机的复位是使 CPU 和系统中的其他功能部件都恢复到一个确定的初始状态，其主要功能是把 PC 指针初始化为 0000H，使单片机从 0000H 单元开始执行程序。

那么如何进行复位呢？只要在单片机的 RST 引脚上给出 2 个机器周期的高电平就可以完成复位操作（一般复位正脉冲宽度大于 10 ms）。MCS－51 单片机的复位分为上电复位和外部按键复位两种方式，其原理如图 1－19 所示。

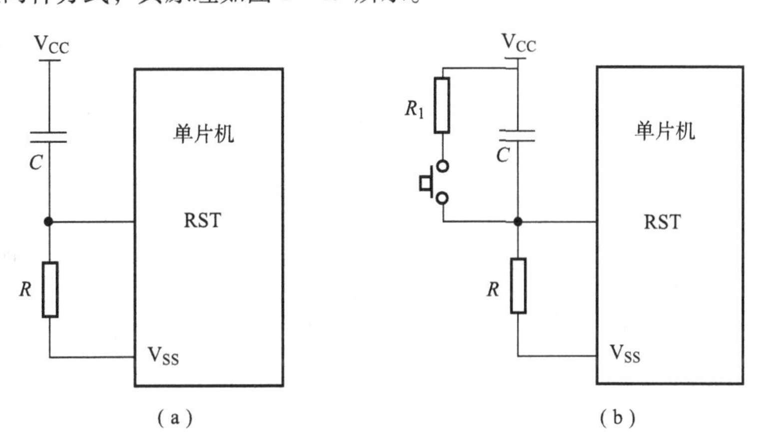

图 1－19　单片机的复位电路

（a）上电复位电路；（b）按键复位电路

图 1-19（a）所示为上电复位电路，它利用电容充电来实现复位，在接通电源的瞬间，RST 引脚的电位与 V_{CC} 相同即为高电平，随着充电电流的减小，RST 引脚的电位下降。只要保证 RST 引脚高电平持续的时间大于两个机器周期即可。

图 1-19（b）所示为按键复位电路，该电路同时具有上电复位功能，具体电路分析由同学们自己完成。

单片机复位后内部各专用寄存器处于某种特定的状态，如表 1-4 所示。

表 1-4　单片机复位后各专用寄存器的状态

专用寄存器	复位状态	专用寄存器	复位状态
PC	0000H	TMOD	00H
ACC	00H	TCON	00H
B	00H	SCON	00H
P0 ~ P3	FFH	TH0，TL0	00H
SP	07H	TH1，TL1	00H
PSW	00H	IE	0 ** 00000B
DPTR	0000H	IP	*** 00000B
SBUF	不确定	PCON	0 ** 00000B

说明：* 表示无关位。

1.2.2　I/O 口知识

如果将单片机比喻为人的话，那 I/O 口就可以看作单片机的手脚，用来给外部传送数据并且可以接收外部数据。

1. P0 口（P0.0 ~ P0.7）

P0 口是一个双功能的 8 位并行端口，字节地址为 80H，位地址为 80H ~ 87H。端口的各位具有完全相同但又相互独立的电路结构，P0 口的位电路结构如图 1-20 所示。

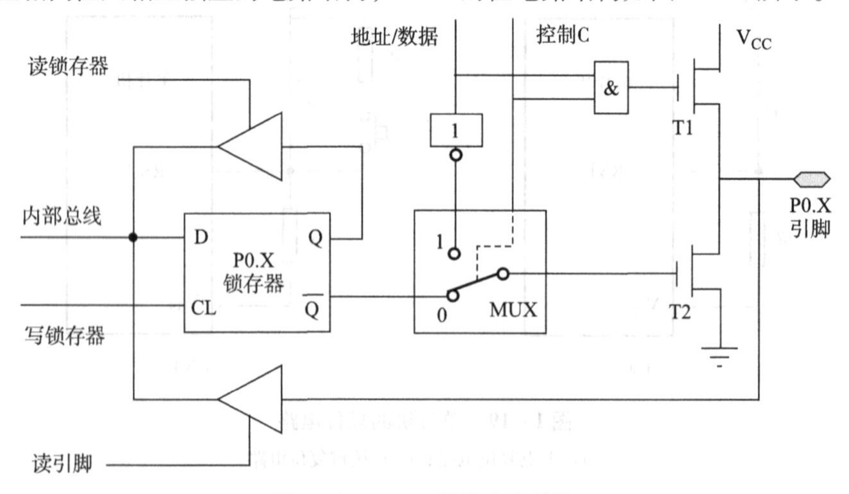

图 1-20　P0 口的位电路结构

输出驱动电路由于上、下两只场效应管，形成推拉式的电路结构，因而负载能力较强，能以吸收电流的方式驱动 8 个 TTL 输入负载。在实际应用中，P0 口经常作地址总线的低 8 位及数据总线复用口。在接口设计时，对于 74LS 系列、CD4000 系列及一些大规模集成电路芯片（如 8155、8255、AD574 等）都可以直接接口；对于一些线性元件，特别是键盘、码盘及 LED 显示器等，应尽量加驱动部分。

注意：P0 口为双功能口——地址/数据复用口和通用 I/O 口。

（1）当 P0 口用作地址数据复用口时，是一个真正的双向口，输出低 8 位地址和输出/输入 8 位数据。

（2）当 P0 口用作通用 I/O 口时，由于需要在片外接上拉电阻，端口不存在高阻抗（悬浮）状态，因此是一个准双向口。

（3）为保证引脚信号的正确读入，当 P0 口由原来输出转变为输入时，应先置锁存器的 Q 端为 1 方可执行输入操作。单片机复位后，锁存器自动被置 1。

2. P1 口（P1. 0 ~ P1. 7）

P1 口为单功能的 I/O 口，字节地址为 90H，位地址为 90H ~ 97H（可以进行位操作）。P1 口的位电路结构如图 1 – 21 所示。

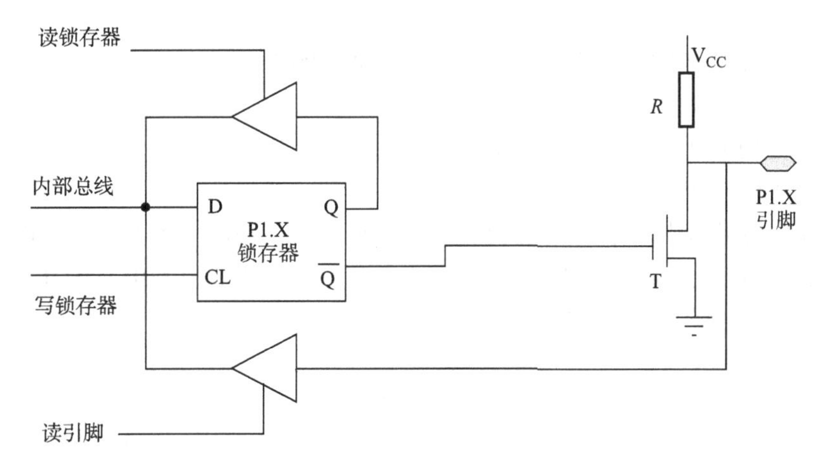

图 1 – 21　P1 口的位电路结构

P1 口的负载能力不如 P0 口，能以吸收或输出电流的方式驱动 4 个 LS 型的 TTL 负载。在实际应用中，P1 口经常用作 I/O 扩展口。在接口设计时，对于 74LS 系列、CD4000 系列及一些大规模集成电路芯片（如 8155、8255、MC14513 等）都可以直接接口；对于一些线性元件，特别是键盘、码盘及 LED 显示器等，应尽量加驱动部分。

注意：由于 P1 口具有内部上拉电阻，无高阻抗输入状态，故 P1 口为准双向口。P1 口“读引脚”输入时，必须先向锁存器写入 1。

3. P2 口（P2. 0 ~ P2. 7）

P2 口为双功能口，字节地址为 A0H，位地址为 A0H ~ A7H。P2 口的位电路结构如图 1 – 22 所示。

P2 口的负载能力不如 P0 口，但和 P1 口一样，能以吸收或输出电流的方式驱动 4 个 LS 型的 TTL 负载。在实际应用中，P2 口经常用作高 8 位地址和 I/O 口扩展的地址译码。在设

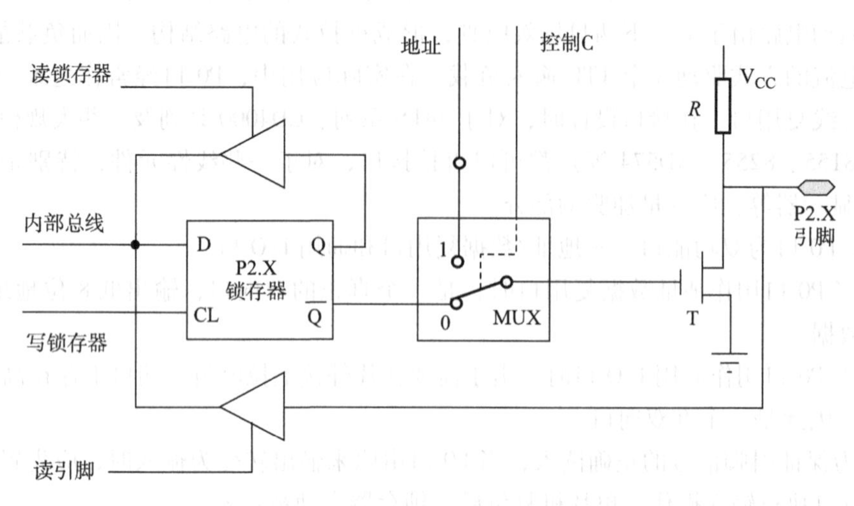

图 1-22 P2 口的位电路结构

计接口时，对于 74LS 系列、CD4000 系列及一些大规模集成电路芯片（如 74LS138、8243 等）都可以直接接口。

注意：

（1）作为地址输出线时，P2 口输出高 8 位地址，P0 口输出低 8 位地址，可寻址 64 KB 地址空间（现在已很少用此功能）。

（2）作为通用 I/O 口时，P2 口为准双向口，功能与 P1 口一样。

4. P3 口（P3.0～P3.7）

由于单片机的引脚数目有限，因此在 P3 口增加了第二功能。每 1 位都可以分别定义为第二输入功能或第二输出功能。P3 口字节地址为 B0H，位地址为 B0H～B7H（可以进行位操作）。P3 口的位电路结构如图 1-23 所示。

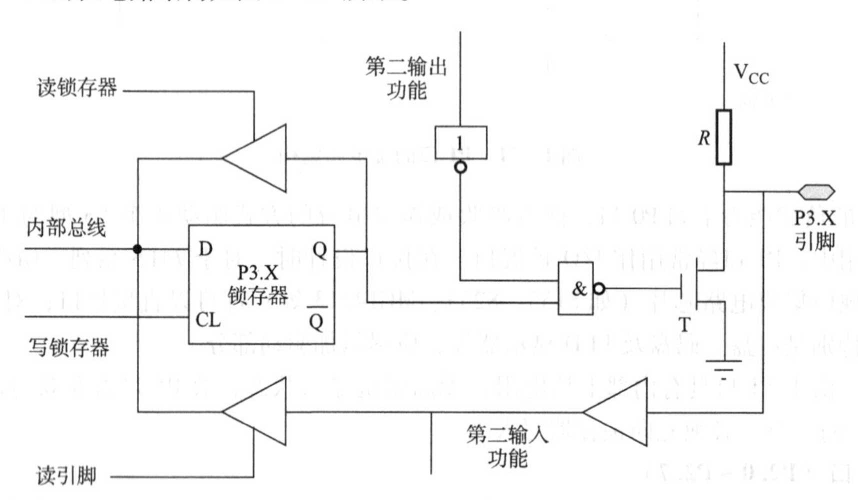

图 1-23 P3 口的位电路结构

P3 口的负载能力不如 P0 口，但和 P1、P2 口一样，能以吸收或输出电流的方式驱动 4 个 LS 型 TTL 负载。在实际应用中，P3 口经常用作中断输入、串行通信口。在设计接口时，对于 74LS 系列、CD4000 系列及一些大规模集成电路芯片（如 74LS164、74LS165 等）都可以直接接口。

注意：

P3 口内部有上拉电阻，无高阻抗输入态，因此 P3 口为准双向口。P3 口作为第二功能的输出/输入或第一功能通用输入使用时，均须将相应位的锁存器置 1。实际应用中，由于复位后 P3 口锁存器自动置 1 满足第二功能所需的条件，所以不需任何设置工作就可以进入第二功能操作。

当某位不作为第二功能使用时，可作为第一功能通用 I/O 使用。

引脚输入部分有两个缓冲器，第二功能的输入信号取自缓冲器 BUF3 的输出端，第一功能的输入信号取自缓冲器 BUF2 的输出端。

1.2.3　C51 数据类型

随着单片机硬件性能的提高，工作速度越来越快，因此在编写单片机应用系统程序时更着重于程序本身的编写效率，作为具有优越性的高级语言，C51 已成为目前流行的开发单片机的软件语言。C51 语言源自于普通 C 语言，因此与 C 语言有着完全相同的语法规则，数据类型也大部分相同。C51 语言常用数据类型如表 1－5 所示。

表 1－5　C51 语言常用数据类型

数据类型		长度/位	字节数	取值范围
有符号字符型	signed char	8	1	－128～127
无符号字符型	unsigned char	8	1	0～255
有符号整型	signed int	16	2	－32 768～32 767
无符号整型	unsigned int	16	2	0～65 535
有符号长整型	signed long	32	4	－21 474 883 648～21 474 883 647
无符号长整型	unsigned long	32	4	0～4 294 967 295
浮点型	float	32	4	$\pm 1.754\,94 \times 10^{-38} \sim \pm 3.402\,823 \times 10^{38}$
位型	bit	1	1/8	0，1
特殊功能位型	sbit	1	1/8	0，1
访问 8 位特殊功能寄存器	sfr	8	1	0～255
访问 16 位特殊功能寄存器	sfr16	16	2	0～65 535

在 C51 程序编写过程中，数据类型更多的是与变量使用时相关联起来的，在定义变量时首先要确定该变量是哪种数据类型，因此，下面介绍 C51 中变量的定义方法。

1. 变量与常量的定义

C51 语言中定义变量的格式是：

数据类型说明符　变量名[,变量名]；

例如：

```
char a,b,c;   //a,b,c 为有符号字符型变量
unsigned char a,b,c;   //a,b,c 为无符号字符型变量
```

```
int x,y,z;  //x,y,z 为有符号整型变量
unsigned int x,y,z;  //x,y,z 为无符号整型变量
```

在定义变量时，应注意以下几点：

(1) 允许在一个数据类型说明符后，定义多个相同类型的变量，各变量之间用逗号隔开。类型说明符与变量名之间至少用一个空格间隔。

(2) 最后一个变量名之后必须以“;”结束。

(3) 定义变量必须放在变量使用之前，一般放在函数体的开头部分。

(4) 变量取名应遵守以下几点规则：

①名字必须由一个字母（a～z，A～Z）或下划线“—”开头；

②名字的其余部分可以用字母、下划线或数字（0～9）组成；

③大小写字母表示不同意义，即代表不同的名字。

常量就是固定的或是不变的数。在C51语言中，常量有两种表示方法使用得很广泛。

十进制数表示法：非0开始的数，如231、35等。

十六进制数表示法：以0x或0X开头的数，如0xfe、0X45等。通常在C51中二进制数都需要转换成十六进制数。

2. 变量的作用范围

变量的作用是有范围的，并不是定义了变量以后就可以在程序中的任何位置使用它，例如：

```
int a;          //全局变量
void test1()
{
  int b;        //局部变量
  b=a;          //用法正确
  }
void test2()
{
  a=3;          //用法正确
  b=5;          //用法错误
}
```

在上面的代码中，变量a、b都有自己的作用域，a的作用域是全局的，在a的定义之后的任何地方都可以使用它，我们称为全局变量，全局变量是在函数外部定义的变量，它不属于哪一个函数，而是属于一个源程序文件，其作用域是整个源程序。

局部变量是在函数内做定义说明的，其作用域仅限于函数内，离开该函数后再使用这种变量是非法的。比如b的作用域是局部的，称为局部变量。只在函数test1之内有效，所以，当在函数test2中给变量b赋值就是错误的。通常我们可以这样以为，变量的作用域以{}为界限的，例如：

```
void test3()
{
  int c;
```

```
  c =10;       //用法正确
  {
    int d;
    d =c;      //用法正确
  }
  d =1;        //用法错误
}
```

变量 c 是在函数 test3 里定义的，所以它在函数 f3 的整个范围内都是有效的，而变量 d 是在函数 test3 中的一对 { } 中定义的，它的定义域也就只能在这对 { } 中，若在 { } 之后再使用变量 d 就是非法的了。

1.2.4　智能车双闪灯的硬件电路与软件程序设计

1. 硬件电路设计

1）电路原理图及其分析

该电路由两部分组成，一部分是单片机最小系统电路，另一部分是 P1.0 口接 1 个 LED 灯，P3.0 口接 1 个 LED 灯。单片机最小系统电路在项目准备部分已经详细介绍过了，这里重点讲解 P1 口外接发光二极管电路，利用发光二极管的单向导通性，一个 LED 灯通过限流电阻接 +5 V 电源，这样，当 P1.0 和 P3.0 口输出每电平时二极管导通发光，而 P1.0 和 P3.0 口输出高电平时 LED 灯则熄灭，当亮和灭保持一定延时时间时，便实现了汽车的双闪灯。其电路原理图如图 1－24 所示。

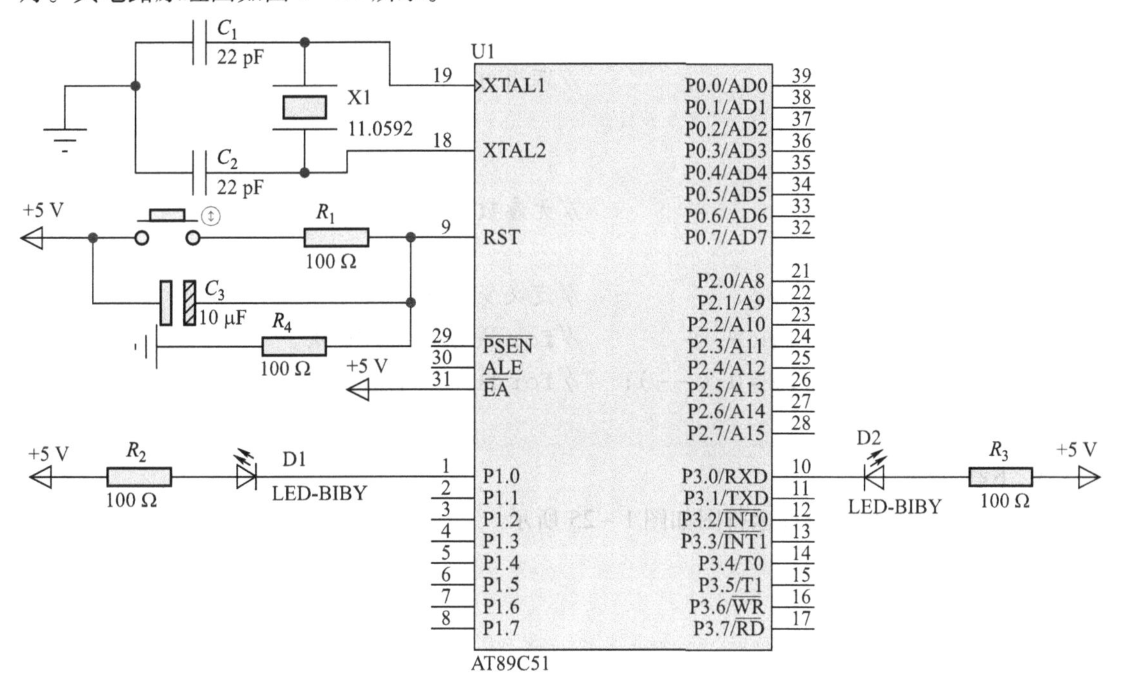

图 1－24　单片机与 LED 电路连接原理图

2）电路连接方式

注意：在系统断电情况下，连接电路。

用 2 条连接线将单片机最小系统模块的 P1.0 口和 P3.0 口与 LED 灯模块连接起来，将主机模块的 +5 V 电源、显示模块的 +5 V 电源和电源模块的 +5 V 电源连接，同时将主机模块、显示模块和电源模块的 GND 连接在一起。

2. 软件程序设计

运行 Keil μVision4 软件，新建一个工程文件 double_ flash. uvproj，输入并编辑源程序文件 double_ flash. c，并且编译生成 double_ flash. hex 文件。

参考程序如下：

```
#include <reg52.H>                //头文件<reg52.h>
sbit d0 =P1^0;                    //特殊功能位 P1.0 口定义为 d0
sbit d1 =P3^0;                    //特殊功能位 P3.0 口定义为 d1
void delay();                     //函数声明
void main()
{
  while(1)
  {
    d0 =0;
    d1 =0;
    delay();                      //调用 delay()子函数
    d0 =1;
    d1 =1;
    delay();                      //调用 delay()子函数
  }
}
void delay()                      //无参数、无返回值的子函数
{
  unsigned int x,y;               //定义变量 x,y,数据类型为无符号整型
  for(x =200;x >0;x --)           //for 语句循环 200 次
      for(y =300;y >0;y --);      //for 语句循环 300 次
}
```

3. 下载程序

下载程序，Proteus 仿真运行图如图 1 -25 所示。

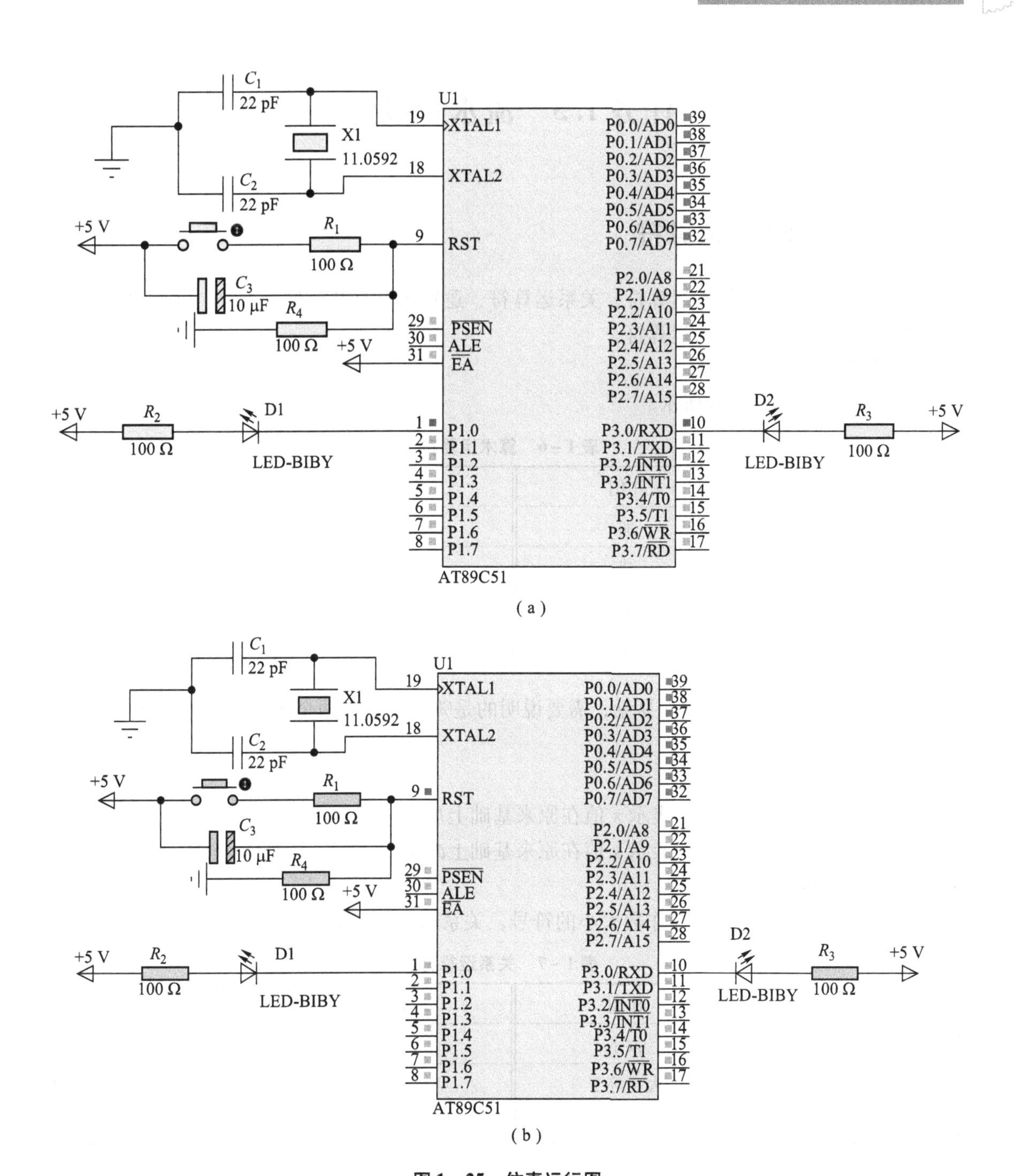

图 1-25　仿真运行图

(a) 双闪灯点亮时；(b) 双闪灯熄灭时

任务1.3　流水灯设计

1.3.1　C51的运算符

运算符主要分为：算术运算符、关系运算符、逻辑运算符及按位运算符。除此之外，还有一些用于完成特殊任务的运算符。

1. 算术运算符

算术运算符如表1－6所示。

表1－6　算术运算符

运算符	作用	运算符	作用
+	加	%	求余数
-	减	++	加1
*	乘	--	减1
/	除		

说明：+、-、*、/显而易见，需要说明的是%运算符的两个操作数只能是整型的数。重点介绍++和--运算符。

例如：

x=x+1，可写成x++，表示x值在原来基础上加1。

x=x-1，可写成x--，表示x值在原来基础上减1。

2. 关系运算符

关系运算符是比较两个操作数大小的符号，关系运算符如表1－7所示。

表1－7　关系运算符

运算符	作用	运算符	作用
>	大于	<=	小于等于
>=	大于等于	==	等于
<	小于	!=	不等于

两个操作数经关系运算符运算后，其结果只能是：关系成立（即为“真”），不成立（即为“假”）二值之一，如果成立则返回1，如果不成立则返回0。

例如：

3>2　计算结果为1；

3<2　计算结果为0。

3. 逻辑运算符

逻辑运算符如表1－8所示。

表 1-8　逻辑运算符

<table>
<tr><td>运算符</td><td>作用</td><td>运算符</td><td>作用</td></tr>
<tr><td>&&</td><td>逻辑与</td><td>!</td><td>逻辑非</td></tr>
<tr><td>‖</td><td>逻辑或</td><td></td><td></td></tr>
</table>

例如：

x&&y，只有 x 和 y 都为“真”，则结果为“真”；若其中之一为“假”或者都为“假”，则结果为“假”。

x‖y，只要 x 或 y 其中之一为真或者都为“真”，则结果为“真”；若 x 和 y 都为“假”，则结果为“假”。

！x，若 x 为“真”，则结果为“假”；若 x 为“假”，则结果为“真”。

4. 按位运算符

按位运算符是指进行二进制位的运算，如表 1-9 所示。

表 1-9　按位运算符

<table>
<tr><td>运算符</td><td>作用</td><td>运算符</td><td>作用</td></tr>
<tr><td>&</td><td>按位逻辑与</td><td>~</td><td>按位逻辑取反</td></tr>
<tr><td>|</td><td>按位逻辑或</td><td>>></td><td>右移</td></tr>
<tr><td>^</td><td>按位逻辑异或</td><td><<</td><td>左移</td></tr>
</table>

请大家注意按位逻辑与“&”和逻辑与“&&”的区别，按位逻辑或“|”和逻辑或“‖”的区别。

运算符“&”要求有两个运算量，例如，x&y 表示将 x 和 y 中各个位都分别对应进行“与”运算，即两个相应位均为 1 时结果位为 1，否则为 0。例如，x =7，y =5，则 x&y 的值为 5。

x | y 表示将 x 和 y 中各个位都分别对应进行“或”运算，上例中 x | y 的值为 7。

x^y 表示将 x 和 y 中各个位都分别对应进行“异或”运算，上例中 x，y 的值为 2。

运算符“~”只要求一个运算量，~x 表示 x 中各个位都分别进行取反运算。

x >>1，表示 x 中各个位都向右移动 1 位，左边空出来的位用 0 补充（假设 x 值是正值，因为在 C51 程序编写中一般没有负数参与运算），右边移出去的位自动丢失，上例中 x >>1 结果为 3。

y <<2，表示 y 中各位都向左移 2 位，右边多出的空位用 0 补充，左边移出的位自动丢失，上例中 y <<2 的结果为 20。

1）“ << ”左移位运算符

例如：a <<b，表示 a 左移 b 位，低位补零。

```
a =0xfe;
c =a <<1;
```

则结果为：a =0xfe，c =0xfc。

图 1 - 26 所示为左移位运算示意图。

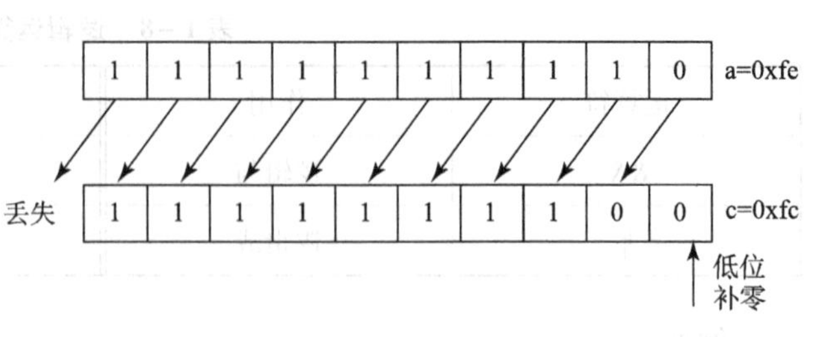

图 1 - 26　左移位运算示意图

2）“ >> ”右移位

例如：a >> b，表示 a 右移 b 位，高位补零。

a = 0xfe;

c = a >> 2;

则结果：a = 0xfe，c = 0x3f。

图 1 - 27 所示为右移位运算示意图。

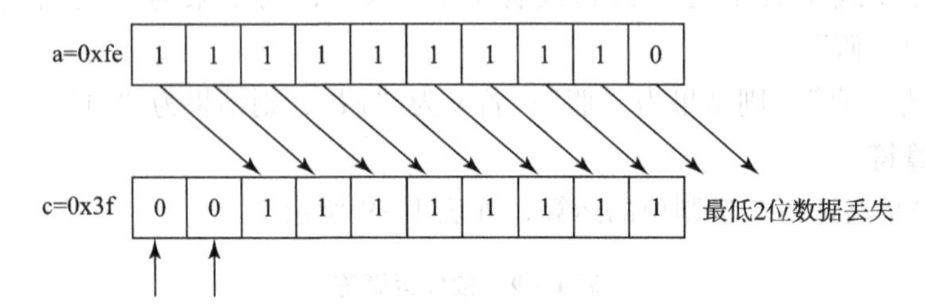

图 1 - 27　右移位运算示意图

3）“ ~ ”按位取反运算符

例如：a = 0xfe;

b = ~a;

则结果为：a = 0xfe，b = 0x01。

1.3.2　intrins.h 库函数知识

使用此库函数时，应该使用 #include <intrins.h> 或者 #include “intrins.h” 语句将 intrins.h 头文件包含到源程序文件中。

1. 函数名_crol_（a，n）

原型：unsigned char _crol_(unsigned char a,unsigned char n);

描述：函数_crol_（a，n）用于将 a 循环左移 n 次，该函数作为一个内部函数使用。

返回值：函数_crol_ 返回 a 移位后的值。

例如：temp = 0xfe;

　　P1 = _crol_(temp,1);

图 1 - 28 所示为循环左移位运算示意图。

则结果为：temp = 0xfe;P1 = 0xfd。

2. 函数名_cror_（a，n）

原型：unsigned char _cror_(unsigned char a,unsigned char n);

描述：函数_cror_（a，n）用于将 a 循环右移 n 次，该函数作为一个内部函数使用。

返回值：函数_cror_ 返回 a 移位后的值。

例如：temp = 0xfe;

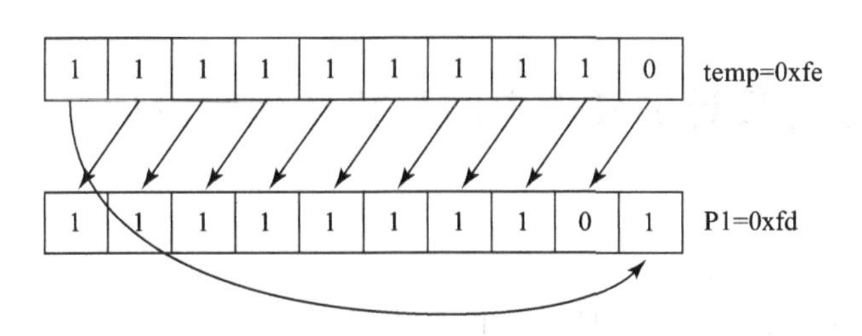

图 1－28　循环左移位运算示意图

```
P1 = _cror_(temp,2);
```

图 1－29 所示为循环右移位运算示意图。

则结果为：temp = 0xfe；P1 = 0xbf。

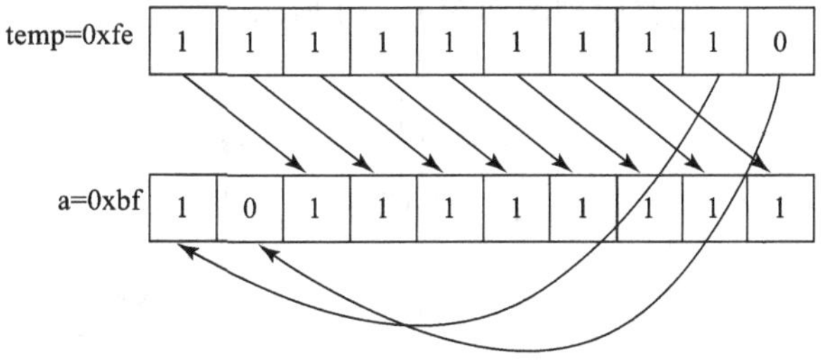

图 1－29　循环右移位运算示意图

3. 函数名_ irol_（a，n）

原型：`unsigned int_irol_(unsigned int a,unsigned char n);`

描述：函数_ irol_（a，n）用于将无符号整型数 a 循环左移 n 次，该函数作为一个内部函数使用。

返回值：函数_ irol_ 返回 a 移位后的值。

4. 函数名_ iror_（a，n）

原型：`unsigned int_iror_(unsigned int a,unsigned char n);`

描述：函数_ iror_（a，n）用于将无符号整型数 a 循环右移 n 次，该函数作为一个内部函数使用。

返回值：函数_ iror_ 返回 a 移位后的值。

5. 函数名_ lrol_（a，n）

原型：`unsigned long_lrol_(unsigned long a,unsigned char n);`

描述：函数_ lrol_（a，n）用于将无符号长整型 a 循环左移 n 次，该函数作为一个内部函数使用。

返回值：函数_ lrol_ 返回 a 移位后的值。

6. 函数名_ lror_（a，n）

原型：`unsigned long_irol_(unsigned long a,unsigned char n);`

描述：函数_ lrol_（a，n）用于将无符号长整型 a 循环右移 n 次，该函数作为一个内部函数使用。

返回值：函数_ lrol_ 返回 a 移位后的值。

7. 函数名_ nop_

原型：`void_nop_(void);`

描述：函数_ nop_ 用于产生一个 NOP 指令，该函数可作为 C51 程序的简单延时。C51 编译器在_ nop_ 函数工作期间不产生函数调用，即在程序中直接执行 NOP 指令。

1.3.3 流水灯设计的硬件电路与软件程序设计

1. 硬件电路设计

1）电路原理图及其分析

该电路由两部分组成，一部分是单片机最小系统电路，另一部分是 P1 口接 8 个 LED 灯。单片机最小系统前面已经讲过了，现在主要讲解 8 个 LED 灯循环点亮，实现循环流水灯。其电路原理图如图 1－30 所示。

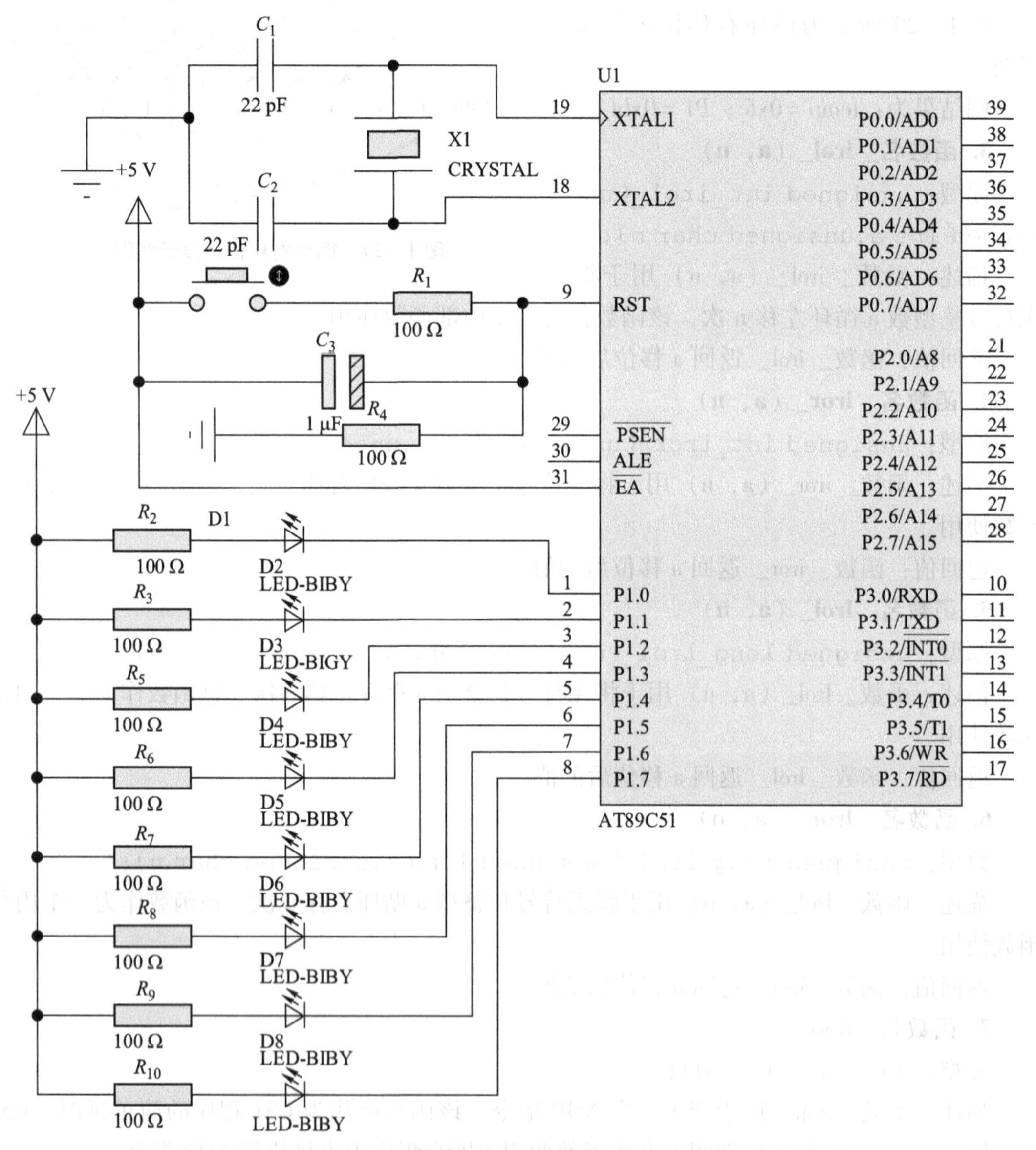

图 1－30 单片机与 LED 电路连接原理图

2）电路连接方式

注意：在系统断电情况下，连接电路。

用8条连接线将单片机最小系统模块的P1口与LED灯模块的8个LED灯连接起来，将主机模块的+5 V电源、显示模块的+5 V电源和电源模块的+5 V电源连接，同时将主机模块、显示模块和电源模块的GND连接在一起。

2. 软件程序设计

运行Keil μVision4软件，新建一个工程文件light_ water. uvproj，输入并编辑源程序文件light_ water. c，并且编译生成light_ water. hex文件。

参考程序如下：

```
/***************************************************************
//循环流水灯
*************************************************************** /
#include <REGX52.H>                //头文件
void delay(unsigned int z);        //有参数子函数声明
void main()
{
    unsigned char temp =0,a =0; //局部变量定义,变量定义同时赋初值
    while(1)
    {
        temp =0x01;
        for(a =0;a <8;a ++)        //for 循环 8 次,实现 8 个 LED 灯轮流点亮
        {
            P1 = ~(temp <<a);      //左移位运算和取反运算
            delay(300);            //子函数调用,300 为实际参数
        }
    }
}
void delay(unsigned int z)         //有参数子函数,z 为形式参数
{
    unsigned int x,y;
    for(x =200;x >0;x --)
        for(y =z;y >0;y --);
}
```

说明：

（1）有参数子函数的调用：delay（300），300为实际参数，调用之后会得到形式参数z=300；

（2）如果有参数子函数位于主函数之后，必须在主函数之前进行子函数声明；在Keil μVision4中编写程序，图1-31所示为当子函数位于主函数之后，在主函数之前未声明出现的错误。

修改程序，在主函数之前对子函数进行函数声明，程序成功编译如图1-32所示。

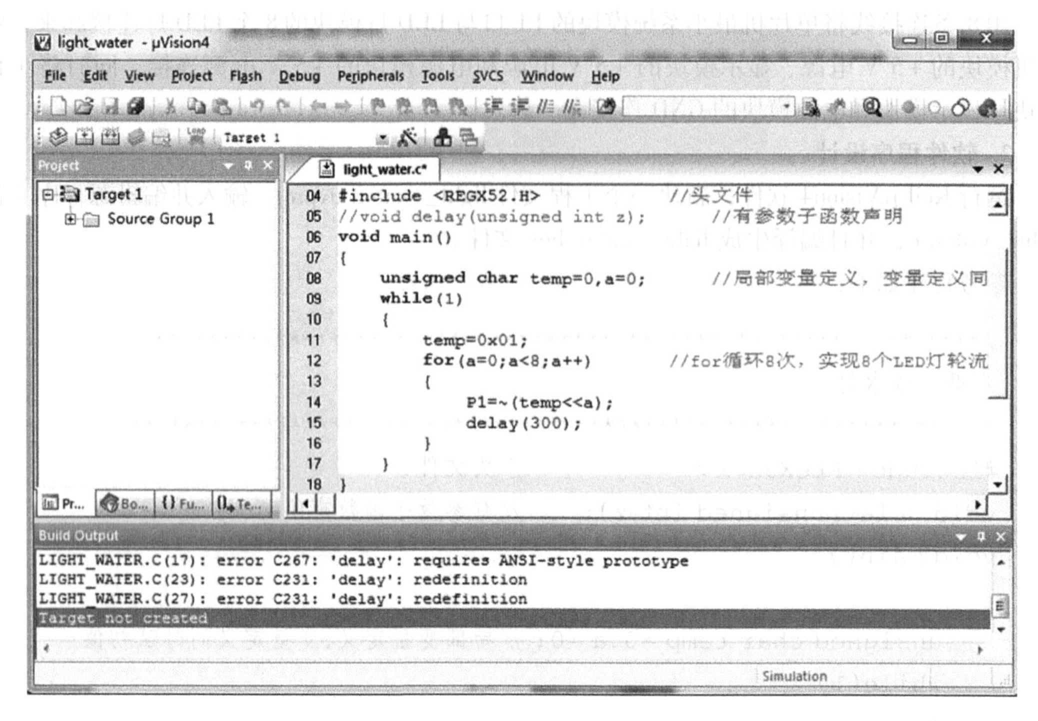

图 1－31　编译出现错误界面

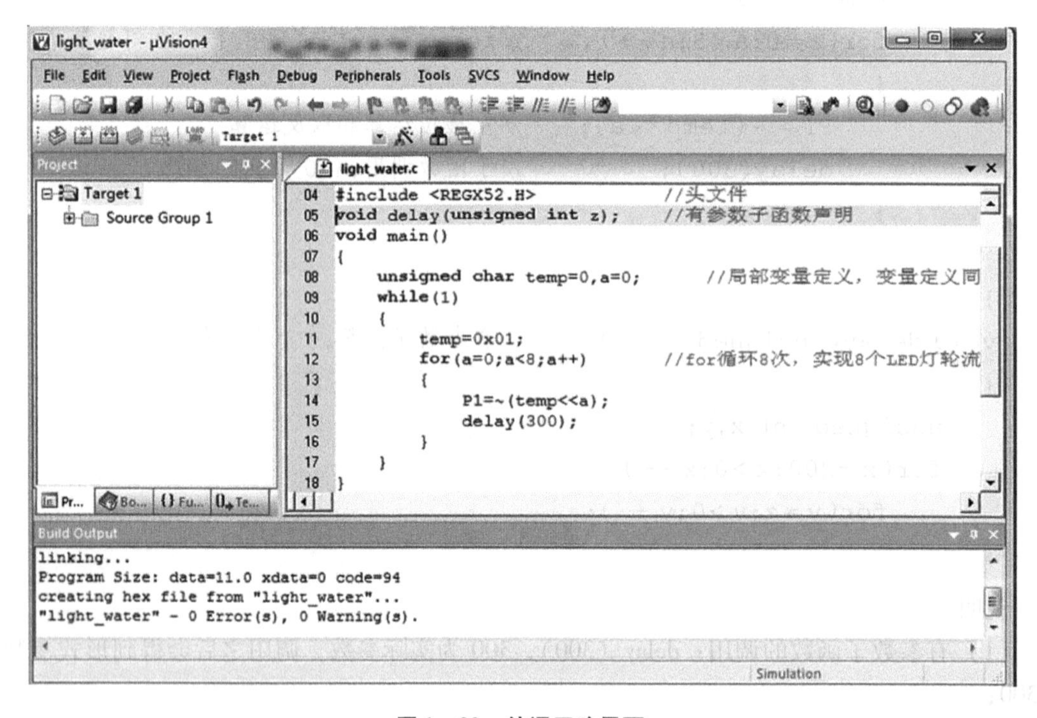

图 1－32　编译正确界面

（3）局部变量的声明。

3. 下载程序

Proteus 仿真效果图如图 1－33 所示。

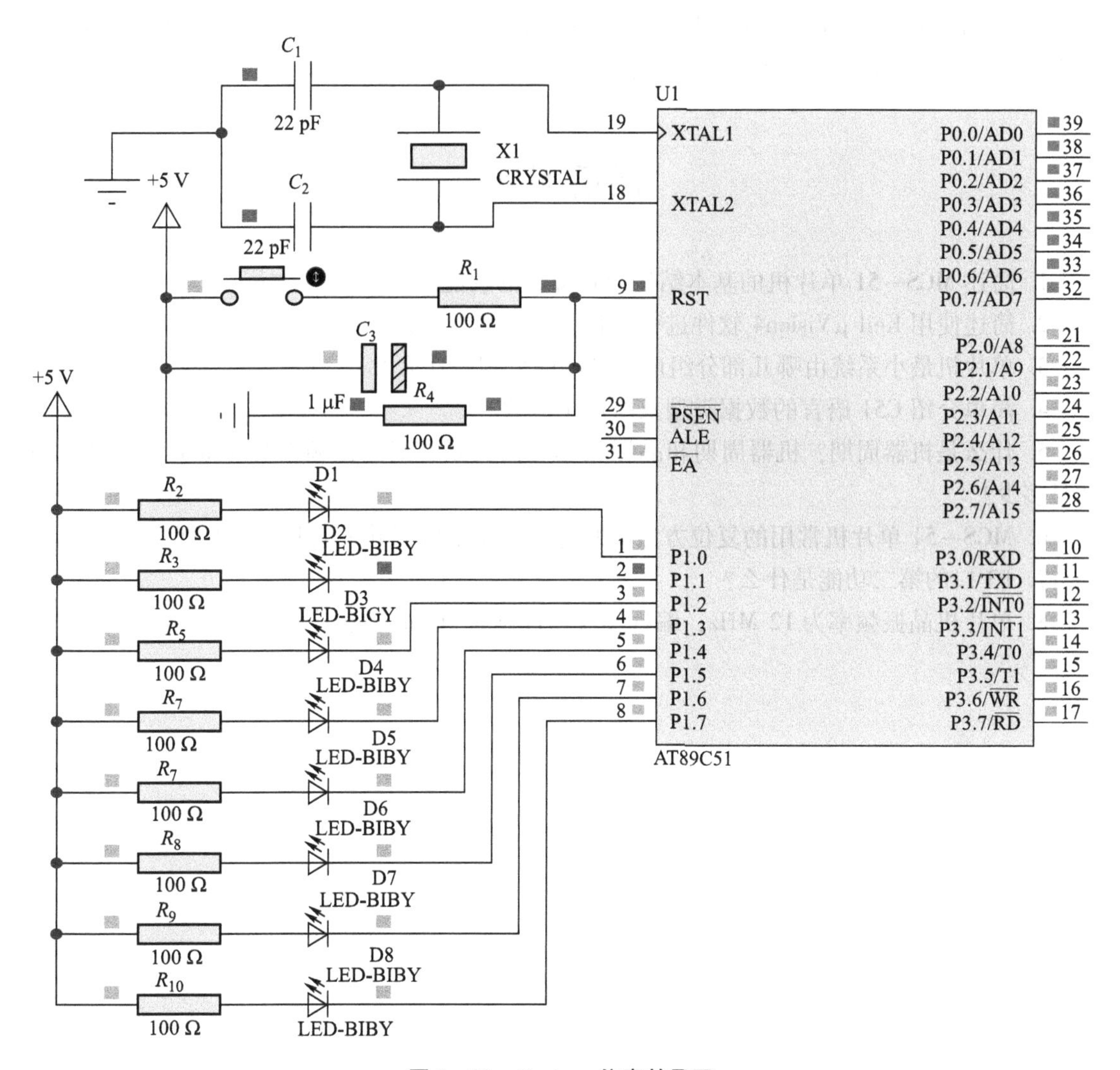

图 1－33　Proteus 仿真效果图

拓展训练

1－1　单片机共有四组并行 I/O 口，分别为 P0、P1、P2、P3，采用两个 LED 发光二极管来模拟汽车左转向灯和右转向灯，用单片机的 P2.0 和 P3.1 口控制发光二极管的亮、灭状态。

1－2　采用两个 LED 发光二极管来模拟汽车左转向灯和右转向灯，用单片机的 P1.0 和 P1.1 口控制发光二极管的亮、灭状态，单片机 P3.2 和 P3.3 口用来模拟汽车转向的控制开关。左转向开关闭合，左转向灯闪亮；右转向开关闭合，右转向灯闪亮。

1－3　采用 8 个 LED 发光二极管与单片机的 P1 口的 8 位连接，单片机控制 LED 灯循环点亮实现来回流水灯。

1－4　在拓展训练1－3的基础上以一定间隔第一次一个管亮流动一次，第二次两个管亮流动，依次到8个管亮，然后重复整个过程。

课后习题

1. 简述MCS－51单片机的基本结构及各部分的功能。
2. 简述使用Keil μVision4软件进行项目开发的基本步骤。
3. 单片机最小系统由哪几部分组成？其功能分别是什么？
4. 简单介绍C51语言的数据类型及所占字节数。
5. 什么是机器周期？机器周期和晶振频率有何关系？当晶振频率为6 MHz时，机器周期是多少？
6. MCS－51单片机常用的复位方法有几种？画出电路图并说明其工作原理。
7. P3口的第二功能是什么？
8. 单片机晶振频率为12 MHz，编程实现软件延时20 ms的程序。

项目二　智能车按键系统设计

学习情境任务描述

智能车的各种灯光及音效系统虽然非常吸引孩子，但是车灯不能一直闪烁，声音也不能无限制的响，所以为了节省电量及锻炼孩子的动手能力，它们的打开和关闭必须由开关系统来控制。本学习情境的工作任务是采用单片机来设计一个简易的智能车按键系统可以控制灯的亮灭及音乐的选择。将单片机的输入输出口与按键系统连接，通过不同的按键扫描方式将按键的状态读入单片机，然后根据按键状态就可以控制 LED 灯的状态。通过本项目的学习，使同学们了解按键的基本知识，能够采用正确的方法进行按键扫描和识别，能够编写矩阵按键检测及识别 C51 语言程序。在学习按键及 C51 语言编程的基础上，进行单片机按键系统设计的任务分析和计划制订、硬件电路和软件程序的设计，完成矩阵键盘控制车灯的制作、调试和运行演示，并完成工作任务评价。

学习目标

(1) 认识什么是按键及按键的分类；

(2) 掌握独立按键和矩阵键盘的检测方法；

(3) 掌握 C51 的语句及流程控制方法；

(4) 能灵活使用分支语句和循环语句进行程序控制；

(5) 能用循环语句实现键盘扫描；

(6) 会进行 C51 语言的函数编写及调用；

(7) 能按照设计任务书的要求，完成智能车按键系统的设计、调试与制作。

学习与工作内容

本学习情境要求根据任务书的要求，如表 2－1 所示，学习单片机按键的基本知识、独立按键和矩阵键盘的扫描方法、按键的消抖方法及 C51 语言程序设计的流程控制语句和函数相关知识，进一步掌握单片机键盘接口的应用知识和编程方法，查阅资料，制订工作方案和计划，完成智能车矩阵键盘控制车灯亮灭的设计与制作，需要完成以下工作任务：

(1) 认识单片机键盘接口；

(2) 学习 C51 的流程控制语句及编程方法；

(3) 学习 C51 语言的函数定义和调用方法；

(4) 划分工作小组，以小组为单位完成独立按键控制双闪灯、转向灯及矩阵键盘控制车灯设计的任务；

(5) 根据设计任务书的要求，查阅收集相关资料，制订完成任务的方案和计划；

(6) 根据设计任务书的要求，整理出硬件电路图；

(7) 根据任务要求和电路图，整理出所需要的器件和工具仪器清单；

(8) 根据功能要求和硬件电路原理图，绘制程序流程图；

(9) 根据功能要求和程序流程图，编写软件程序并进行编译调试；

(10) 进行软硬件调试和仿真运行，电路的安装制作，演示汇报；

(11) 进行工作任务的学业评价，完成工作任务的设计制作报告。

表 2-1 智能车按键系统设计任务书

设计制作任务	采用单片机的控制方式，设计智能车矩阵键盘控制双闪灯、转向灯及其他灯的亮灭，使车灯系统按照设计要求点亮和熄灭
功能要求	车灯采用实训台上面的 LED 灯代替，每个 LED 灯连接一个单片机的引脚，矩阵键盘与单片机的 P3 口相连，能通过矩阵键盘的不同按键控制不同 LED 灯的亮灭
工具	1. 单片机开发和电路设计仿真软件：Keil μVision4 软件、Protues 软件； 2. PC 及软件程序、万用表、电烙铁、装配工具
材料	元器件（套）、焊料、焊剂、焊锡丝

学业评价

本学习情境的学业根据工作任务的完成过程进行考核评价，注重学习和工作过程的考核评价，依据完成任务中实际的学习和工作过程分为 10 个评分项目，根据各项目主要完成主体的不同，分别对个人和小组进行考核评价，如表 2-2 所示。

表 2-2 考核评价表

项目名称	分值	第____组			备注
		学生 1	学生 2	学生 3	
单片机按键的学习	10				
C51 循环和分支语句学习	10				
单片机存储器结构的学习	5				
C51 函数的定义和调用的学习	10				
矩阵键盘控制项目硬件电路设计	5				
矩阵键盘项目软件程序设计	10				
调试仿真	10				
安装制作	10				
设计制作报告	15				
团队及合作能力	15				

任务 2.1 独立按键控制智能车双闪灯

2.1.1 按键及其检测方法

键盘由一组按键组成，一个按键实际上是一个开关元件。在单片机系统中实现向单片机输入数据、传送命令等功能，是人工干预单片机的主要手段。键盘分为非编码键盘和编码键盘，由软件完成对按键闭合状态识别的称为非编码键盘，由专用硬件实现对按键闭合状态识别的称为编码键盘。

1. 独立式键盘结构

独立式键盘各按键相互独立，每个按键占用一根 I/O 口线，每根 I/O 口线上的按键工作状态不会影响其他按键的工作状态。这种按键软件程序简单，但占用 I/O 口线较多（一根口线只能接一个键），适用于按键应用数量较少的系统中。独立按键连接电路图如图 2－1 所示。

（1）独立式按键的特点：

①各按键相互独立，电路配置灵活；

②按键数量较多时，I/O 口线耗费较多，电路结构繁杂；

③软件结构简单。

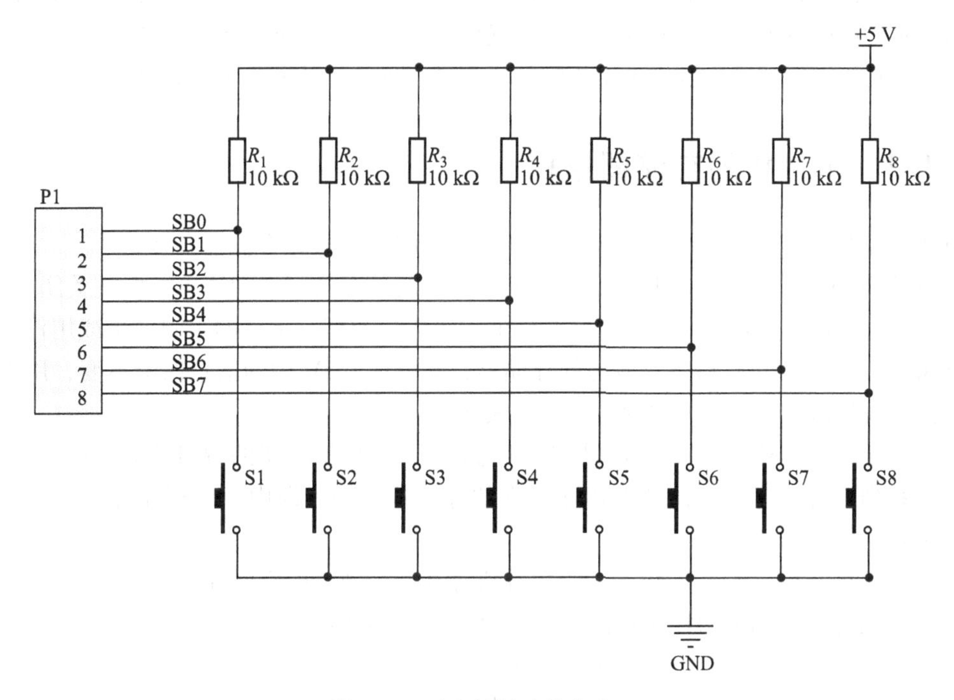

图 2－1 独立按键连接电路图

（2）键盘输入信息的主要过程是：

①单片机判断是否有键按下。有键按下，再去处理键值程序。

②确定按下的是哪一个键。

③把此步骤代表的信息翻译成计算机所能识别的代码，如 ASCII 或其他特征码。

2. 按键抖动及消除按键抖动的方法

由于按键为机械开关结构，因此机械触点的弹性及电压突跳等原因，往往在触点闭合或断开的瞬间会出现电压抖动，如图 2－2 所示。由于电压抖动造成一次按键多次处理的现象就称为按键抖动。

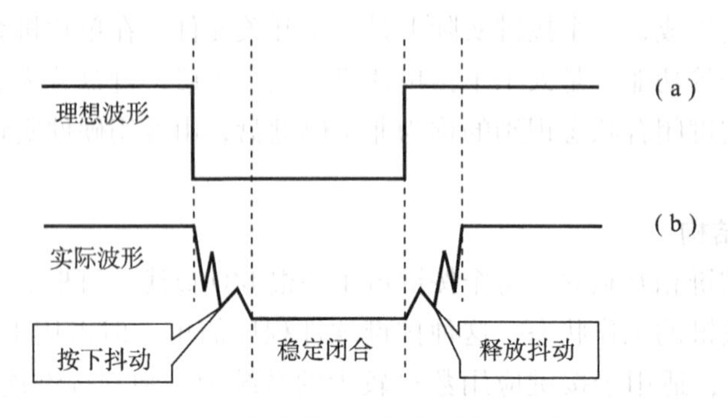

图 2－2　按键闭合和释放时的电压抖动

(a) 理想波形；(b) 实际波形

那么怎样消除这种按键抖动呢？最常用的方法为软件延时消抖法，具体方法为：当检测到按键按下后，执行延时 10 ms 子程序后再确认该键是否确实按下，消除抖动影响。

在第一次检测到有键按下时，执行一段延时 10 ms 的子程序，之后，再次检测该键的电平状态，如果该键电平仍保持闭合状态，则确认为真正有键按下，否则，认为无键按下。同理，在检测到该键释放后，也应采用相同的步骤进行确认，从而可消除抖动的影响。

2.1.2　单片机的存储器结构

8051 存储器可以分成两大类，程序存储器（ROM）和数据存储器（RAM）。

RAM 即随机存储内存，CPU 在运行时能随时进行数据的写入和读出，但在关闭电源时，其所存储的信息将丢失。它用来存放暂时性的输入输出数据、运算的中间结果或用作堆栈。

ROM 是一种写入信息后不易改写的存储器，断电后 ROM 中的信息保留不变，用来存放固定的程序或数据，如系统监控程序、常数表格等。

单片机存储器结构的主要特点是程序存储器和数据存储器的寻址空间是分开的。对 MCS－51 系列而言，有 4 个物理上相互独立的存储器空间，即内、外程序存储器和内、外数据存储器。

从逻辑空间上看，实际上 MCS－51 单片机存在三个独立的空间存储器。

（1）片内外统一编址的程序存储器，空间大小为 64 KB。

（2）片内数据存储器，空间大小为 256 B。

（3）片外数据存储器，空间大小为 64 KB。

1. 片内外统一编址的程序存储器

8051 片内有 4 KB 的 ROM，8751 片内则有 4 KB 的 EPROM，8951 片内则有 4 KB 的 E^2 PROM，

而8031无片内ROM，所以片内程序存储器的有无和种类是区别MCS－51系列产品的主要标志。至于片外程序存储器容量，用户可根据需要任意选择，但片内、片外的总容量合起来不得超过64 KB。

因为采用地址指针来寻址（找出指令或数据存放的地址单元），所以寻址空间为64 KB。在系统正常运行中，ROM中的内容是不会变化的。

用户可通过对$\overline{EA}$引脚信号的设置来控制片内、外ROM的使用。

（1）当引脚$\overline{EA}$接高电平时，8051的程序计数器PC在0000H～0FFFH范围内（即低4 KB地址），则执行片内ROM中的程序；当PC值，即指令地址超过0FFFH后（即在1000H～FFFFH范围内），CPU就自动转向片外ROM读取指令。

（2）当引脚$\overline{EA}$接低电平时，8051片内ROM不起作用，CPU只能从片外ROM中读取指令，这时片外ROM从0000H开始编址。

注意：由于8031片内没有ROM，所以使用时必须使$\overline{EA}=0$，即只能使用外部扩展ROM。

单片机从片内程序存储器和片外程序存储器读取指令时执行速度相同。

程序存储器的某些单元是留给系统使用的，用户不能存储程序，具体如图2－3所示。

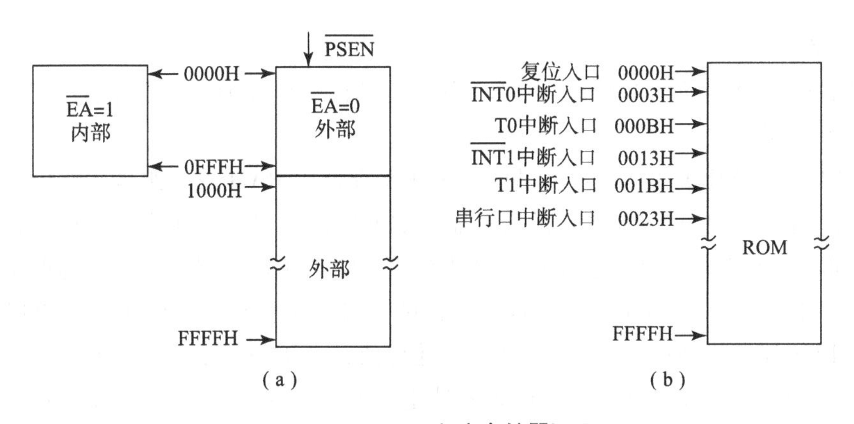

图2－3　80C51程序存储器配置

（a）ROM配置；（b）ROM低端的特殊单元

2. 片内数据存储器

从应用的角度来讲，清楚片内数据存储器的结构和地址空间的分配是十分重要的，因为读者将来在学习指令系统和程序设计时将会经常接触到它们。内部数据存储器由地址00H～FFH共有256个字节的地址空间组成，这256个字节的空间被分为两部分，其中内部数据RAM地址为00H～7FH，特殊功能寄存器（SFR）的地址为80H～FFH。其配置如图2－4所示。

1）内部数据RAM单元（低128 B单元）

单片机内部有128个字节的随机存取存储器RAM，CPU为其提供了丰富的操作指令，它们均可按字节操作。用户既可以将其当作数据缓冲区，也可以在其中开辟自己的栈区，还可以利用单片机提供的工作寄存器区进行数据的快速交换和处理。内部数据RAM单元按用途可分为3个区：

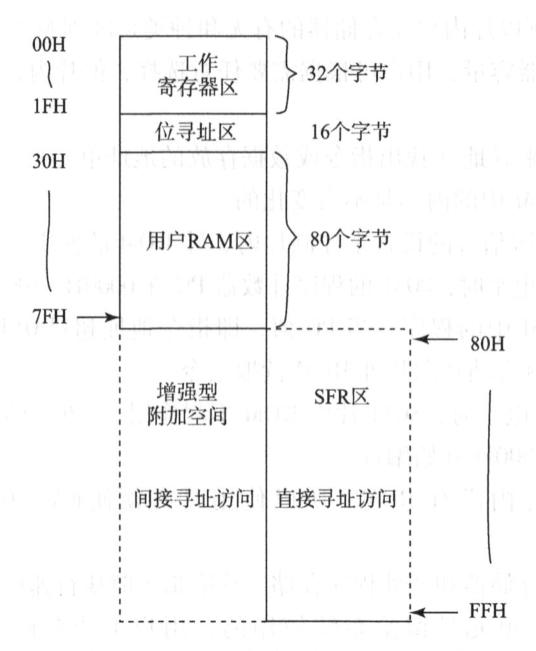

图 2-4　80C51 单片机内部 RAM 配置

(1) 寄存器区。

低 128 B 的 RAM 的低 32 个单元称作工作寄存器区，也称为通用寄存器区，常用来存放操作数及中间结果等。

MCS-51 系列单片机的特点之一是内部工作寄存器以 RAM 形式组成。在单片机中，那些与 CPU 直接有关或表示 CPU 状态的寄存器，如堆栈指针 SP、累加器 A、程序状态字寄存器 PSW 等则归并于特殊功能寄存器中。RAM 存储区的工作寄存器区域划分为四组，每组有 8 个工作寄存器 R0 ~ R7，每个寄存器都是 8 位的，可用来暂存运算的中间结果以提高运算速度，也可以用其中的 R0、R1 来存放 8 位的地址值，去访问一个 256 B 的存储区单元，此时高 8 位地址则事先由输出口（P2）的内容选定。另外，R0 ~ R7 也可以用作计数器，在指令作用下加 1 或减 1。但是，它们不能组成所谓的寄存器对，因而也不能当作 16 位地址指针使用。

单片机工作寄存器很多，无须再增加辅助寄存器，当需要快速保护现场时，不需要交换寄存器内容，只需改变程序状态字寄存器 PSW 中的 RS0、RS1 就可选择另一个组的 8 个寄存器的切换。这就给用程序保护寄存器内容提供了极大方便，而 CPU 只要执行一条单周期指令，就可改变 PSW 的第 3 位、第 4 位，即 PSW.2 和 PSW.3。

需要说明的是，在任一时刻只能使用 4 组寄存器区中的一组，正在使用的那组寄存器称作当前工作寄存器组。当 CPU 复位后，选中第 0 组工作寄存器区为当前的工作寄存器组。

(2) 位寻址区。

工作寄存器区上面的 16 B 单元（20H ~ 2FH）是位寻址区，即可以对单元中每一位进行位操作，当然它们也可以作为一般 RAM 单元使用，进行字节操作。

如表 2-3 所示，位寻址区共有 128 位，位地址为 00H ~ 7FH。

表 2－3 8051 单片机位地址表

字节地址	位地址							
	D7	D6	D5	D4	D3	D2	D1	D0
20H	07H	06H	05H	04H	03H	02H	01H	00H
21H	0FH	0EH	0DH	0CH	0BH	0AH	09H	08H
22H	17H	16H	15H	14H	13H	12H	11H	10H
23H	1FH	1EH	1DH	1CH	1BH	1AH	19H	18H
24H	27H	26H	25H	24H	23H	22H	21H	20H
25H	2FH	2EH	2DH	2CH	2BH	2AH	29H	28H
26H	37H	36H	35H	34H	33H	32H	31H	30H
27H	3FH	3EH	3DH	3CH	3BH	3AH	39H	38H
28H	47H	46H	45H	44H	43H	42H	41H	00H
29H	4FH	4EH	4DH	4CH	4BH	4AH	49H	48H
2AH	57H	56H	55H	54H	53H	52H	51H	50H
2BH	5FH	5EH	5DH	5CH	5BH	5AH	59H	58H
2CH	67H	66H	65H	64H	63H	62H	61H	60H
2DH	6FH	6EH	6DH	6CH	6BH	6AH	69H	68H
2EH	77H	76H	75H	74H	73H	72H	71H	70H
2FH	7FH	7EH	7DH	7CH	7BH	7AH	79H	78H

在使用时，位地址有两种表示方式，一种以表 2－3 中位地址的形式，比如 2FH 字节单元的第 7 位可以表示为 7FH；另一种是以字节地址第几位的方式表示，比如同样是 2FH 字节单元的第 7 位还可以表示为 2FH. 7。

注意：虽然位地址和字节地址的表现形式可以一样，但因为位操作与字节操作的指令不同，所以不会混淆。

通过执行位操作指令可直接对某一位进行操作，如置 1、清 0、判 1 和判 0 转移等，结果用作软件标志位或用作位（布尔）处理。这种位寻址能力是 MCS－51 的一个重要特点，是一般微机和早期的单片机（如 MCS－48）所没有的。

（3）用户 RAM 区。

低 128 B 单元中，工作寄存器区占用了 32 个单元，位寻址区占用了 16 个单元，剩余 80 个字节就是供用户使用的一般 RAM 区，其单元地址为 30H～7FH。此部分区域可作为数据缓冲区、堆栈区、工作单元来使用。

8 位的堆栈指针 SP 决定了不可在 64 KB 空间任意开辟栈区，只能限制在内部数据存储区。由于堆栈指针为 8 位，所以原则上堆栈可由用户分配在片内 RAM 的任意区域，只要对堆栈指针 SP 赋以不同的初值就可指定不同的堆栈去与。但在具体应用时，栈区的设置应与 RAM 的分配统一考虑。工作寄存器和位寻址区域分配好后，再指定堆栈区域。

由于 MCS－51 复位以后，SP 的值为 07H，指向第 0 组工作寄存器区，因此用户初始化时都应对 SP 重新设置初值，一般设在 30H 以后的范围为宜。

2）特殊功能寄存器区（高 128 B 单元）

特殊功能寄存器（SFR）的地址空间范围为 80H ~ FFH。在 MCS－51 中，除程序计数器 PC 和 4 个工作寄存器区外，其余寄存器都属于 SFR，所有这些特殊功能寄存器的地址分配如表 2－4 所示。

表 2－4　8051 特殊功能寄存器的地址及字节地址分配

SFR	位地址/位符号（有效位 83 个）								字节地址
P0	87H	86H	85H	84H	83H	82H	81H	80H	80H
	P0.7	P0.6	P0.5	P0.4	P0.3	P0.2	P0.1	P0.0	
SP									81H
DPL									82H
DPH									83H
PCON									87H
TCON	8FH	8EH	8DH	8CH	8BH	8AH	89H	88H	88H
	TF1	TR1	TF0	TR0	IE1	IT1	IE0	IT0	
TMOD									89H
TL0									8AH
TL1									8BH
TH0									8CH
TH1									8DH
P1	97H	96H	95H	94H	93H	92H	91H	90H	90H
	P1.7	P1.6	P1.5	P1.4	P1.3	P1.2	P1.1	P1.0	
SCON	9FH	9EH	9DH	9CH	9BH	9AH	99H	98H	98H
	SM0	SM1	SM2	REN	TB8	RB8	TI	RI	
SBUF									99H
P2	A7H	A6H	A5H	A4H	A3H	A2H	A1H	A0H	A0H
	P2.7	P2.6	P2.5	P2.4	P2.3	P2.2	P2.1	P2.0	
IE	AFH			ACH	ABH	AAH	A9H	A8H	A8H
	EAH			ES	ET1	EX1	ET0	EX0	
P3	B7H	B6H	B5H	B4H	B3H	B2H	B1H	B0H	B0H
	P3.7	P3.6	P3.5	P3.4	P3.3	P3.2	P3.1	P3.0	
IP				BCH	BBH	BAH	B9H	B8H	B8H
				PS	PT1	PX1	PT0	PX0	

续表

SFR	位地址/位符号（有效位 83 个）								字节地址
PSW	D7H	D6H	D5H	D4H	D3H	D3H	D1H	D0H	D0H
	CY	AC	F0	RS1	RS0	OV		P	
ACC	E7H	E6H	E5H	E4H	E3H	E2H	E1H	E0H	E0H
	ACC. 7	ACC. 6	ACC. 5	ACC. 4	ACC. 3	ACC. 2	ACC. 1	ACC. 0	
B	F7H	F6H	F5H	F4H	F3H	F2H	F1H	F0H	F0H
	B. 7	B. 6	B. 5	B. 4	B. 3	B. 2	B. 1	B. 0	

特殊功能寄存器反映了 MCS－51 的状态字及控制字寄存器，大体可分为两类：一类与芯片引脚有关；另一类作为芯片内部功能的控制寄存器。MCS－51 中的一些中断屏蔽及优先级控制不是采用硬件优先的方式解决，而是用程序在特殊功能寄存器中设定。定时器、串行口的控制字等全部以特殊功能寄存器出现，这就使单片机有可能把 I/O 口与 CPU、RAM 集成在一起，代替多片机中多个芯片连接在一起完成的功能。

与芯片引脚有关的特殊功能寄存器是 P0～P3，它们实际上是 4 个锁存器，每个锁存器附加一个相应的输出驱动器和缓冲器就构成了一个并行口。芯片内部其他控制寄存器有 A、B、PSW 和 SP 等。

从表 2－4 中可以看出，21 个特殊功能寄存器零散分布在 80H～FFH 的 RAM 空间中，但是用户并不能使用剩余的空闲单元。在 21 个特殊功能寄存器中，凡是地址能够被 8 整除的寄存器都支持位寻址，共有 11 个特殊功能寄存器支持位寻址功能，具体位地址如表 2－4 所示。

3. 片外数据存储器

单片机的数据存储器一般由读/写存储器 RAM 组成，其容量最大可扩展到 64 KB，用于存储数据。实际使用时应首先充分利用内部数据存储器空间，只有在实时数据采集和处理或数据存储量较大的情况下，才扩充数据存储器。

访问片外数据存储器可以用 16 位数据存储器地址指针 DPTR，同样用 P2 口输出地址高 8 位，用 P0 口输出地址低 8 位，用 ALE 引脚作为地址锁存信号。但和程序存储器不同，数据存储器的内容既可读出也可写入。在时序上则产生相应的$\overline{RD}$和$\overline{WR}$，并以此来选通存储器。

也可以用 8 位地址访问片外数据存储器，这不会与内部数据存储器空间发生重叠。单片机指令中设置了专门访问片外数据存储器的指令 MOVX，使得这种操作既区别于访问程序存储器的指令 MOVC，也区别于访问内部数据存储器的 MOV 指令，这在时序上和相应的控制信号上都得到了保证。

显然，片外数据存储器较小时，8 位地址已足够，但是如果数据存储量较大需要用到 16 位地址访问片外 RAM 时，则应在使用 8 位地址时预先设置 P2 端口寄存器值，以确定页面地址（高 8 位），而后再用 8 位地址指令执行对该页面内某存储单元的操作。

2.1.3　C51 的语句及流程控制

1. C51 语句

语句就是向 CPU 发出的操作指令。一条语句经过编译后生成若干条机器指令，C51 程序由数据定义和执行语句两部分组成。一条完整的语句必须以分号“;”结束。

例如:

```
int num =0;
unsigned int count =1;
sbit d1 =P1^1;
```

以上前三条语句定义了数据变量，同时也赋以了初值，第3条语句定义了一个d1位变量对应于单片机P1口第2脚（第1脚是P1^0）。以上3条语句就是属于数据定义语句。

又如执行语句:

```
i=i+2;
z=x+y;
```

1）复合语句

花括号“{}”，把一些语句组合在一起，使它们在语法上等价于一个简单语句，称为复合语句。

例如:

```
{
    i=i+1;
    c=a+b;
}
```

以上两条语句就被整合相当于一条语句，一起被运行，一起不运行。

2）条件语句

条件语句的一般形式为

```
if(条件表达式)
语句1;
else
语句2;
```

上述结构表示：如果条件表达式的值为非0（即真），则执行语句1，执行完语句1后跳到语句2后开始继续向下执行；如果表达式的值为0（即假），则跳过语句1而执行语句2。

例如:

```
if(5>2)
    a=5+4;
else
    a=5+1;
```

上述语句执行后，a变量的值是9，而不是6。

说明:

(1) 条件语句中“else语句2;”部分是可选择项，可以省略，此时条件语句就变成

```
if(条件表达式)  语句1;
```

表示若条件表达式的值为非0则执行语句1，否则跳过语句1继续执行。

(2) 如果语句1或语句2有多于一条语句要执行时，则必须使用“{}”把这些语句包括在其中，此时条件语句形式为

```
if(条件表达式)
{
    语句1;
    语句2;
}
else
{
        语句3;
        语句4;
        …;
    }
```

3）开关与跳转语句

在编写程序时，经常会碰到按不同情况分转的多路问题，对这种情况，通常使用开关语句。开关语句格式为

```
switch(变量)
{
    case 常量1:语句1;break;
    case 常量2:语句2;break;
    case 常量3:语句3;break;
…
    case 常量n:语句n;break;
    default:语句n+1;
}
```

执行 switch 开关语句时，将变量逐个与 case 后的常量进行比较，若与其中一个相等，则执行该变量下的语句；若不与任何一个常量相等则执行 default 后面的语句。

例如：

```
switch(grade)
{
    case 90:a=5+4;break;
    case 80:a=5+3;break;
    case 70:a=5+2;break;
    case 60:a=5+1;break;
    default:a=5+0;
}
```

上述语句执行后，则：

grade 的值为 90，则 a 的值为 9；

grade 的值为 80，则 a 的值为 8；

grade 的值为 70，则 a 的值为 7；

grade 的值为 60，则 a 的值为 6；

grade 的值为 50，则 a 的值为 5；

grade 的值为 40，则 a 的值为 5。

说明：

（1）switch 中变量可以是数值，也可以是字符。

（2）可以省略一些 case 和 default。

（3）每个 case 或 default 后的语句可以是多条语句，且可以不用“{}”括起来。

4）跳转语句

break 语句通常用在循环语句和开关语句中，其实，我们在介绍上面的开关语句时已经把跳转语句 break 放进去了，当 break 用于开关语句 switch 中时，可使程序跳出 switch 而执行 switch 以后的语句；如果没有 break 语句，执行开关语句将会带来一个很大的意外错误。

```
switch(c)
{
    case 1:语句 1;
    case 2:语句 2;
    case 3:语句 3;
    default:语句 4;
}
```

假设 c 变量的值是 1，按照开关语句语法可知，由于 c 的值是 1，它与第 1 个 case 后的常量 1 相符，因此执行的是语句 1 这条语句，该条语句执行完后，由于没有 break 语句跳转，所以接下来的语句 2、语句 3、语句 4 都会被执行，如此一来，就与我们原来的执行意图不一样了。而假如在语句 1 后有 break 语句，则在执行完语句 1 后，会跳转出 switch 语句。

2. C51 的流程控制结构

所谓的流程控制是指 C51 程序在执行时，这些语句按什么顺序被执行，总体来讲有 3 种控制执行方式。

1）顺序控制结构

顺序控制就是指程序按语句的书写顺序执行，写在前边的先执行，写在后边的后执行，这是一种最基本、最基础的控制结构。

2）选择控制结构

选择控制结构就相当于使用条件语句，其控制结构如图 2-5 所示。

```
if(条件表达式)
语句 1;
else
语句 2;
```

3）循环控制结构

C51 提供三种基本的循环语句用于循环控制结构：for 语句、while 语句和 do-while 语句，在以后的章节里面我们再详细介绍。

（1）for 循环语句。

格式：

```
for(表达式 1;表达式 2;表达式 3)
```

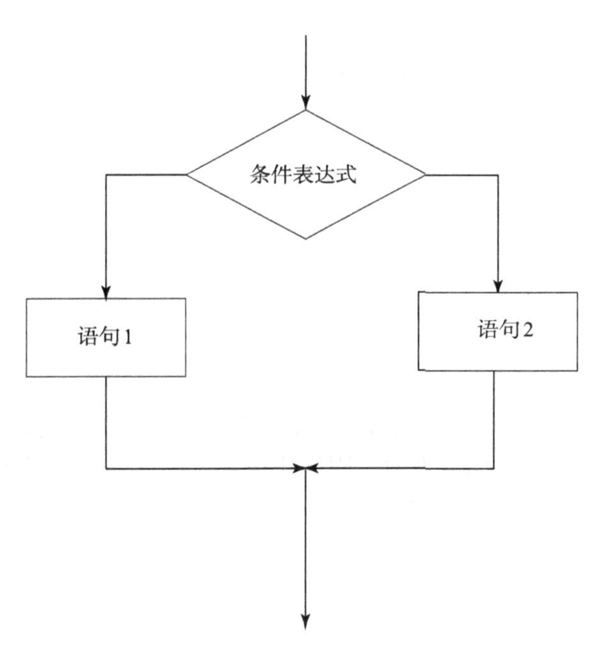

图 2-5　if 语句的控制结构

```
{
    内部语句;
}
```

执行过程：

①先求解表达式 1，表达式 1 为赋值语句，它用来给循环控制变量赋初值；

②表达式 2 为条件表达式，判断表达式 2，如果为“真”，即条件成立，则执行内部语句；如果为“假”，则转到⑤；

③表达式 3 为增量表达式，求解表达式 3；

④转回②；

⑤退出 for 循环语句，执行下面的语句。

例如：

```
for(x=0;x<100;x++)
{
    内部语句;
}
```

（2）while 循环语句。

格式：

```
while(表达式)
    {
        内部语句;
    }
```

while 循环表示：当表达式的判断为“真”时，执行大括号内的语句，否则跳出 while

循环。

与 for 循环一样，while 循环总是在循环的头部检验条件，这意味着如果条件不成立，则不执行。

(3) do－while 循环语句。

格式：

```
do
{
    内部语句;
}while(条件表达式);
```

do－while 循环与 while 循环的不同在于：它先执行循环中的语句，然后再判断条件是否为真，如果为真则继续循环；如果为假，则终止循环。因此，do－while 循环至少要执行一次循环语句，其控制逻辑如图 2－6 所示。

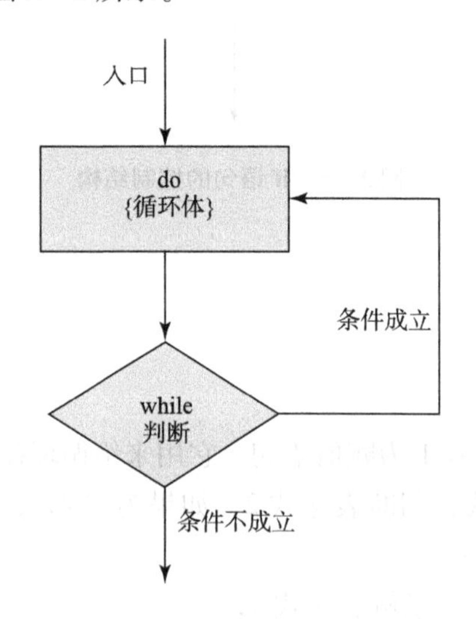

图 2－6　do－while 语句的控制逻辑图

2.1.4　任务 1 独立按键控制智能车双闪灯

1. 硬件电路设计

1）电路原理图及其分析

该电路由两部分组成，一部分是单片机最小系统电路，另一部分是 P1.0 口和 P3.0 口分别接 1 个 LED 灯，P2.0 口接一个按键。模拟智能车双闪灯，当按键按下奇数次时，LED 灯闪烁，当按键按下偶数次时，灯熄灭。其电路原理图如图 2－7 所示。

2）电路连接方式

注意：在系统断电情况下，连接电路。

用两条连接线将单片机最小系统模块的 P1.0 口和 P3.0 口与 LED 灯模块连接起来，P2.0 口与一个独立按键相连接，将主机模块的 +5 V 电源、显示模块的 +5 V 电源、按键模块的 +5 V 电源和电源模块的 +5 V 电源连接，同时将主机模块、显示模块、按键模块的

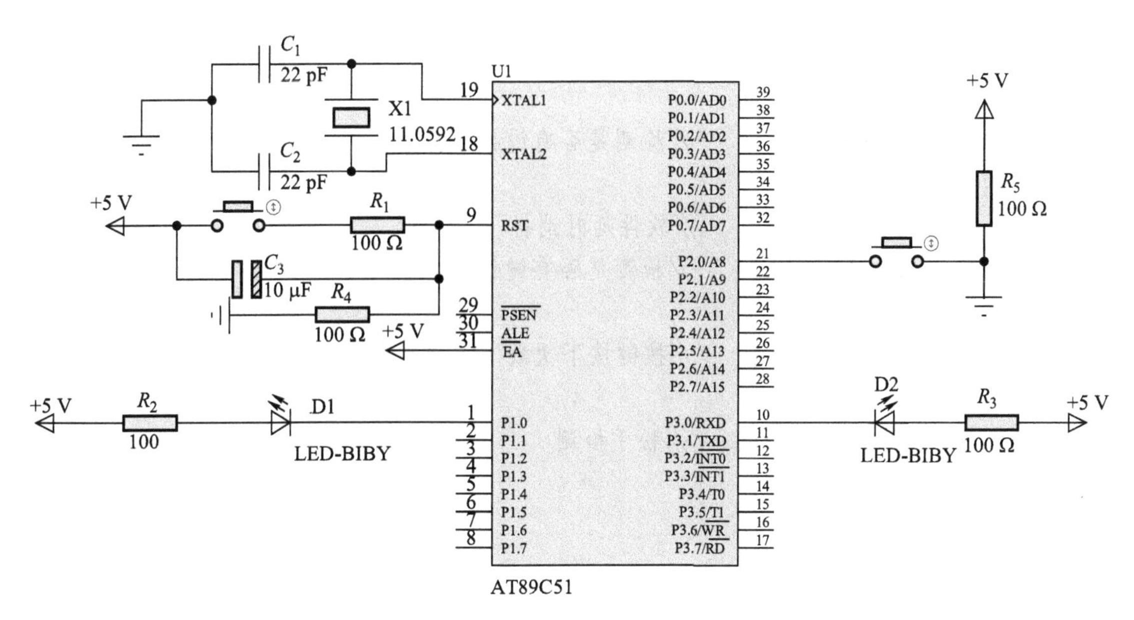

图 2－7　单片机与 LED 电路连接原理图

GND 和电源模块的 GND 连接在一起。

2. 软件程序设计

运行 Keil μVision4 软件，新建一个工程文件 key_ contrlo_ double flash. uvproj，输入并编辑源程序文件 key_ contrlo_ double flash. c，并且编译生成 key_ contrlo_ double flash. hex 文件。

参考程序如下：

```
/*******************************************************************
    独立按键控制智能车双闪灯的任务,以实现当按键按下奇数次时,灯闪烁;当按键按下
偶数次时,灯熄灭。
******************************************************************* /
    #include <REGX52.H>
    sbit key1 = P2^0;           //按键接 P2.0 口
    sbit d1 = P1^0;             //灯分别接 P1.0 和 P3.0 口
    sbit d2 = P3^0;
    unsigned char num = 0;    //num 无符号字符型 0 ~255 全局变量
    void delay(unsigned int z)
    {
        unsigned int x,y;           //x,y 局部变量
        for(x = 100;x > 0;x --)
            for(y = z;y > 0;y --);
    }
    void key()                  //按键检测子函数
```

```
{
    key1 =1;
    if(key1 ==0)             //检测是否有键按下?
    {
        delay(10);          //软件延时消抖
        if(key1 ==0)        //检测是否有键按下?
        {
            num ++;         //按键按下次数
        }
        while(! key1);      //松手检测
    }
}
void main()
{
    while(1)
    {
        key();                  //调用按键检测子函数
        if(num% 2 ==1)          //按键按下次数如果为奇数次,则灯闪烁;
        {
            d1 =0;
            d2 =0;
            delay(200);
            d1 =1;
            d2 =1;
            delay(200);
        }
        else                    //按键按下次数如果为偶数次,则灯熄灭
        {
            d1 =1;
            d2 =1;
        }
    }
}
```

3. 下载程序

在 Keil μVision4 中编写程序，需要注意在使用自编函数时，子函数位于主函数之后，在主函数中需要先声明子函数，否则会出现函数未声明的错误。

Proteus 仿真下载程序结果如下：当按键按下偶数次时，灯不亮；当按键按下奇数次时，灯闪烁。具体结果如图 2－8 所示。

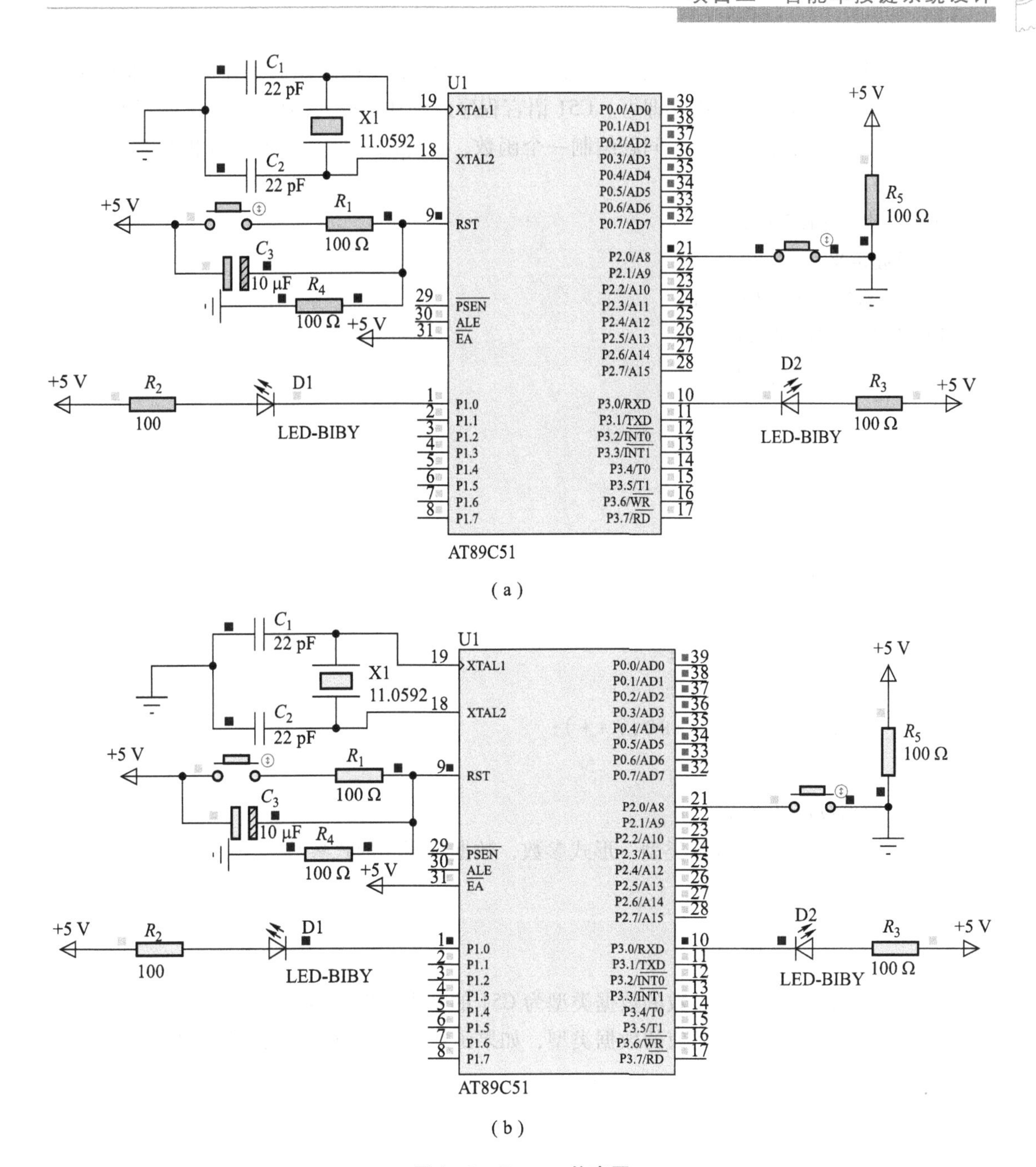

图 2-8　Proteus 仿真图

(a) 按键控制灯灭时；(b) 按键控制灯亮时

任务 2.2　智能车转向灯设计

2.2.1　C51 函数定义及使用

函数是一个自我包含的完成一定相关功能的执行代码段。我们可以把函数看成一个

“黑盒子”，只要将数据送进去就能得到结果，而函数内部究竟是如何工作的，外部程序可以不知道，外部程序只要调用它即可。C51 语言程序鼓励和提倡人们把一个大问题划分成一个个子问题，对应于解决一个子问题编制一个函数，这样的好处是让各部分相互充分独立，并且任务单一。

那么函数如何定义呢?

1. 函数定义

C51 对函数的定义格式如下。

1）无参函数定义格式

```
函数类型   函数名()
{
    函数体;
}
```

例如：

```
void delay()
{
    unsigned int x,y;
    for(x =0;x <100;x ++)
        for(y =0;y <100;y ++);
}
```

2）有参函数定义格式

```
函数类型   函数名（数据类型   形式参数，数据类型   形式参数，……）
{
    函数体;
}
```

其中，函数类型和形式参数的数据类型为 C51 的基本数据类型，如表 1 -5 所示。

函数类型是指该函数返回值的数据类型，如果函数没有返回值，则该数据类型通常选用的是无值型（void）。

例如：

```
void delay(unsigned int z)
{
    unsigned int x,y;
    for(x =200;x >0;x --)
        for(y =z;y >0;y --);
}
```

2. 函数的调用

在 C51 程序中使用已经定义的函数方法很简单：直接使用函数名及实参数。先举一个无参函数的例子。

在上文的函数定义中我们举了一个例子函数 delay（），现在我们想在程序中使用这个函数，那么该如何使用呢？

```
void delay()                    //延时函数
{
    unsigned int x,y;
    for(x=0;x<100;x++)
        for(y=0;y<100;y++);
}
void main()
{
    while(1)
    {
        P1=0xfe;               //灯亮延时
        delay();               //函数调用
        P1=0xff;               //灯灭延时
        delay();

    }
}
```

上述例子示意了函数的使用方式，即在需要使用函数的地方，直接调用函数名字即可。再举一个有参函数的例子。

```
void delay(unsigned int z)
{
    unsigned int x,y;
    for(x=200;x>0;x--)
        for(y=z;y>0;y--);
}
void main()
{
    while(1)
    {
        P1=0xfe;               //灯亮延时
        delay(300);            //函数调用,其中 300 为实际参数,对应函数定义中
                               的变量 z
        P1=0xff;               //灯灭延时
        delay(300);
    }
}
```

说明：

（1）定义函数时，指定的形参在未出现函数调用时，并不占内存，只有在发生函数调用的时候，函数中的形参才被分配存储单元，调用结束后，形参所占用的内存单元被释放。

（2）实参可以是变量、常量或表达式。

（3）在定义函数的时候，必须指定形参的类型。

（4）实参和形参的类型要一致，顺序要相同。

2.2.2 智能车转向灯的硬件电路与软件程序设计

1. 硬件电路设计

1）电路原理图及其分析

该电路由两部分组成，一部分是单片机最小系统电路，另一部分是 P1.0 口接左转向灯，P3.0 口接右转向灯，P2.0 口接拨段开关的左端，P2.2 接拨段开关的右端，中间端子空。模拟智能车转向灯，当拨段开关拨向左端时，左转向灯亮，当拨段开关拨向右端时，右转向灯亮，当拨段开关拨向中间时，灯都不亮。其电路原理图如图 2-9 所示。

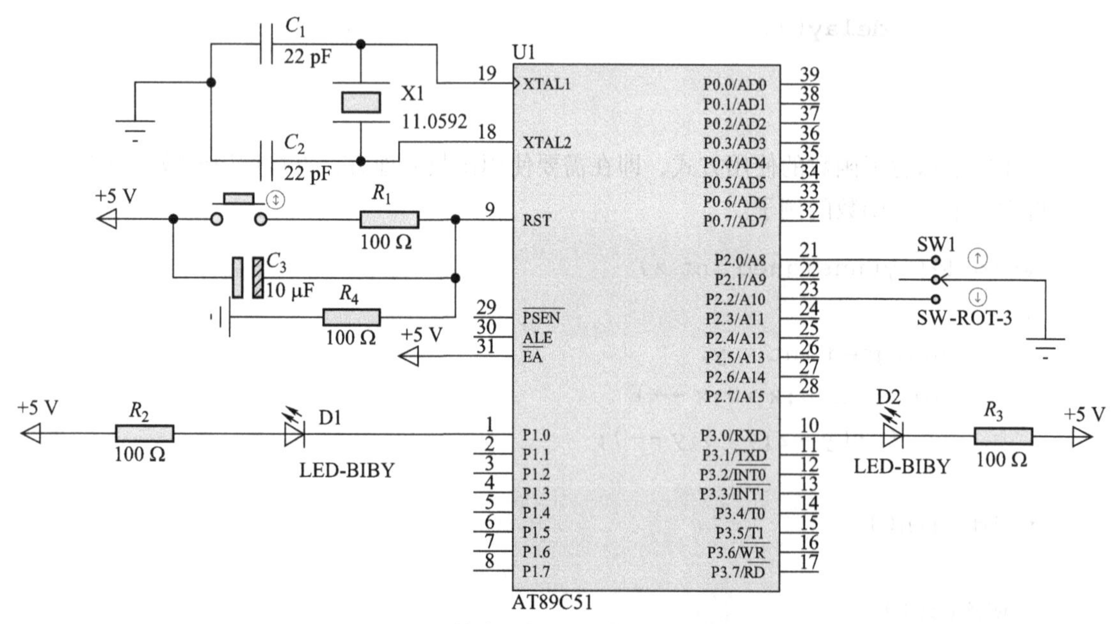

图 2-9 单片机与 LED 电路连接原理图

2）电路连接方式

注意：在系统断电情况下，连接电路。

用 2 条连接线将单片机最小系统模块的 P1.0 口和 P3.0 口与 LED 灯模块连接起来，P2.0 口与拨段按键的左端相连接，P2.2 口与拨段按键的右端相连接，将主机模块的 +5 V 电源、显示模块的 +5 V 电源、按键模块的 +5 V 电源和电源模块的 +5 V 电源连接，同时将主机模块、显示模块、按键模块的 GND 和电源模块的 GND 连接在一起。

2. 程序的编写

运行 Keil μVision4 软件，新建一个工程文件 turn light. uvproj，输入并编辑源程序文件

turn light. c，并且编译生成 turn light. hex 文件。

参考程序如下：

```
/**************************************************
拨段开关控制智能车转向灯的任务,当拨段按键拨到左边,左转向灯亮,当拨段按键拨
到右边,右转向灯亮。
************************************************** /
#include <REGX52.H>
sbit key_left = P2^0;            //左转向灯控制开关
sbit key_right = P2^2;           //右转向灯控制开关
sbit left_light = P1^0;          //左转向灯
sbit right_light = P3^0;         //右转向灯
void delay(unsigned int z)
{
    unsigned int x,y;
    for(x=100;x>0;x--)
        for(y=z;y>0;y--);
}
void turn_key()                  //转向灯控制函数
{
    key_left=1;
    key_right=1;
    if((key_left==0))        //检测左转向灯控制开关是不是闭合
    {
        delay(10);
        if((key_left==0))  //左转向灯控制开关闭合
        {
            left_light=0;   //左转向灯亮
            delay(100);
            left_light=1;   //左转向灯灭
            delay(100);
        }
    }
    else if(key_right==0)  //检测右转向灯控制开关是不是闭合
    {
        delay(10);
        if(key_right==0)    //右转向灯控制开关闭合
        {
            right_light=0;  //右转向灯亮
```

```
            delay(100);
            right_light =1;  //右转向灯灭,闪烁
            delay(100);
        }
    }
    else
    {
        left_light =1;            //开关处于中间部分时,灯灭
      right_light =1;
    }
}
void main()
{
    while(1)
    {
        turn_key();             //调用转向灯控制函数
    }
}
```

3. 下载程序

Proteus 仿真下载程序结果如图 2－10 所示。

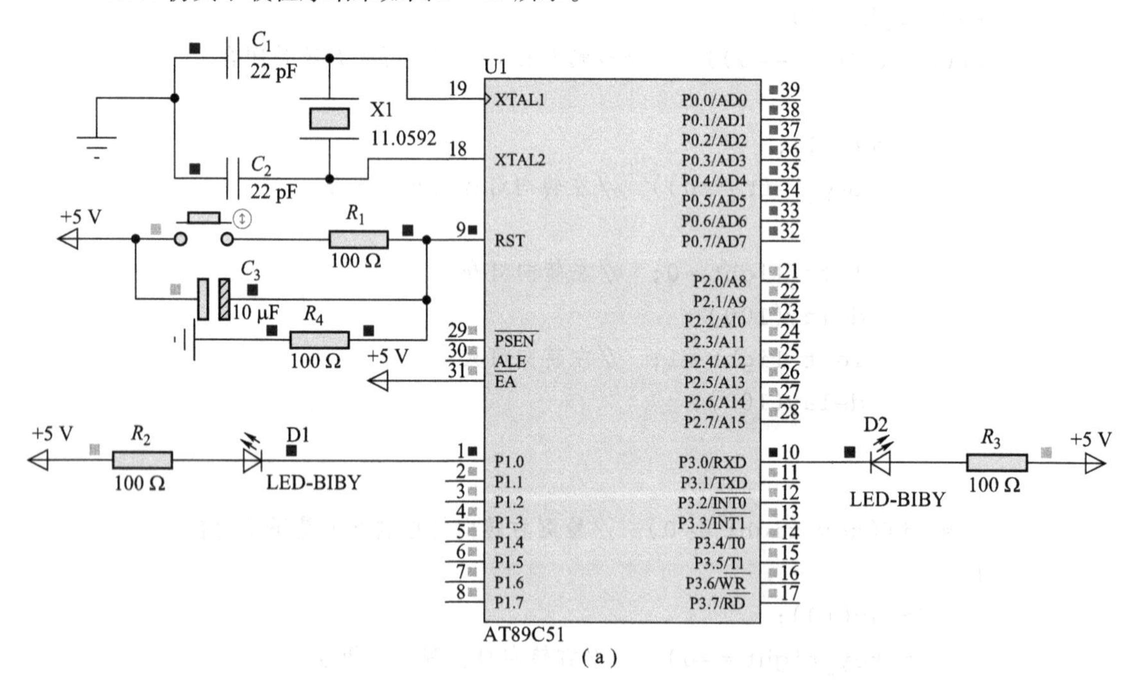

(a)

图 2－10　仿真运行图

(a) 灯点亮时

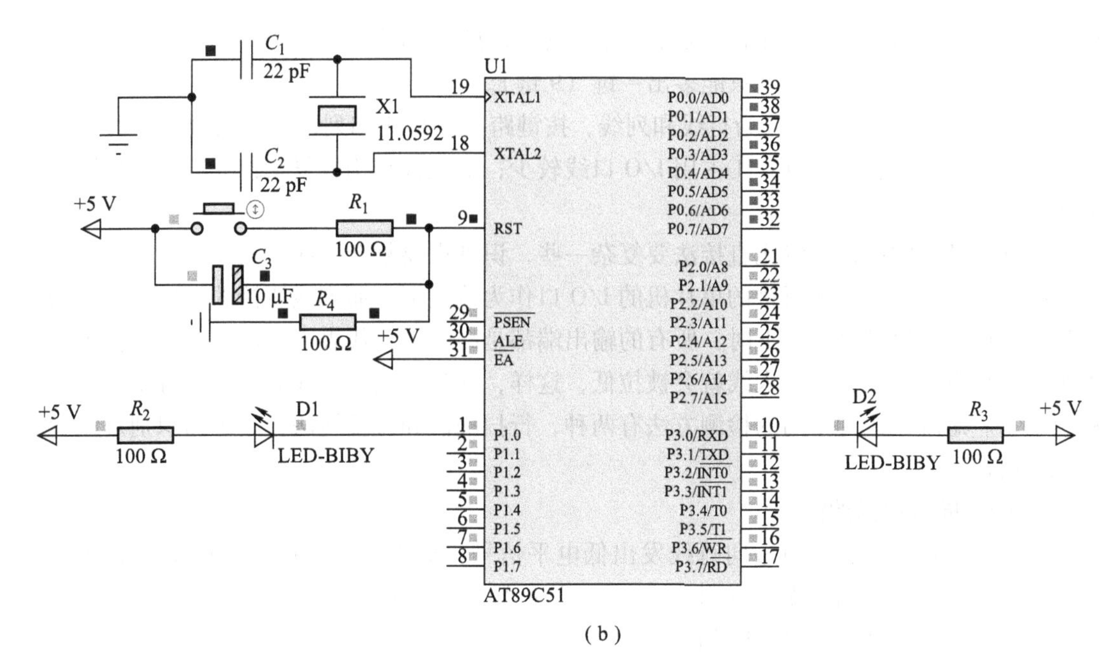

(b)

图 2-10　仿真运行图（续）

(b) 灯熄灭时

任务 2.3　矩阵键盘控制车灯亮灭

2.3.1　认识矩阵键盘

在键盘中按键数量较多时，为了减少 I/O 口的占用，通常将按键排列成矩阵形式，如图 2-11 所示。在矩阵式键盘中，每条水平线和垂直线在交叉处不直接连通，而是通过一个按键加以连接。这样，一个端口（如 P1 口）就可以构成 4 * 4 = 16 个按键，比直接将端

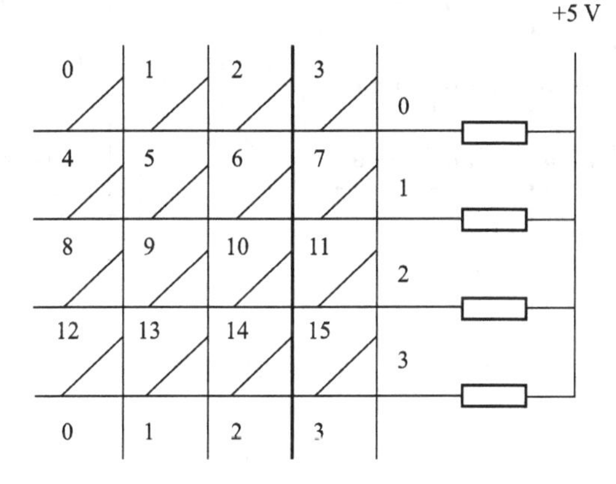

图 2-11　矩阵式键盘的结构图

口线用于键盘多出了一倍，而且线数越多，区别越明显，比如再多加一条线就可以构成 20 键的键盘，而直接用端口线则只能多出一键（9 键）。

矩阵式键盘，I/O 口线分为行线和列线，按键跨接在行线和列线上，按键按下时，行线与列线发生短路。它的特点：①占用 I/O 口线较少；②软件结构较复杂；③适用于按键较多的场合。

矩阵式结构的键盘显然比直接法要复杂一些，识别也要复杂一些，图 2 - 12 中行线通过电阻接正电源，并将行线所接的单片机的 I/O 口作为输出端，而列线所接的 I/O 口则作为输入端。这样，当按键没有按下时，所有的输出端都是高电平，代表无键按下。行线输出是低电平，一旦有键按下，则输入线就会被拉低，这样，通过读入输入线的状态就可得知是否有键按下了。矩阵式按键常用的检测方法有两种，行扫描法和线反转法，具体的识别及编程方法如下所述。

1. 行扫描法扫描按键

所谓行扫描法，就是通过向行线发出低电平信号，如果该行线所连接的键没有按下的话，则列线所连接的输出端口得到的是全“1”信号；如果有键按下的话，则得到的是非全“1”信号。仿真效果如图 2 - 12 所示。

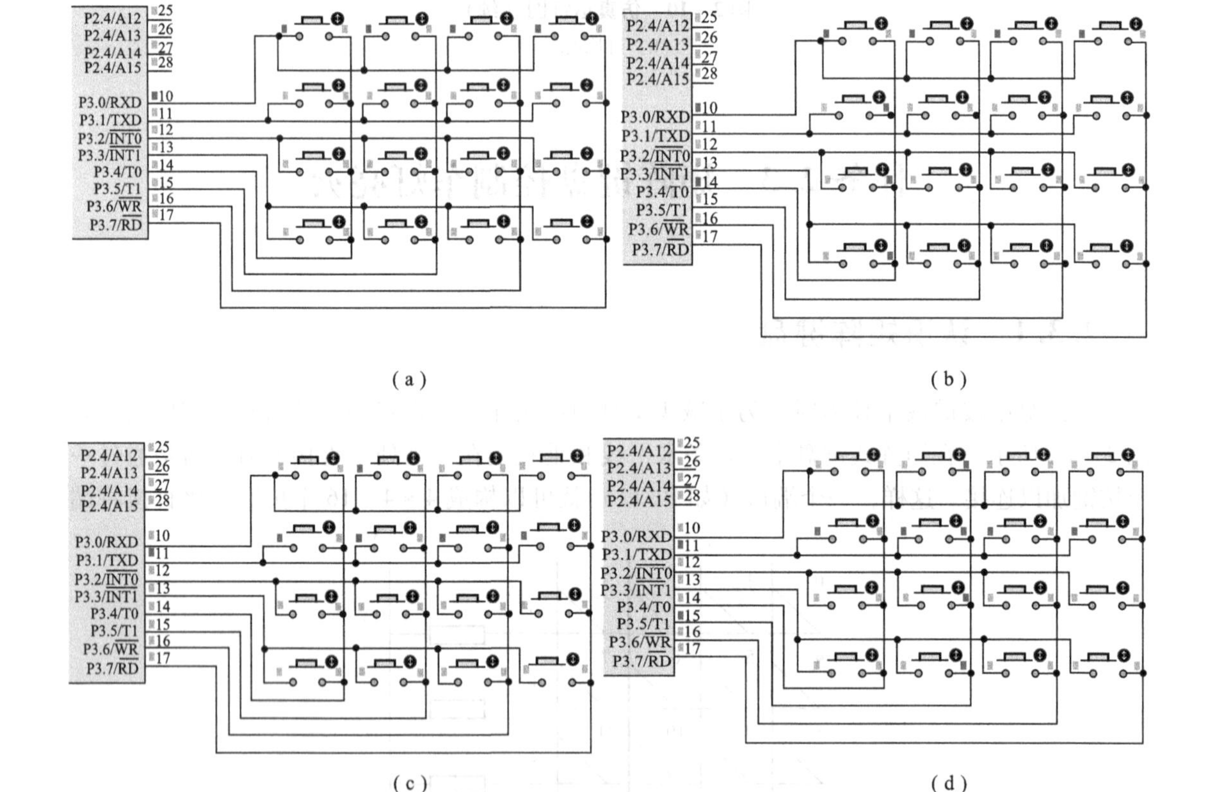

图 2 - 12　扫描法按键检测图

（a）扫描第 1 行，第 1 行无键按下；（b）扫描第 1 行，第 1 行有键按下；
（c）扫描第 2 行，第 2 行无键按下；（d）扫描第 2 行，第 2 行有键按下

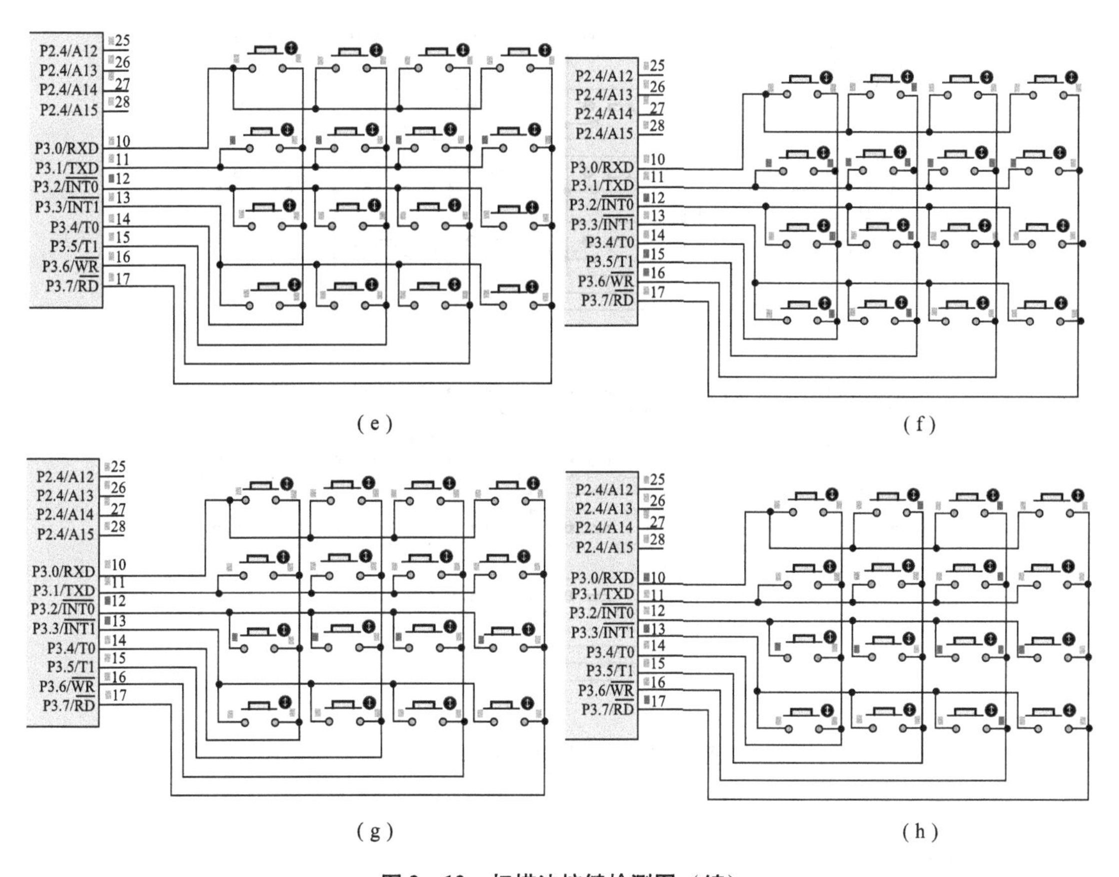

图 2－12　扫描法按键检测图（续）

(e) 扫描第 3 行，第 3 行无键按下；(f) 扫描第 3 行，第 3 行有键按下；

(g) 扫描第 4 行，第 4 行无键按下；(h) 扫描第 4 行，第 4 行有键按下

具体过程如下：

首先，为了提高效率，一般先快速检查整个键盘中是否有键按下；然后，再确定按下的是哪一个键。

其次，再用逐行扫描的方法来确定闭合键的具体位置。方法是：先扫描第 0 行，即输出 1110（第 0 行为“0”，其余 3 行为“1”），然后读入列信号，判断是否为全“1”，如列线输出全部为 1 表示该行没有按键按下，继续扫描第 1 行，如果不全为 1 则可根据列线中不为 1 的列判断出列线的位置。根据相同的方法依次扫描其他的行线。

2. 线反转法

具体过程如下：先将行线作为输出线，列线作为输入线，行线输出全“0”信号，读入列线的值，可以确定按键所在的列，然后将行线和列线的输入输出关系互换，即列线全部输出“0”信号，行线作为输入线，那么在闭合键所在的行线上值必为 0，确定按键所在的行。这样，当一个键被按下时，必定可读到一对唯一的行列值。线反转法也是识别闭合键的一种常用方法。该方法比行扫描法速度要快，但在硬件电路上要求行线与列线均需有上拉电阻，故比行扫描法稍复杂些。具体的检测方法如图 2－13 所示。

注意：如果矩阵键盘接在没有接上拉电阻的 P0 口上面时，此方法失效。

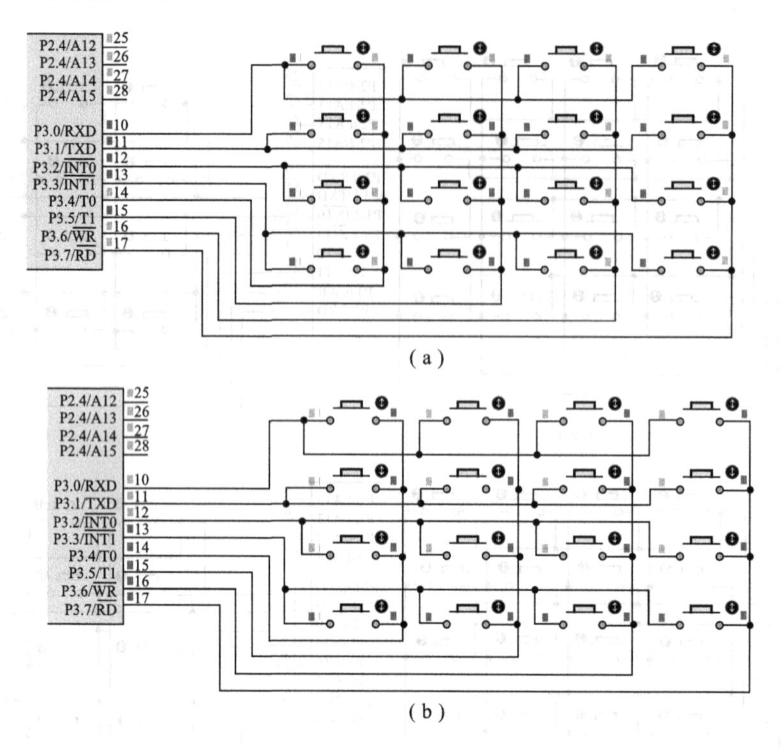

图 2-13　线反转法的检测方法

(a) 行键全0，读取列键；(b) 列键全0，读取行键

相关程序如下：

```
/***********************************************
线反转法检测按键的键值,通过 LED 灯显示键值。
*********************************************** /
#include < REGX51.H >
#define KEY P3
unsigned char num = 0;
void delay(unsigned int z)
{
    unsigned int x,y;
    for(x = 110;x > 0;x --)
        for(y = z;y > 0;y --);
}

void keyscan()
{
    unsigned char temp,i,j;
    KEY = 0x0f;      //扫描列线
    temp = KEY;
```

```
    if(temp!=0x0f)    //判断是否有键按下
    {
        delay(5);
        if(temp!=0x0f)  //判断真正有键按下
        {
            temp=KEY;
            switch(temp)//得出行线值
            {
                case 0x0e:i=0;break;
                case 0x0d:i=1;break;
                case 0x0b:i=2;break;
                case 0x07:i=3;break;
            }
            KEY=0xf0;
            temp=KEY;
            switch(temp)
            {
                case 0xe0:j=0;break;
                case 0xd0:j=1;break;
                case 0xb0:j=2;break;
                case 0x70:j=3;break;
            }
          num=i*4+j;
        }
    }
}

void main()
{
    while(1)
    {
      keyscan();
      P1=~num;
    }
}
```

键盘编码为第1行开始0，1，2，3，第2行4，5，6，7，第3行8，9，10，11，第4行12，13，14，15。

现在第2行第2列的按键按下，LED灯显示结果为5，仿真结果如图2-14所示。

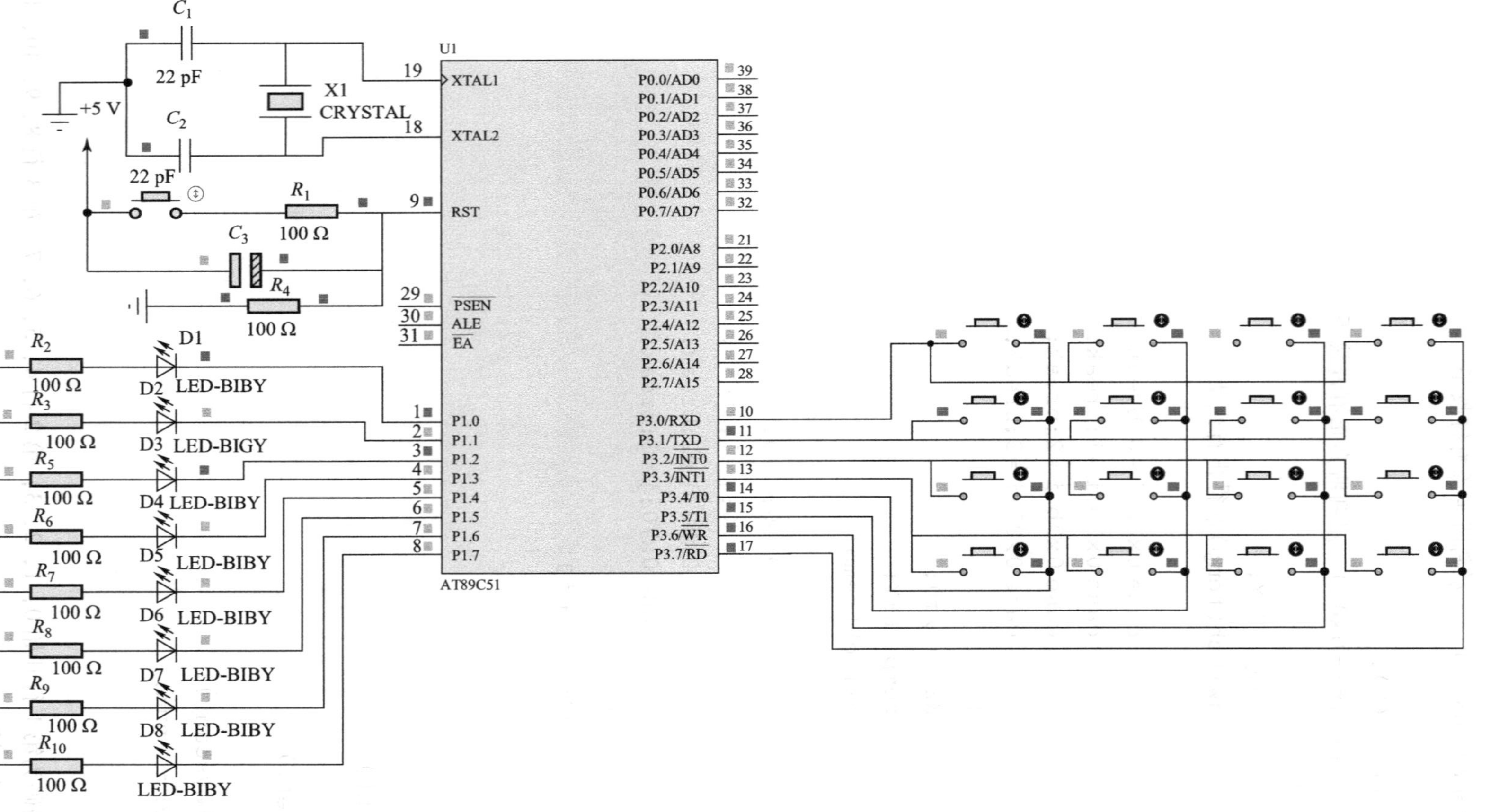

图2-14　第2行第2列的按键按下时proteus仿真图

2.3.2 switch - case 语句

在实际问题中，往往遇到以一个变量或表达式的值为判断条件，将此变量或表达式的值分成几段，每一段对应一种选择或操作的情况，为了解决这种情况，C51 语言提供了 switch 语句。

```
switch 语句的结构
switch(表达式)
{
   case 常量表达式 1:语句 1;break;
   case 常量表达式 2:语句 2;break;
   ……
   case 常量表达式 n:语句 n;break;
   default:语句 n +1;
}
```

说明：

（1）switch 语句后面的表达式可以是任何类型。

（2）若表达式的值与某一个 case 后面的常量表达式值相同，就开始执行其后面的语句；如果没有一个 case 后面的常量表达式值与表达式值相同，则执行 default 后面的语句。

（3）每一个 case 后面的常量表达式值必须不同。

（4）执行完一个 case 后面的语句后，系统并不跳出，而是执行后面的 case 语句，直到结束。如果需要执行完当前 case 语句后，系统就跳出，需要在后面加 break。

2.3.3 矩阵键盘控制车灯的硬件电路与软件程序设计

1. 任务要求

为 4 * 4 矩阵式键盘的按键进行编码，第 1 行的四个按键分别为：1、2、3、4，第 2 行的四个按键编码为 5、6、7、8，第 3 行的四个按键编码为 9、10、11、12，第 4 行的四个按键编码为 13、14、15、16，检测按键的位置并通过 LED 灯显示二进制数来显示按键的编码。

2. 硬件电路设计

1）电路原理图及其分析

该电路由两部分组成，一部分是单片机最小系统电路，另一部分是 P1 口接 8 个 LED 灯，P3 口接 4 * 4 矩阵键盘。按键编码分别为：1 ~ 16，通过 LED 灯显示的二进制数来检测按键按下是否正确。其电路原理图如图 2 - 15 所示。

2）电路连接方式

注意：在系统断电情况下，连接电路。

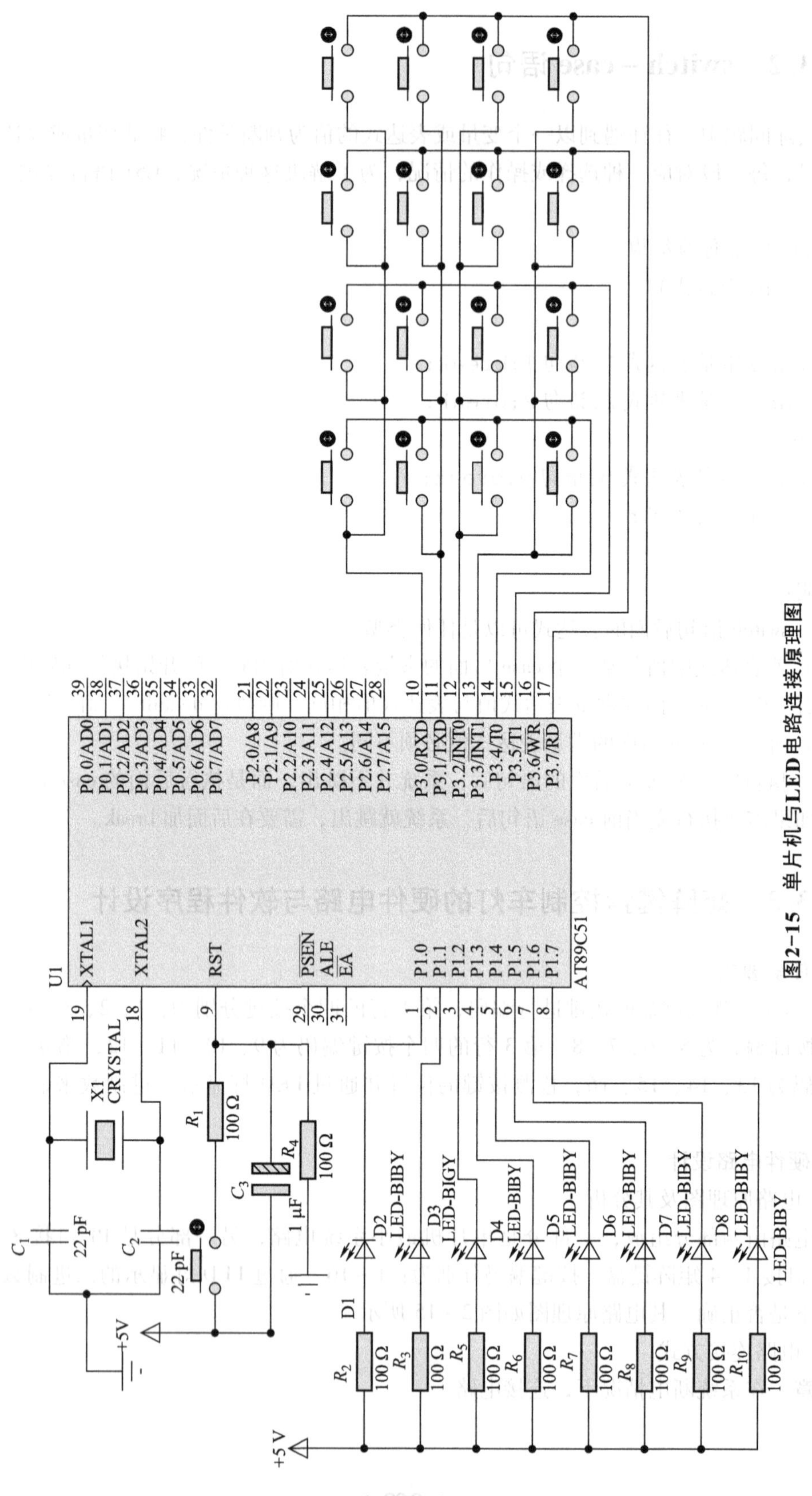

图2-15 单片机与LED电路连接原理图

用 8 条连接线将单片机最小系统模块的 P1 口与 LED 灯模块连接起来，P3 口与 4 * 4 矩阵键盘的接线端子连接，将主机模块的 +5 V 电源、显示模块的 +5 V 电源、按键模块的 +5 V 电源和电源模块的 +5 V 电源连接，同时将主机模块、显示模块、按键模块的 GND 和电源模块的 GND 连接在一起。

3. 硬件电路设计

运行 Keil μVision4 软件，新建一个工程文件 matrix keyboard. uvproj，输入并编辑源程序文件 matrix keyboard. c，并且编译生成 matrix keyboard. hex 文件。

参考程序如下：

```
/**************************************************
将多个按键组合成矩阵键盘的形式,因此检测矩阵键盘的键值,通过多个 LED 灯显示其键值。
************************************************** /
#include <REGX52.H>
#define KEY P3               //宏定义
unsigned char num;           //num 是一个无符号字符型的全局变量
void delay(unsigned int z)   //延时函数
{
    unsigned int x,y;
    for(x=100;x>0;x--)
        for(y=z;y>0;y--);
}
void matrix_keyboard()       //4* 4 键盘行扫描子程序
{
    unsigned char temp;
    KEY=0xfe;            //扫描第 1 行按键
    temp=KEY;
    if(temp! =0xfe)  //判断第 1 行是否有键按下
    {
        delay(5);        //软件延时消抖
        temp=KEY;
        switch(temp)     //判断第 1 行是哪个按键按下
        {
            case 0xee:num=1;break;      //第 1 行第 1 个键值
            case 0xde:num=2;break;      //第 1 行第 2 个键值
            case 0xbe:num=3;break;      //第 1 行第 3 个键值
```

```
                case 0x7e:num=4;break;      //第1行第4个键值
            }
            temp=KEY;
            while(temp! =0xfe)
            {
                temp=KEY;
            }
        }
        KEY=0xfd;     //扫描第2行
        temp=KEY;
        if(temp! =0xfd)
        {
            delay(5);
            temp=KEY;
            if(temp! =0xfd)     //判断第2行是否有键按下
            {
                temp=KEY;
                switch(temp)   //判断第2行是哪个按键按下
                {
                    case 0xed:num=5;break;      //第2行第1个键值
                    case 0xdd:num=6;break;      //第2行第2个键值
                    case 0xbd:num=7;break;      //第2行第3个键值
                    case 0x7d:num=8;break;      //第2行第4个键值
                }
                temp=KEY;
                while(temp! =0xfd)
                {
                    temp=KEY;
                }
            }
        }
        KEY=0xfb;             //扫描第3行
        temp=KEY;
        if(temp! =0xfb)     //判断第3行是否有键按下
        {
```

```
        delay(5);            //软件延时消抖
        temp=KEY;
        if(temp! =0xfb)  //再次判断是否有键按下
        {
            temp=KEY;
            switch(temp)    //判断第3行是哪个键按下
            {
                case 0xeb:num=9;break;
                case 0xdb:num=10;break;
                case 0xbb:num=11;break;
                case 0x7b:num=12;break;
            }
            temp=KEY;
            while(temp!=0xfb)
            {
              temp=KEY;
            }
        }
    }

    KEY=0xf7;                   //扫描第4行
    temp=KEY;                   //读键盘
    if(temp!=0xf7)              //判断第4行是否有按键按下
    {
        delay(5);           //软件延时消抖
        temp=KEY;
          if(temp! =0xf7)
          {
            temp=KEY;
            switch(temp)
            {
                case 0xe7:num=13;break;
                case 0xd7:num=14;break;
                case 0xb7:num=15;break;
                case 0x77:num=16;break;
            }
```

```
                temp = KEY;
                while(temp! =0xf7)
                {
                    temp = KEY;
                }
            }
        }
    }

    void main()
    {
        while(1)
        {
            matrix_keyboard();
            P1 = ~num;
        }
    }
```

说明：#define 宏定义

格式：#define 新名称 原内容

注意后面没有分号，#define 命令用它后面的第一个字母组合代替该字母组合后面的所有内容，也就是相当于给“原内容”重新起一个比较简单的“新名称”，方便以后在程序中直接写简短的新名称，而不必每次都写烦琐的原内容，同时如果连接实验台，方便连线、改线。

4. 下载程序

当矩阵键盘的按键按下时，用 LED 灯显示按键的键值，第 1 行的键值为 1、2、3、4，第 2 行的键值为 5、6、7、8，第 3 行的键值为 9、10、11、12，第 4 行的键值为 13、14、15、16。

当第 2 行第 2 列的按键按下时，仿真结果如图 2-16 所示。

当第 4 行第 4 列的按键按下时，仿真结果如图 2-17 所示。

拓展训练

2-1　用两个按键分别模拟左转向灯和右转向灯的按键，当第一个按键按下，而第二个按键不按下时，则左转向灯亮；当第二个按键按下，而第一个按键不按下时，则右转向灯亮，从而实现用按键实现智能车转向灯。

2-2　用拨段开关控制左右转向灯，一个独立按键控制近光灯，另外一个独立按键控制远光灯，其电路图如图 2-18 所示。

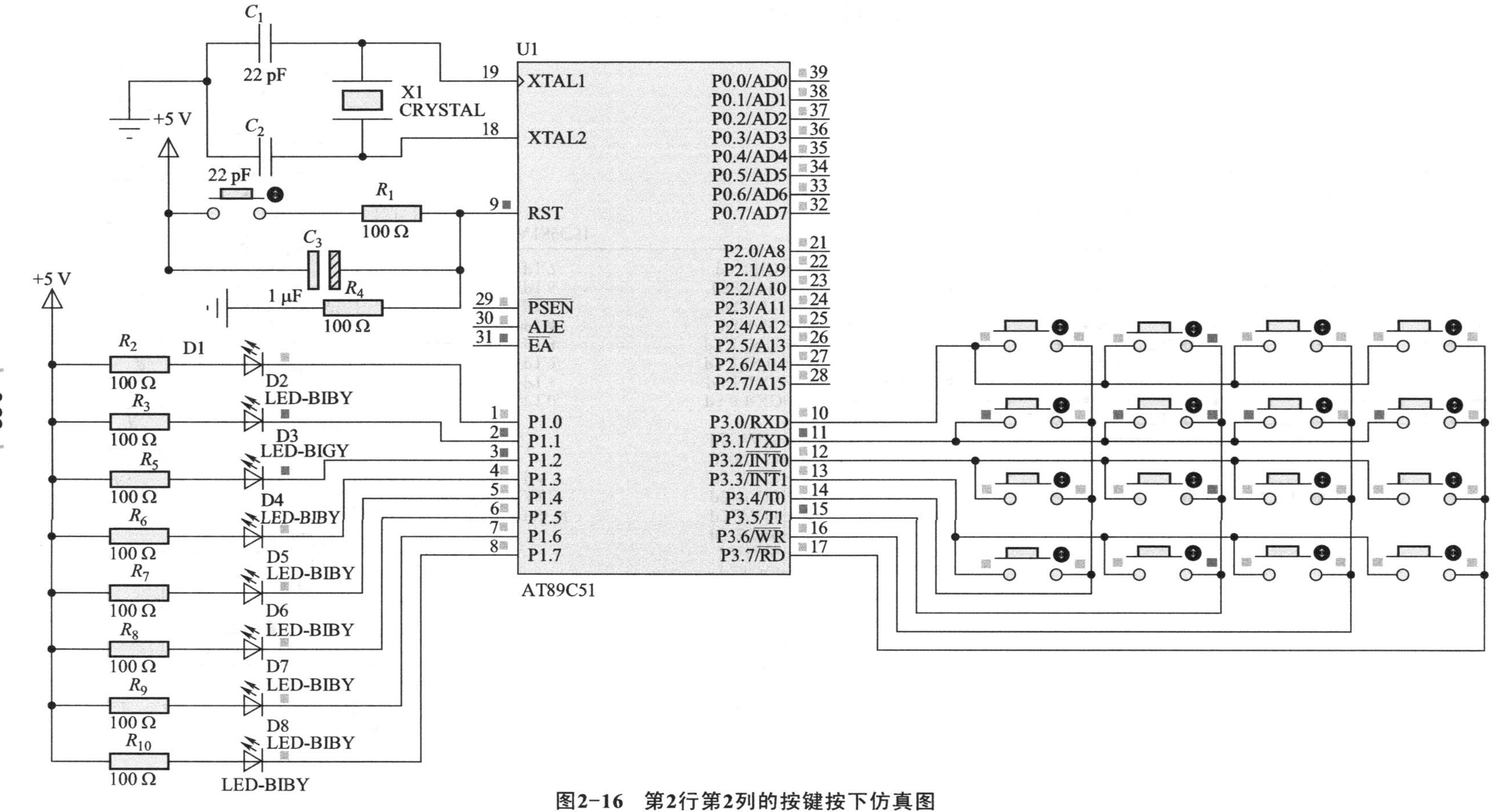

图2-16　第2行第2列的按键按下仿真图

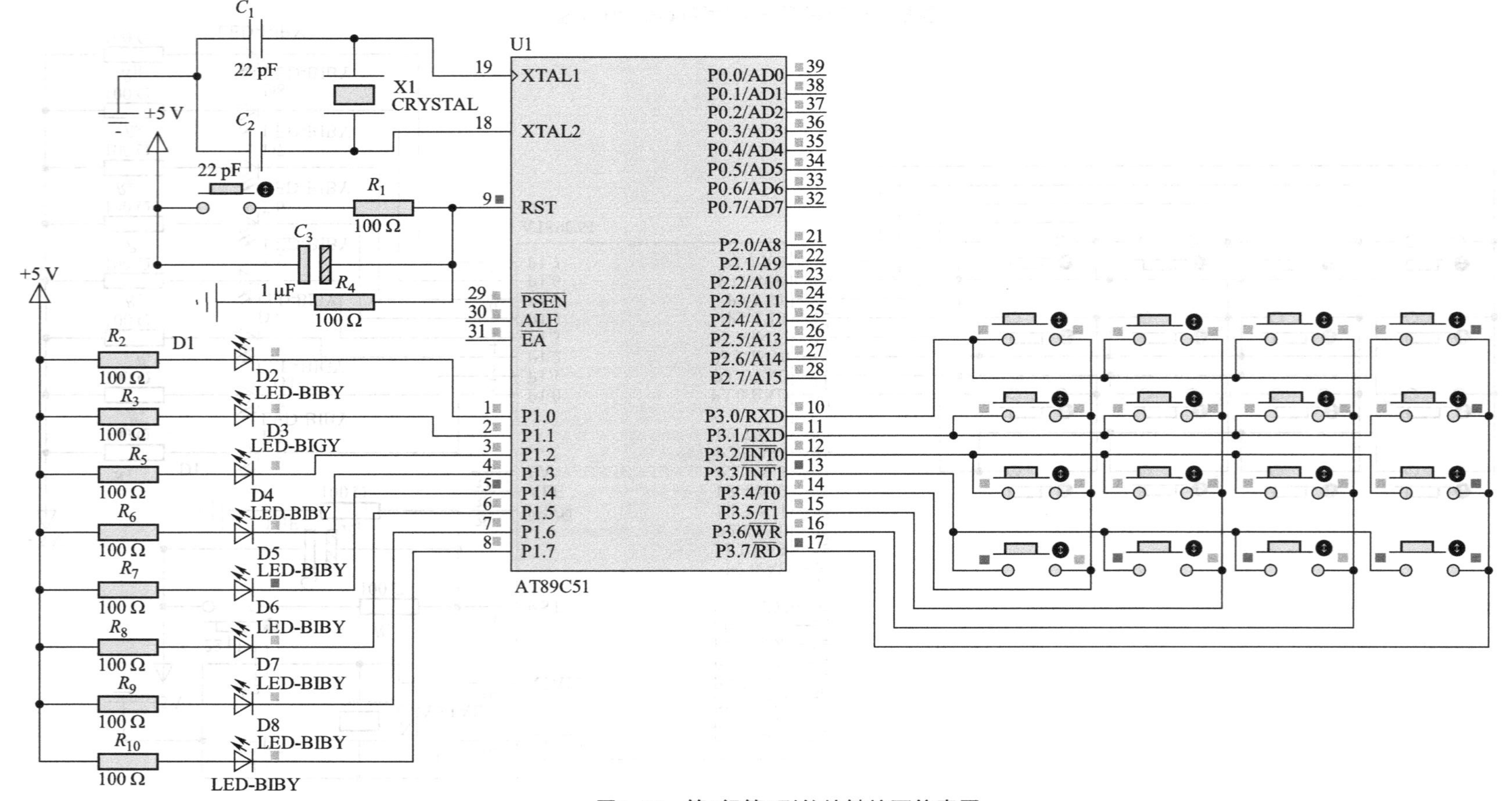

图2-17　第4行第4列的按键按下仿真图

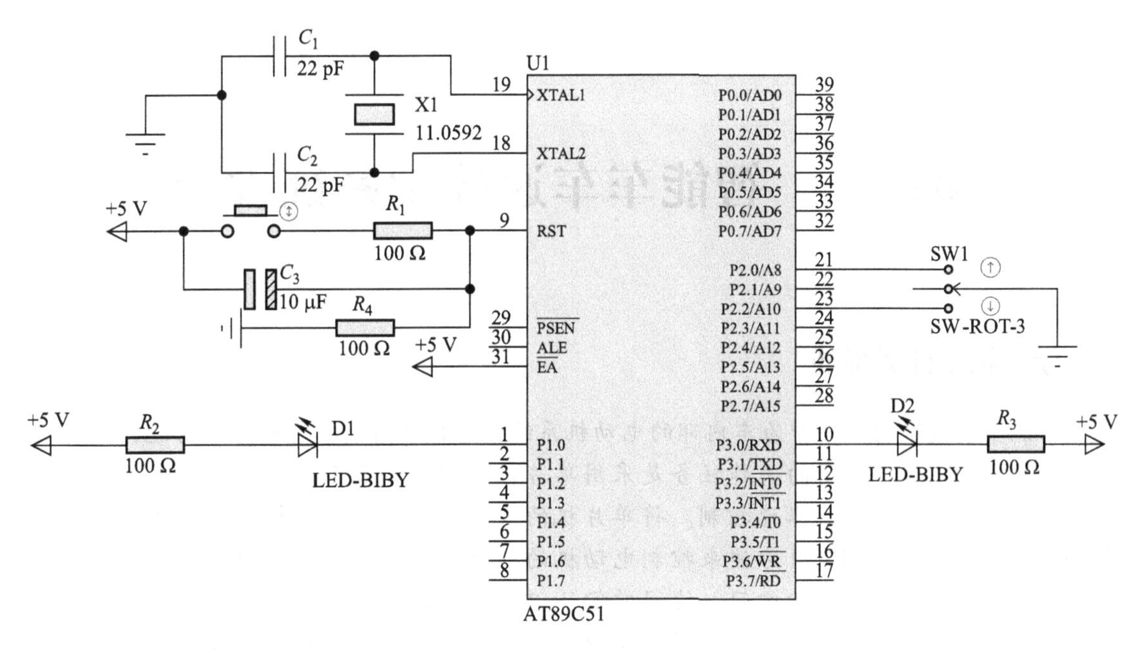

图 2－18　波段开关控制 LED 灯电路图

课后习题

1. MCS－51 系列单片机片内 RAM 是如何划分的？各有什么功能？

2. MCS－51 系列单片机有多少个特殊功能寄存器？它们分布在什么地址范围内？

3. 简述程序状态寄存器 PSW 各位的含义，单片机如何确定和改变当前的工作寄存器组？

4. 简述 C51 的语句格式及常用的流程控制方法的基本结构。

5. C51 语言的函数定义方法是什么？在函数使用过程中需要注意什么呢？

6. 简述矩阵键盘的按键扫描方法。

7. 机械式按键组成的键盘，应如何消除按键抖动？

8. 独立式按键和矩阵式按键分别具有什么特点？适用于什么场合？

项目三　智能车车速控制系统设计

学习情境任务描述

智能车最关键的部件即为车内部的电动机系统，它控制着整个智能车的前进、倒退及车速的快慢。本学习情境的工作任务是采用单片机来控制智能车的电动机系统，从而实现智能车的前进与倒退及车速控制。将单片机的输入输出口与按键相连，同时采用单片机的定时/计数器产生PWM方波来控制电动机的转速，同时通过按键控制方波的占空比来改变车速。通过本项目的学习，使同学们认识步进电动机，了解电动机的工作原理及方法，学习单片机的定时/计数器、中断系统的使用，并能够编写C51语言程序来控制电动机转速。在学习定时/计数器及中断的基础上，进行智能车车速控制系统设计的任务分析和计划制订、硬件电路和软件程序的设计，完成车速控制的制作、调试和运行演示，并完成工作任务评价。

学习目标

(1) 掌握定时/计数器的工作原理及四种工作方式；
(2) 掌握单片机的中断系统的使用及编程方法；
(3) 掌握电动机的控制原理；
(4) 能用定时/计数器产生相应的波形；
(5) 能进行电动机的速度控制；
(6) 能编写C51语言程序，正确配置定时/计数器及中断系统；
(7) 能按照设计任务书的要求，完成智能车车速控制的设计、调试与制作。

学习与工作内容

本学习情境要求根据任务书的要求，如表3-1所示，学习单片机的定时/计数器的工作原理、中断系统的基本知识及用C51语言进行定时/计数器配置的程序设计，进一步掌握单片机最小系统和I/O口的应用知识，查阅资料，制订工作方案和计划，完成智能车车速控制系统的设计与制作，需要完成以下工作任务：

(1) 了解步进电动机的工作原理；
(2) 学习单片机的定时/计数器的原理及工作方式；
(3) 学习中断的使用方法；
(4) 划分工作小组，以小组为单位完成按键控制电动机启动和停止、前进和倒退、定时器控制车灯三个任务；

(5) 根据设计任务书的要求，查阅收集相关资料，制订完成任务的方案和计划；
(6) 根据设计任务书的要求，整理出硬件电路图；
(7) 根据任务要求和电路图，整理出所需要的器件和工具仪器清单；
(8) 根据功能要求和硬件电路原理图，绘制程序流程图；
(9) 根据功能要求和程序流程图，编写软件程序并进行编译调试；
(10) 进行软硬件调试和仿真运行，电路的安装制作，演示汇报；
(11) 进行工作任务的学业评价，完成工作任务的设计制作报告。

表 3-1　智能车灯系统设计任务书

设计任务	采用单片机的定时/计数器，控制智能车的电动机的启动和停止，智能车的车速控制
功能要求	智能车采用实训台上面的步进电动机代替，将单片机与步进电动机及按键系统相连，能通过实训台上的按键控制电动机的正反转及转速控制
工具	单片机开发和电路设计仿真软件：Keil μVision4 软件、Protues 软件；PC 及软件程序、万用表、电烙铁、装配工具
材料	元器件（套）、焊料、焊剂、焊锡丝

学业评价

本学习情境的学业根据工作任务的完成过程进行考核评价，注重学习和工作过程的考核评价，依据完成任务中实际的学习和工作过程分为 10 个评分项目，根据各项目主要完成主体的不同，分别对个人和小组进行考核评价，如表 3-2 所示。

表 3-2　考核评价表

项目名称	分值	第______组			备注
		学生 1	学生 2	学生 3	
中断的学习	10				
定时/计数器的学习及使用	10				
电动机的驱动电路学习	5				
Keil 软件编程环境的学习	10				
用定时器产生 PWM 波形	5				
车速控制项目软件电路设计	10				
调试仿真	10				
安装制作	10				
设计制作报告	15				
团队及合作能力	15				

任务3.1　独立按键控制智能车启动和停止

3.1.1　MCS－51单片机的中断系统

1. 中断的定义

CPU在处理某一事件A时，发生了另一事件B请求CPU迅速去处理（中断发生）；CPU暂时中断当前的工作，转去处理事件B（中断响应和中断服务）；待CPU将事件B处理完毕后，再回到原来事件A被中断的地方继续处理事件A（中断返回），这一过程称为中断，中断示意图如图3－1所示。

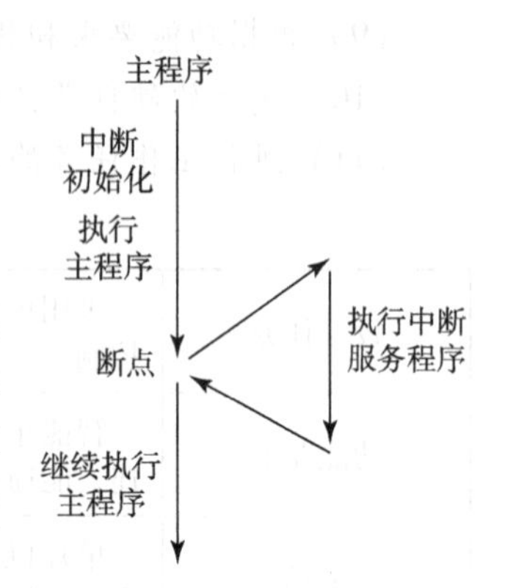

图3－1　中断示意图

2. 中断系统

图3－2所示为8051中断系统结构图。

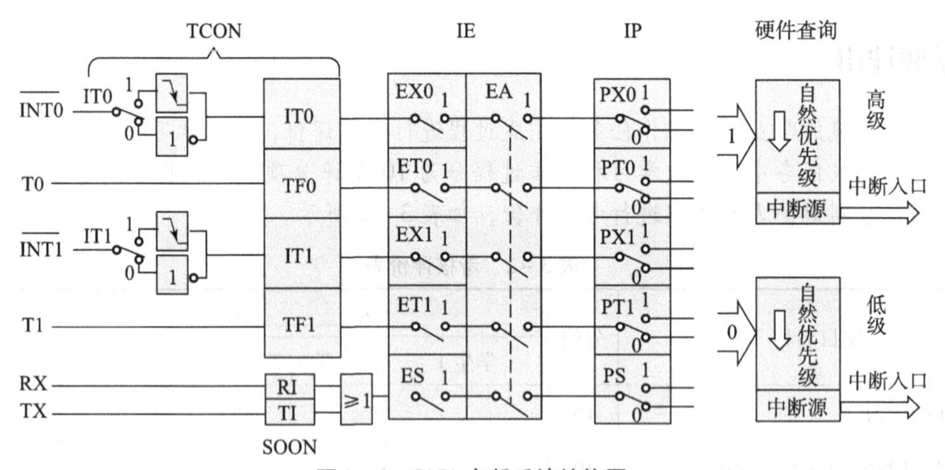

图3－2　8051中断系统结构图

1）中断源

引起CPU中断的根源，称为中断源，8051单片机有5个中断源：

$\overline{\text{INT0}}$——外部中断0，P3.2口线引入，低电平或下降沿引起。

$\overline{\text{INT1}}$——外部中断1，P3.3口线引入，低电平或下降沿引起。

T0——定时器/计数器0中断，由T0计数器计满回零引起。

T1——定时器/计数器1中断，由T1计数器计满回零引起。

TI/RI——串行口中断，串行口完成一帧字符发送/接收引起。

表3－3所示为P3口第二功能中与中断有关的位。

表 3－3　P3 口第二功能中与中断有关的位

I/O 口线	第二功能定义	功能说明
P3.0	RXD	串行口输入
P3.1	TXD	串行口输出
P3.2	$\overline{\text{INT0}}$	外部中断 0 输入端
P3.3	$\overline{\text{INT1}}$	外部中断 1 输入端
P3.4	T0	T0 外部计数脉冲输入端
P3.5	T1	T1 外部计数脉冲输入端

2）实现中断并返回

当有中断源发出中断请求时，CPU 要决定是否响应，若响应了，CPU 必须在现行指令执行完后，保护现场和断点，然后转到中断服务子程序入口执行中断服务程序，当中断处理完后再恢复现场和断点，使 CPU 返回主程序。

3）能实现优先权排队

一个系统通常有多个中断源，当两个或两个以上的中断源同时提出中断请求的情况，这时，CPU 应能找到优先级别高的中断源响应这个中断请求，处理完优先级最高的中断后，再处理优先级低的中断。

4）高级中断源能中断低级的中断处理

当 CPU 在响应低级中断请求时，若有更高级中断请求，则 CPU 中断当前低级中断处理，转去执行更高级的中断请求，当该高级中断处理完成，再返回去执行被中断的低级中断事件，执行过程如图 3－3 所示。若有更低级中断请求，则不响应，而是处理完现在的程序，再去响应。

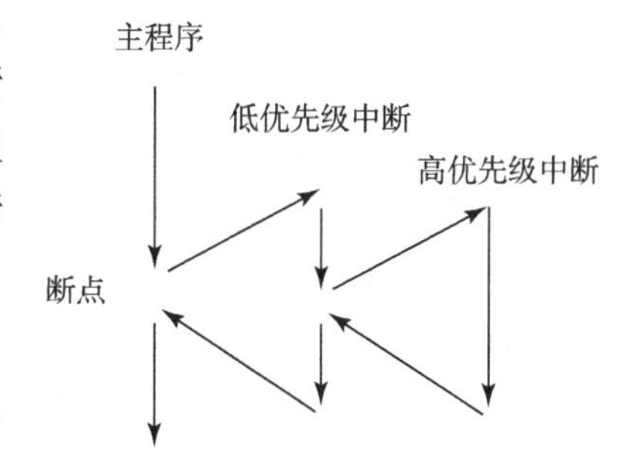

图 3－3　二级中断处理示意图

3. 与中断相关的寄存器

中断源的控制是通过设置特殊功能寄存器 TCON、SCON 等实现的。

TCON：定时器控制寄存器（6 位）；

SCON：串行口控制寄存器（2 位）；

IE：中断允许寄存器；

IP：中断优先级寄存器。

1）TCON——定时器/计数器控制寄存器

TCON 寄存器各位的定义如表 3－4 所示。

表 3－4　TCON 寄存器各位的定义

D7	D6	D5	D4	D3	D2	D1	D0
TF1	—	TF0	—	IE1	IT1	IE0	IT0

TF1（TF0）：T1 溢出中断标志位，启动 T1 计数后，T1 溢出，由硬件使 TF1 置 1，向 CPU 申请中断，CPU 响应中断，并硬件使 TF1 清零。TF0 同 TF1。

IE1（IE0）：外部中断1请求标志位，当$\overline{INT1}$引脚上有中断请求时，使IE1=1，CPU响应中断，由硬件使IE1清零。IE0同IE1。

IT1（IT0）：外部中断1（外部中断0）触发方式选择位。

IT1=0：电平触发方式。

IT1=1：边沿触发方式：$\overline{INT1}$引脚出现一个下降沿时，使IE1=1，响应中断IE1=0。

2）SCON——串行口控制寄存器

SCON是串行口控制寄存器，与中断有关的是其低两位TI和RI，如表3-5所示。

表3-5　SCON寄存器中与中断相关的位

D7	D6	D5	D4	D3	D2	D1	D0
						TI	RI

RI：串行口接收中断标志位。允许串行口接收数据时，每接收完一帧，由硬件置位RI。

TI：串行口发送中断标志位。当CPU将一个发送数据写入串行口发送缓冲器时，就启动了发送过程。每发送完一帧，由硬件置位TI。

3）IE——中断允许控制寄存器

IE寄存器中与中断相关的位如表3-6所示。

表3-6　IE寄存器中与中断相关的位

D7	D6	D5	D4	D3	D2	D1	D0
EA	—	—	ES	ET1	EX1	ET0	EX0

IE对中断的开放和关闭实现两级控制，所谓两级控制，就是有一个总的中断开关控制位EA。

当EA=0时，屏蔽所有的中断申请，即任何中断申请都不接受。

当EA=1时，CPU开放中断，但5个中断源，还要由IE的低5位的各对应控制位的状态进行中断允许控制。

EA：中断允许控制位，也成为总中断允许位。

ES：串行口中断允许位。

ET1（ET0）：T1（T0）的溢出中断允许位。

EX1（EX0）：外部中断1（0）允许位。

4）IP——中断优先级控制寄存器

51单片机有两个中断优先级，每一个中断源都可以编程设置成为高优先级或低优先级，由中断优先级控制寄存器IP的各位来实现。IP寄存器各位的定义如表3-7所示。

表3-7　IP寄存器各位的定义

D7	D6	D5	D4	D3	D2	D1	D0
—	—	—	PS	PT1	PX1	PT0	PX0

PS：串行口中断优先级控制位。

PT1：T1中断优先级控制位。

PX1：外部中断1优先级控制位。

PT0：同 PT1。

PX0：同 PX1。

当同时收到几个同一级别的中断请求时，CPU 先响应哪一个中断源取决于内部硬件查询顺序，这个顺序如表 3－8 所示。

表 3－8　中断源响应优先级

中断源	同级中的中断优先级
外部中断 0	最高
T0 溢出中断	
外部中断 1	↓
T1 溢出中断	
串行口中断	最低

4. 中断源对应的入口地址

表 3－9 所示为中断源响应优先级和中断服务程序入口地址。

表 3－9　中断源响应优先级和中断服务程序入口地址

中断源	默认中断级别	序号（C51 语言用）	入口地址（汇编语言用）
$\overline{\text{INT0}}$——外部中断 0	最高	0	0003H
T0——定时器/计数器 0 中断	第 2	1	000BH
$\overline{\text{INT1}}$——外部中断 1	第 3	2	0013H
T1——定时器/计数器 1 中断	第 4	3	001BH
TI/RI——串行口中断	第 5	4	0023H
T2——定时器/计数器 2 中断	第 6	5	002BH

注：T2 是 52 单片机的中断源。

5. C51 中断服务程序的写法

格式：

```
void 函数名()  interrupt 中断号  using 工作组
{
  中断服务程序内容;
}
```

using 工作组可省略，系统自动配置。

中断号如表 3－9 所示，外部中断 0 的中断号为 0，外部中断 1 的中断号为 2 等。

6. 外部中断服务程序的编写步骤

（1）确定触发方式，即对 TCON 寄存器的 IT0 或 IT1 进行赋值，IT0＝1（边沿触发方式），IT0＝0（电平触发方式）。

（2）根据需要，置位 EX0 或 EX1 允许外部中断，EX0＝1（外部中断 0 打开）。

（3）置位 EA 使 CPU 开总中断（需要时），EA = 1（开总中断）。

3.1.2 三极管驱动电动机

1. 三极管分类

三极管是我们在日常应用电路中经常会用到的一个器件，分为 PNP 和 NPN 型，两种结构的三极管的电路符号如图 3 – 4 所示。

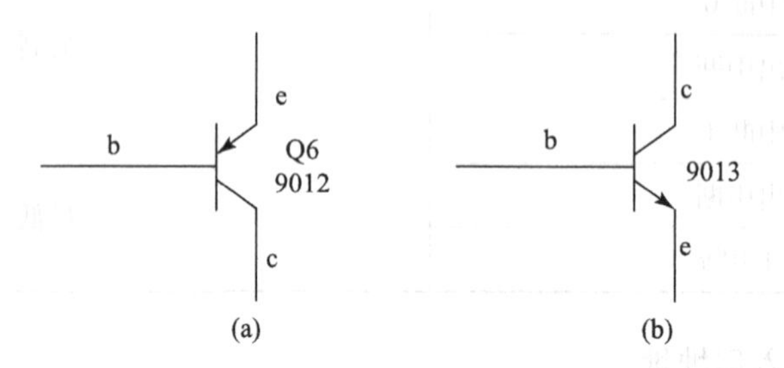

图 3 – 4 三极管的电路符号

（a）PNP 型三极管；（b）NPN 型三极管

2. 三极管常用功能

（1）开关控制（本节知识点）；

（2）信号放大（模拟电路知识点）；

（3）电平转换。

3. 用三极管驱动电动机

在本任务的电路中，三极管主要起开关作用，以驱动电动机转动。

当三极管的基极接高电平时，三极管饱和导通，相当于开关打开，三极管的 ce 结电压为 0.3 V，电流从 +12 V 电源开始经过直流电动机，再经过 NPN 三极管的 ce 结到地，形成回路。

当三极管的基极接低电平时，三极管截止，相当于开关断开，电动机停止转动。

3.1.3 独立按键控制智能车的启动和停止

1. 任务与计划

独立按键控制智能车启动和停止，当按键按下奇数次时，智能车启动；当按键按下偶数次时，智能车停止。

2. 硬件电路设计

该电路由两部分组成，一部分是单片机最小系统电路，另一部分是 P2.0 口接电动机驱动电路，P3.2 口接一个按键。单片机最小系统电路在项目准备部分已经详细介绍过了，这里重点讲解外部中断，当按键按下奇数次时，直流电动机开始转动，当按键按下偶数次时，直流电动机停止转动。其电路原理图如图 3 – 5 所示。

注意：在系统断电情况下，连接电路。

用两条连接线将单片机最小系统模块的 P2.0 口与电动机驱动电路相连接，P3.2 口与按键连接起来，将主机模块的 +5 V 电源、电动机模块的 +5 V 电源、按键模块的 +5 V 电源

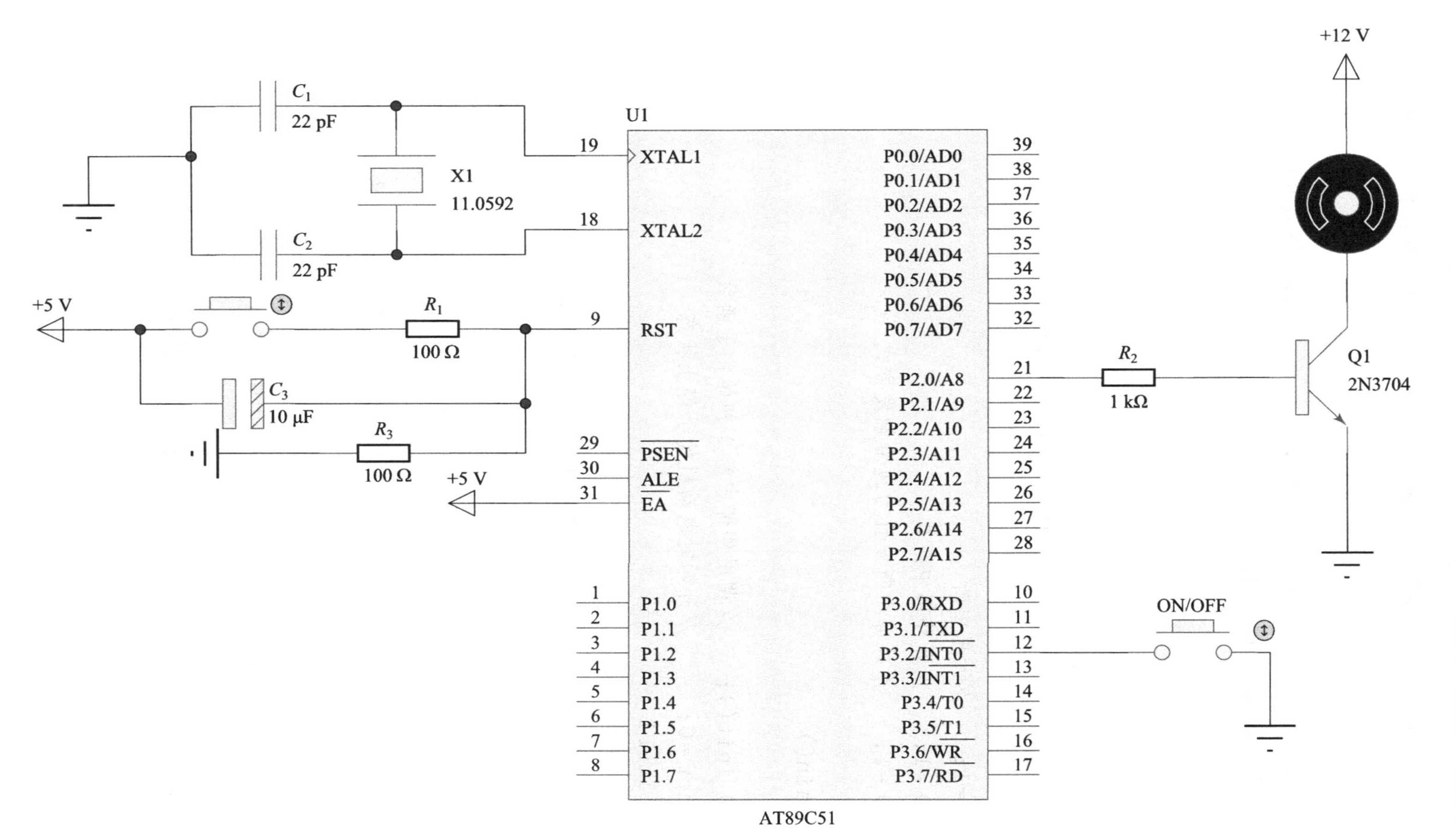

图3–5　单片机与LED电路连接原理图

和电源模块的 +5 V 电源连接，同时将主机模块、电动机模块、按键模块和电源模块的 GND 连接在一起。

3. 软件程序设计

运行 Keil μVision4 软件，新建一个工程文件 motor. uvproj，输入并编辑源程序文件 motor. c，并且编译生成 motor. hex 文件。

参考程序如下：

```
#include <REGX52.H>
sbit motor = P2^0;
unsigned char num;
void ex0_init()      //外部中断0初始化子函数
{
    EA =1;     //开总中断
    EX0 =1;     //开外部中断0
    IT0 =1;     //外部中断设置为边沿触发方式
}
void main()
{
    ex0_init();      //调用外部中断0初始化子函数
    motor =0;        //开始时电动机处于停止状态
    while(1)
    {
        if(num% 2 ==1)   //当按键按下奇数次时,电动机转动
        {
            motor =1;
        }
        else
         motor =0;       //当按键按下偶数次时,电动机停止转动
    }
}
void ext0()interrupt 0        //外部中断服务程序,序号为"0"
{
    num ++;                      //记录按键按下的次数
}
```

说明：

(1) 中断函数没有返回值；

(2) 中断初始化函数的编写。

4. 下载程序

Proteus 仿真结果如图 3 -6 和图 3 -7 所示。

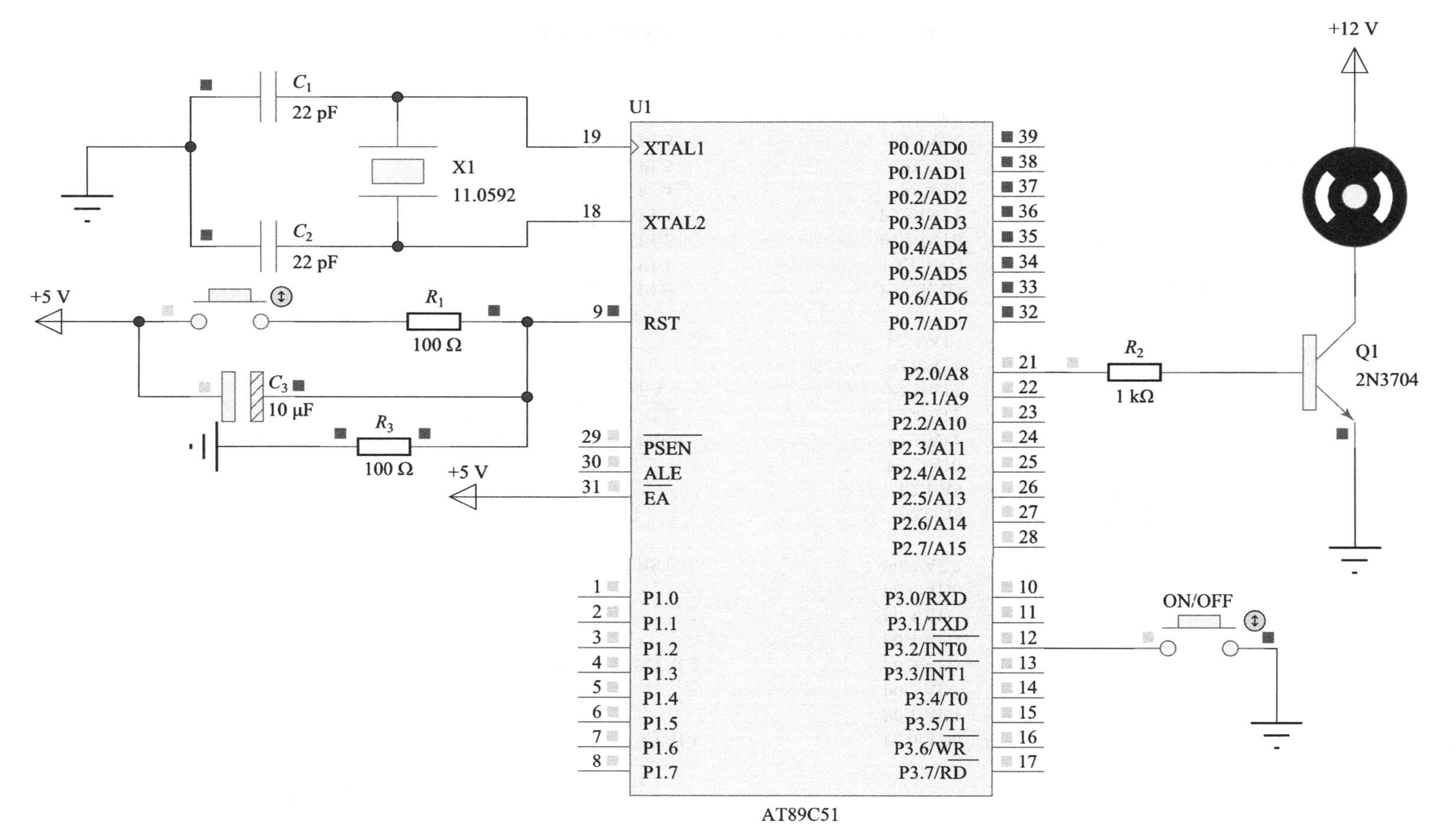

图3-6　按键按下奇数次电动机转动仿真图

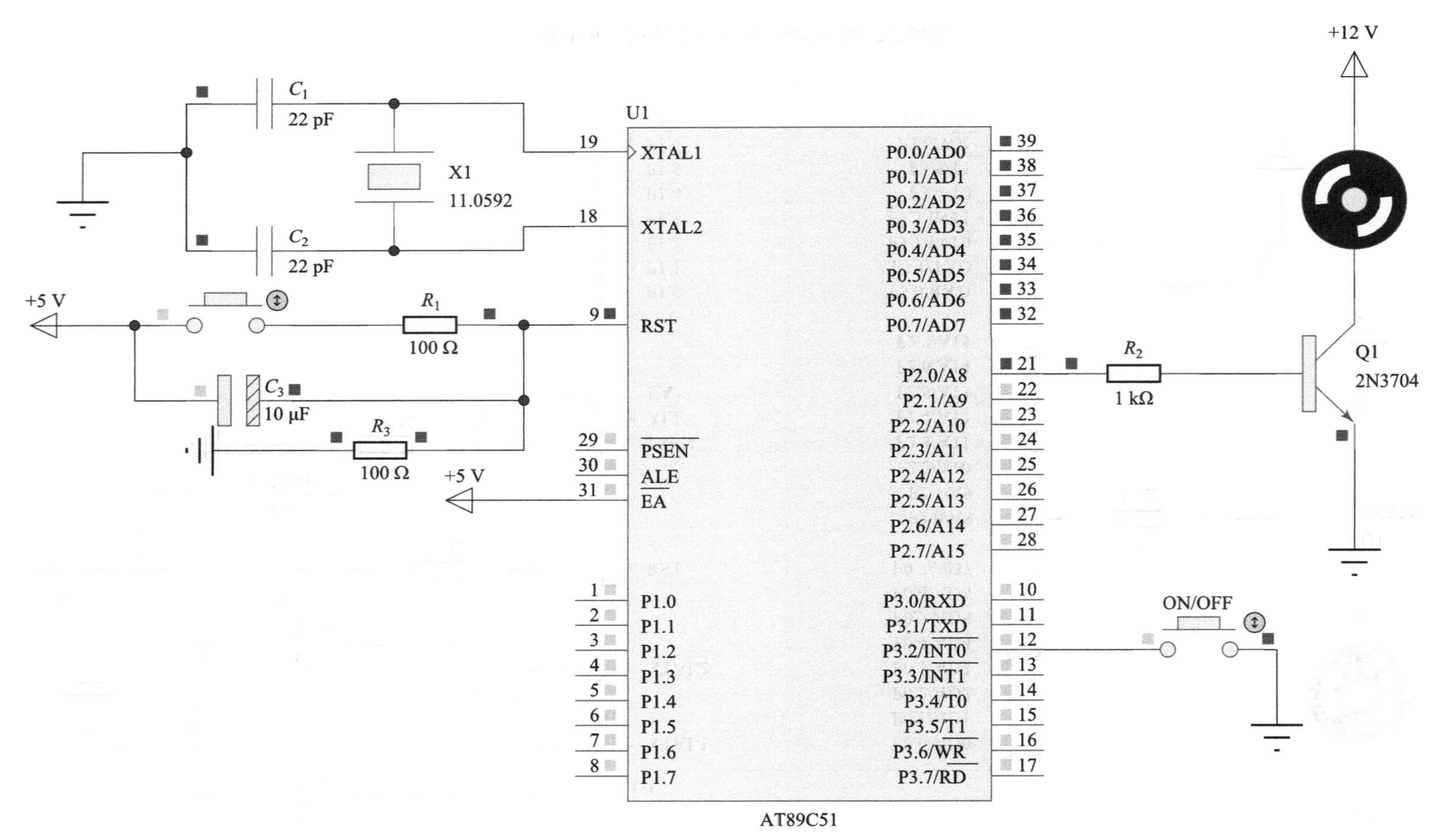

图3-7 按键按下偶数次电动机转动仿真图

任务 3.2　定时器控制车灯按照 1 s 闪烁

3.2.1　定时/计数器的相关知识

1. 定时/计数器的结构及特点

1）定时/计数器的结构

定时/计数器的实质是加 1 计数器（16 位），由高 8 位（THx，x = 0，1）和低 8 位（TLx，x = 0，1）两个寄存器组成，其结构如图 3 – 8 所示。

TMOD——定时/计数器的工作方式控制寄存器，确定工作方式和功能；

TCON——控制寄存器，控制 T0、T1 的启动和停止及设置溢出标志。

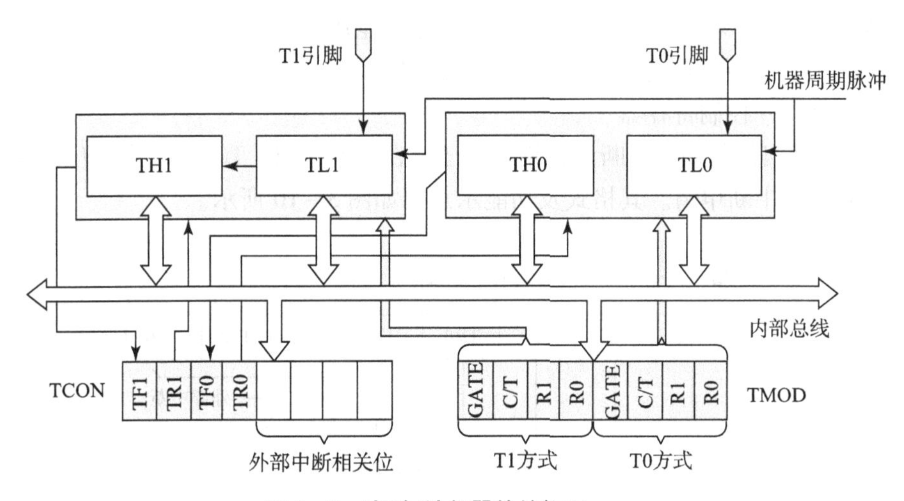

图 3 – 8　定时/计数器的结构图

2）定时/计数器的特点

对于定时/计数器来说，不管是独立的定时器芯片还是单片机内的定时器，都有以下特点：

（1）定时/计数器有多种工作方式，可以是计数方式也可以是定时方式。

（2）定时/计数器的计数值是可变的，当然对计数的最大值有一定限制，这取决于计数器的位数。计数的最大值也就限制了定时的最大值。

（3）可以按照规定的定时或计数值，在定时时间到或者计数终止时发出中断申请，以便实现定时控制。

2. 与定时器相关的寄存器

1）TMOD——工作方式寄存器

工作方式寄存器 TMOD 用于设置定时/计数器的工作方式，低四位用于 T0 的设置，高四位用于 T1 的设置。其格式及功能示意图如图 3－9 所示。

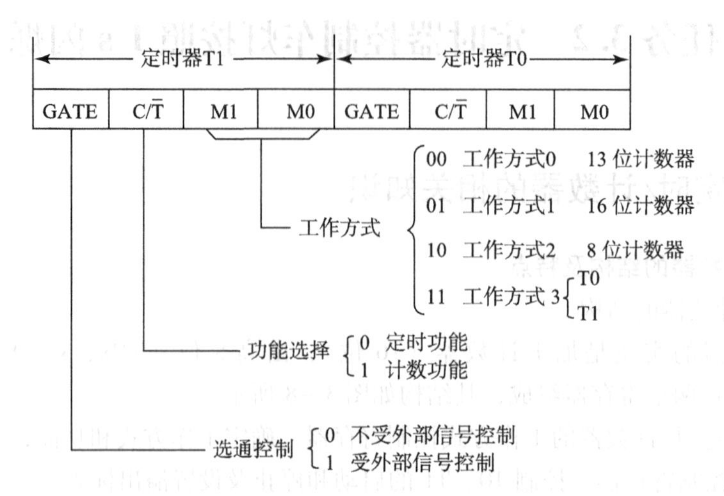

图 3－9 TMOD 寄存器的格式及功能示意图

注意：由于 TMOD 不能进行位寻址，所有只能用字节指令设置定时/计数器的工作方式。复位时 TMOD 所有位清零，一般应重新设置。

2）TCON——控制寄存器

TCON 的低四位与外部中断设置相关，已经在前面介绍。TCON 的高四位用于控制定时/计数器的启动和中断申请。其格式及功能示意图如图 3－10 所示。

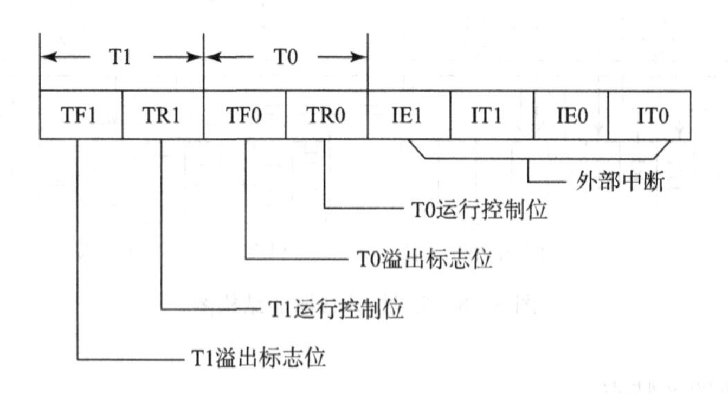

图 3－10 TCON 寄存器的格式及功能示意图

3. 定时/计数器的工作方式

1）方式 0

方式 0 为 13 位计数，由 TL0 的低 5 位（高 3 位未用）和 TH0 的 8 位组成。TL0 的低 5 位溢出时向 TH0 进位，TH0 溢出时，置位 TCON 中的 TF0 标志向 CPU 发出中断请求，其逻辑结构如图 3－11 所示。

C/$\overline{T}$＝0 时为定时器模式，若 t 为定时时间，N 为计数值，T_{cy} 为机器周期，则三者之间的关系为：$N=t/T_{cy}$，计数初值计算的公式为

$$X = 2^{13} - N = 2^{13} - t/T_{cy}$$

定时器的初值还可以采用计数个数直接取补法获得。

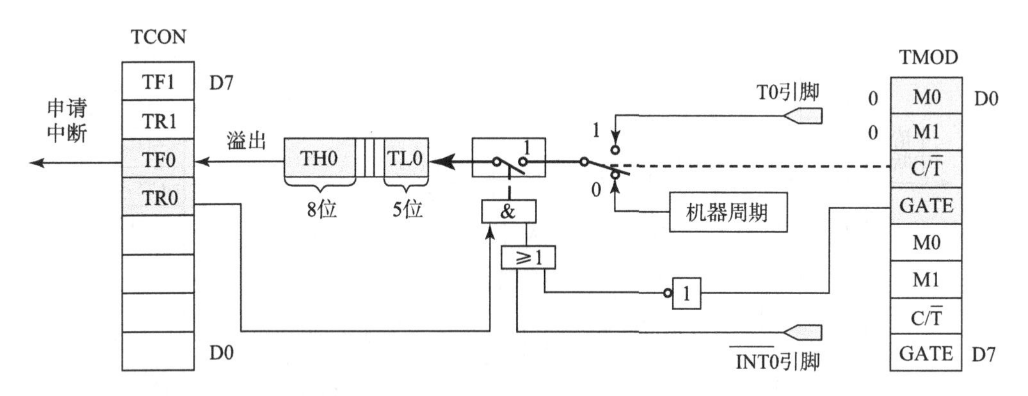

图 3-11　定时/计数器 T0 方式 0 的逻辑结构图

计数模式时，计数脉冲是 T0 引脚上接外部脉冲。门控位 GATE 具有特殊的作用，当 GATE＝0 时，经反相后使或门输出为 1，此时仅由 TR0 控制与门的开启，与门输出 1 时，控制开关接通，计数开始；当 GATE＝1 时，由外中断引脚信号控制或门的输出，此时控制与门的开启由外中断引脚信号和 TR0 共同控制。当 TR0＝1 时，外中断引脚信号引脚的高电平启动计数，外中断引脚信号引脚的低电平停止计数，这种方式常用来测量外中断引脚上正脉冲的宽度。

2）方式 1

方式 1 的计数位数是 16 位，由 TL0 作为低 8 位、TH0 作为高 8 位，组成了 16 位加 1 计数器，其结构如图 3-12 所示。

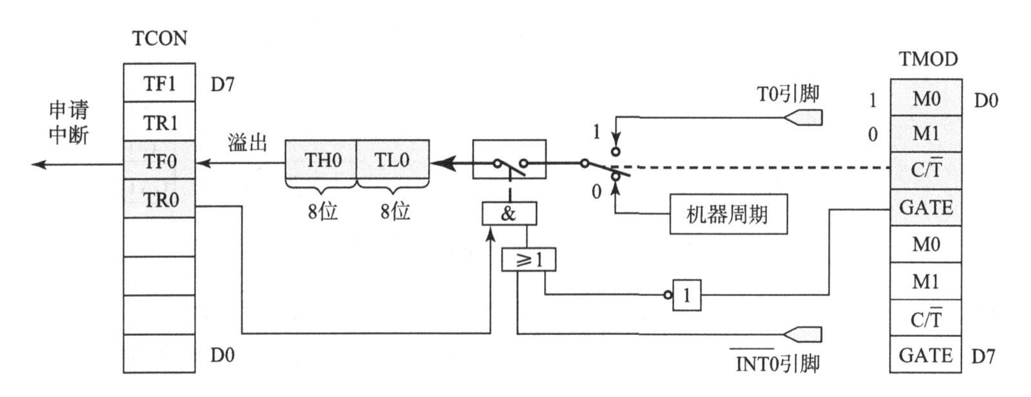

图 3-12　T0 方式 1 的逻辑结构图

计数初值计算的公式为：$X = 2^{16} - N$。

计数个数为：65 536 个即 2^{16} 个，初始值范围：1～65 535。

3）方式 2

方式 2 为自动重装初值的 8 位计数方式，其结构如图 3-13 所示。

计数个数与计数初值的关系：$X = 2^{8} - N$。

执行过程为：TH0 为 8 位初值寄存器，当 TL0 计数溢出时，由硬件使 TF0 置 1，向 CPU 发出中断请求，并将 TH0 中的计数初值自动装入 TL0，TL0 从初值重新进行加 1 计数。这种工作方式适合于较精确的脉冲信号发生器。

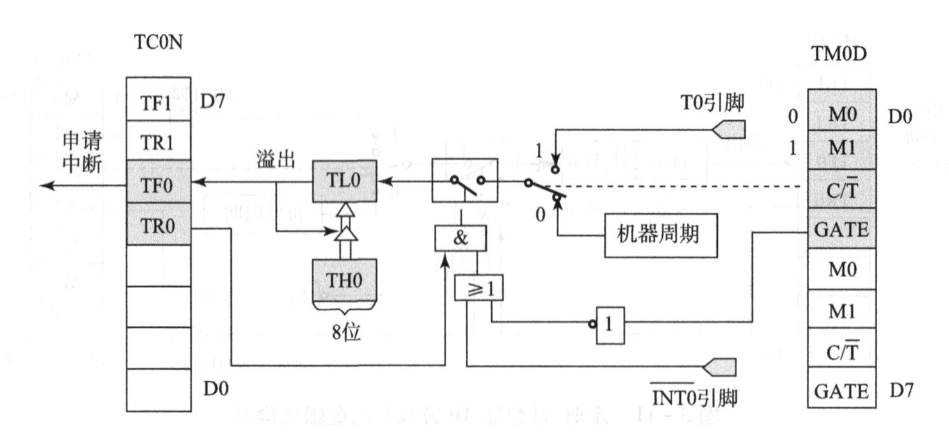

图 3-13　T0 方式 2 的逻辑结构图

4）方式 3

方式 3 只适用于定时/计数器 T0，定时器 T1 处于方式 3 时相当于 TR1 = 0，停止计数。其逻辑结构如图 3-14 所示。

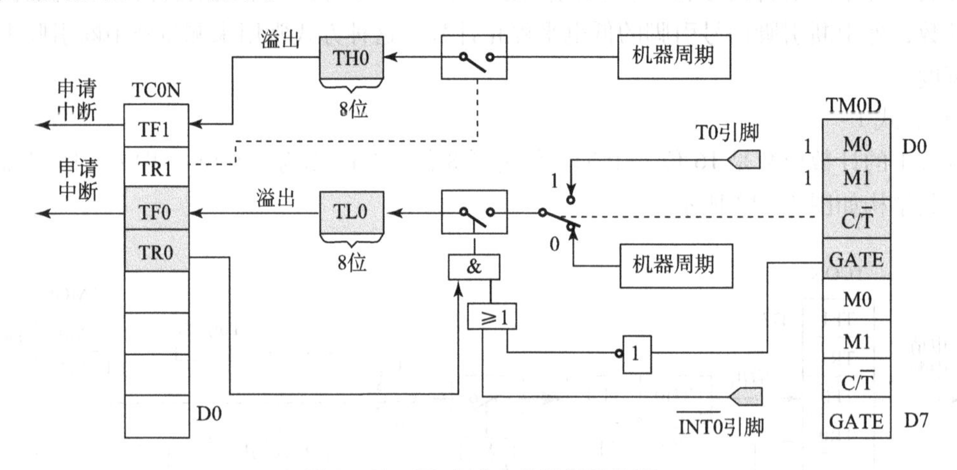

图 3-14　T0 方式 3 的逻辑结构图

T0：分成两个独立的定时/计数器 TH0 和 TL0，TL0 使用 T0 的所有控制位，TH0 使用 T1 的所有控制位。定时器 T1 处于方式 3 时相当于 TR1 = 0，停止计数，且 TH0 固定为定时模式。

T1：停止工作。

4. 定时/计数器初值的计算

1）确定工作方式

根据定时时间公式晶振为 12 MHz，各种工作方式的定时时间公式为

工作方式 0：$t = (2^{13} - \text{T0 初值}) \times \text{振荡周期} \times 12$

工作方式 1：$t = (2^{16} - \text{T0 初值}) \times \text{振荡周期} \times 12$

工作方式 2、3：$t = (2^{8} - \text{T0 初值}) \times \text{振荡周期} \times 12$

根据定时时间公式得到方式 0 最大定时时间为 8.192 ms；方式 1 最大定时时间为 65.536 ms；方式 2 最大定时时间为 256 μs。

根据以上最大定时时间，可选择哪种工作方式。

2）确定初值

单片机的定时器实际上是一个加一计数器，当工作在定时模式时，实际上是对内部的机器周期进行加一计数，也就是每出现一个机器周期，定时器内部的寄存器 TH0（TH1）和 TL0（TL1）里面的值加一，直到 TH0（TH1）和 TL0（TL1）寄存器溢出即为定时时间到。

思考：4 种工作方式的最大定时时间都没有达到 1 s，如何实现 1 s 的定时?

运用循环重复定时实现定时 1 s。确定一次定时时间（20 ms），确定 TH0（TH1）和 TL0（TL1）的值，整个定时过程重复 50 次，既可得到 1 s 的时间。

以定时/计数器 1 的工作方式 1 为例：

假设单片机晶振频率为：f_{osc} = 11.059 2 MHz = FOSC；

计时时间为：T1_ T = 20 000 μs 则

```
TH1 =[65 536 -(unsigned int)(T1_T* FOSC/12)] >>8;
TL1 =65 536 -(unsigned int)(T1_T* FOSC/12);
```

利用定时器定时 1 s，可采用查询方式或者中断方式。

5. 定时器中断的初始化设置步骤

（1）确定工作方式，即对 TMOD 寄存器进行赋值。

（2）计算计数初值，并写入寄存器 TH0、TL0 或 TH1、TL1 中。

（3）根据需要，置位 ETx 允许 T/C 中断。

（4）置位 EA 使 CPU 开中断（需要时）。

（5）置位 TRx 启动定时或计数。

3.2.2　硬件电路与软件程序设计

1. 硬件电路设计

1）硬件原理图及其分析

P2.0 口接一个 LED 灯。利用定时器/计数器中断，定时 20 ms，中断 25 次，车灯的状态翻转。其电路原理图如图 3 - 15 所示。

2）电路连接方式

注意：在系统断电情况下，连接电路。

用导线将单片机的 P2.0 口和一个 LED 连接，将主机模块的 +5 V 电源、显示模块的 +5 V 电源和电源模块的 +5 V 电源连接，同时将主机模块、显示模块和电源模块的 GND 连接在一起。

2. 软件程序设计

运行 Keil μVision4 软件，新建一个工程文件 led_ flicker. uvproj，输入并编辑源程序文件 led_ flicker. c，并且编译生成 led_ flicker. hex 文件。对于该项目的程序设计过程可以采用查询方式和中断方式两种方法实现。

采用查询方式参考程序如下：

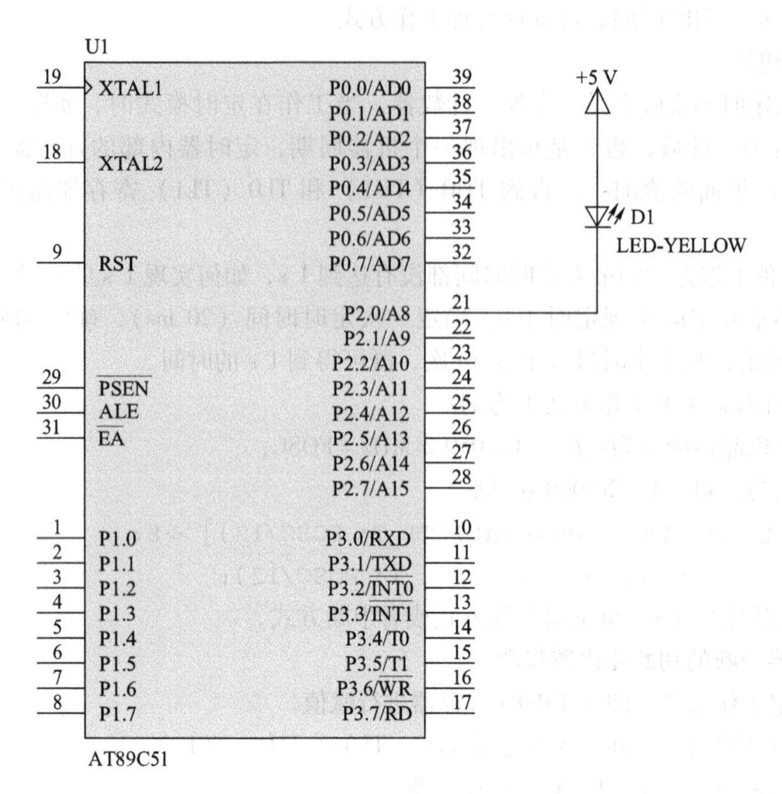

图 3-15　单片机与 LED 电路连接原理图

```
/**************************************************************
车灯按照 1 s 闪烁,采用定时/计数器 0 的工作方式 1,查询方式。
**************************************************************/
#include <REGX52.H>
#define FOSC  11.0592f      //单片机的时钟频率:单位 MHz
#define T0_T  20000         //定时时间为 20 000 μs
sbit led=P2^0;             //P2^0 口接 LED 灯
void timer1_init()         //定时/计数器初始化子函数
{
    TMOD=0x01;              //定时/计数器 0 的工作方式 1
    TH0  =(65536-(unsigned int)(T0_T* FOSC/12))>>8;
    TL0  =65536-(unsigned int)(T0_T* FOSC/12);//计数初值计算
    TR0  =1;            //启动定时/计数器 0
}
void main(void)
{
```

```
    unsigned char counter =0;
    timer1_init();
    while(1)
    {
      if(TF0 ==1)//查询当溢出标志 TF0 为 1 时,即计数满 20 000 μs
      {
            TH0 =(65536 -(unsigned int)(T0_T* FOSC  /12)) >>8;
            TL0 =65536 -(unsigned int)(T0_T* FOSC/12);
            TF0 =0;                         //软件清 TF0
            counter ++;
            if(25 ==counter)                //定时到 500 ms
            {
                led= ~led;                   //LED 灯状态翻转
                counter =0;
            }
      }
    }
}
```

采用中断方式程序如下:

```
/*****************************************************************
车灯按照 1 s 闪烁,采用定时/计数器 1 的工作方式 1,定时中断方式。
***************************************************************** /
#include <REGX52.H>
#define  FOSC  11.0592f  //单片机的时钟频率单位:MHz
#define  T1_T  10000     //定时时间为:10 000μs
sbit  led =P2^0;
unsigned char counter =0;
void timer1_init()          //定时/计数器 1 的初始化子函数
{
    TMOD =0x10;  //定时/计数器 1 工作方式 1
    TH1  =(65536 -(unsigned int)(T1_T* FOSC/12)) >>8;
    TL1  =65536 -  (unsigned int)(T1_T* FOSC/12);
    TR1  =1;    //启动定时/计数器 1
}
```

```
void ini_init() //中断初始化子函数
{
    EA  =1;       //打开总中断
    ET1 =1;        //打开定时/计数器1 的中断
}
void main(void)
{
    timer1_init();
    ini_init();
    while(1)
    {
        if(50 ==counter)
        {
            led= ~led;
            counter =0;
        }
    }
}
void timer1(void)interrupt 3
{
    TH1  =(65536 -(unsigned int)(T1_T* FOSC/12)) >>8;
    TL1  =65536 -  (unsigned int)(T1_T* FOSC/12);
    counter ++;
}
```

说明：

（1）11.059 2f 的数据类型为 float 型，即浮点型数。

（2）（unsigned int）（T0_ T＊FOSC /12）是强制转换语句，将浮点型的数强制转换为无符号整型数据。

（3）无符号整型数 a 取高 8 位：a >>8。

3. 下载程序

Proteus 仿真结果如图 3－16 所示。

用示波器显示输出波形为周期 1 s 的方波，在低电平时，LED 灯亮；在高电平时，LED 灯灭。

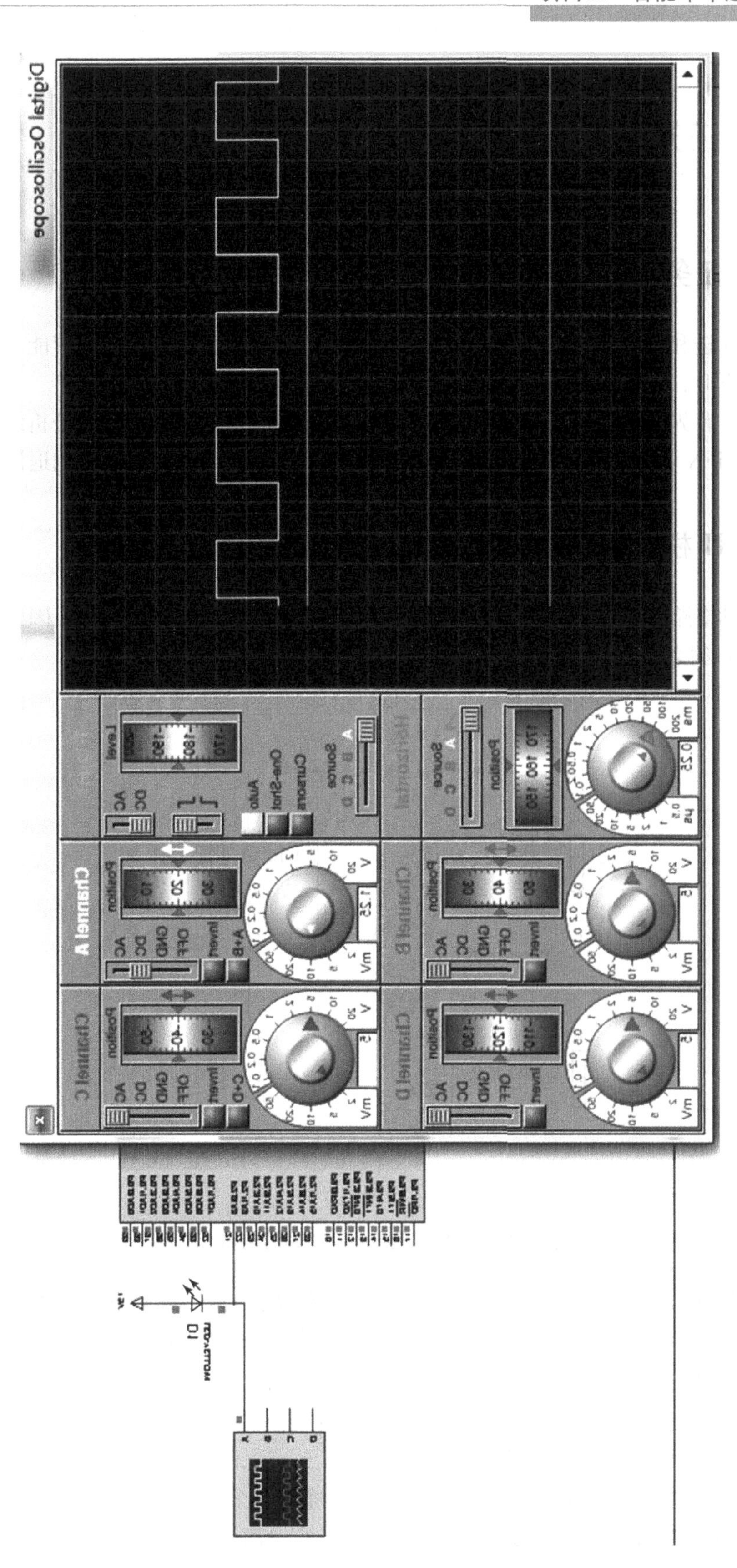
Digital Oscilloscope
Channel A
Channel B
Channel C
Channel D
Position
AC
DC
GND
OFF
Invert
A+B
C+D
Level
Auto
One-Shot
Cursors
Source
D1
LED-YELLOW

图 3-16　仿真图

任务 3.3　按键控制智能车的前进和倒退

3.3.1　任务与计划

智能车的前进和倒退的任务要求：用三个按键，当第一个按键按下时，智能车前进；当第二个按键按下时，智能车倒车；当第三个按键按下时，智能车停止。

工作计划：首先分析任务，然后进行硬件电路设计，再进行软件源程序分析编写，经编译调试后生成 HEX 文件，将 HEX 文件加载到单片机中，进行电动机前进与倒退演示。

3.3.2　H 桥式直流电动机驱动电路的相关知识

H 桥式驱动电路是非常典型的直流电动机驱动电路，如图 3－17 所示。正因为它的形状酷似字母 H 所以得名“H 桥式驱动电路”。

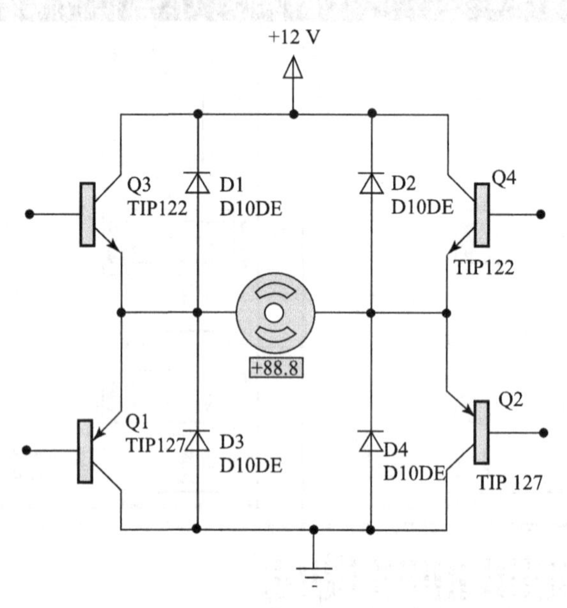

图 3－17　H 桥式直流电动机驱动电路

如图 3－17 所示，H 桥式直流电动机驱动电路主要包括 4 个三极管和 1 个电动机。要使电动机运转，必须导通对角线上的一对三极管。根据不同三极管对的导通情况，电流可能会从左至右或从右至左流过电动机，从而控制电动机的转向。当三极管 Q3 和 Q2 导通时，电流将从左至右流过电动机，从而驱动电动机顺时针转动；当三极管 Q1 和 Q4 导通时，电流将从右至左流过电动机，从而驱动电动机逆时针转动。

需要特别注意的是，驱动电动机时，要保证 H 桥上两个同侧的三极管不能同时导通。如果三极管 Q1 和 Q2 同时导通，那么电流就会从正极穿过两个三极管直接回到负极。此时，电路中除了三极管外没有其他任何负载，因此电路上的电流会非常大，甚至烧坏三极管，所以在使用 H 桥式驱动电路时一定要避免此情况的发生。

用分立元件制作 H 桥很麻烦而且很容易搭错，可以选择封装好的 H 桥集成电路，如常用的 L293D、L298N、TA7257P、SN754410 等，接上电源、电动机和控制信号就可以使用了。

3.3.3　硬件电路与软件程序设计

1. 硬件电路设计

1）电路原理图及其分析

该电路中单片机的 P3.0、P3.2 和 P3.4 口接按键 key1、key2 和 key3，P1.0 口接 H 桥式直流电动机驱动电路 motor0，P1.1 口接 H 桥式直流电动机驱动电路 motor1。这里所用单片机知识已经讲过，重点是 H 桥式直流电动机驱动电路。其电路原理图如图 3－18 所示。

2）电路连接方式

注意：在系统断电情况下，连接电路。

单片机的 P3.0、P3.2 和 P3.4 口接按键 key1、key2 和 key3，P1.0 口接 H 桥式直流电动机驱动电路 motor0，P1.1 口接 H 桥式直流电动机驱动电路 motor1，将主机模块的 +5 V 电源和电源模块的 +5 V 电源连接，将电动机驱动模块的 +12 V 电源接电源模块的 +12 V 电源，同时将主机模块、电动机驱动模块和电源模块的 GND 连接在一起。

2. 软件程序设计

运行 Keil μVision4 软件，新建一个工程文件 h_ motor. uvproj，输入并编辑源程序文件 h_ motor. c，并且编译生成 h_ motor. hex 文件。

```
/****************************************************************
    用三个按键,当第一个按键按下时,智能车前进;当第二个按键按下时,智能车倒车;当
第三个按键按下时,智能车停止。
****************************************************************/
    #include <REGX52.H>
    sbit motor0 = P1^0;   //motor0 和 motor1 接 H 桥两端
    sbit motor1 = P1^1;
    sbit key1   = P3^0;   //key1 控制电动机正转
    sbit key2   = P3^2;   //key2 控制电动机反转
    sbit key3   = P3^4;   //key3 控制电动机停转
    unsigned char flag = 0;
    void delay(unsigned int z)
    {
        unsigned int x,y;
```

```
    for(x=100;x>0;x--)
        for(y=z;y>0;y--);
}

void key_scan()
{
/********** 检测 key1 是否按下*********** /
    key1=1;
    if(key1==0)
    {
        delay(5);
        if(key1==0)
        {
            flag=1;
            while(!key1);
        }
    }
/********** 检测 key2 是否按下*********** /
    key2=1;
    if(key2==0)
    {
        delay(5);
        if(key2==0)
        {
            flag=2;
            while(!key2);
        }
    }
/********** 检测 key3 是否按下*********** /
    key3=1;
    if(key3==0)
    {
        delay(5);
        if(key3==0)
        {
            flag=3;
```

```
            while(!key3);
        }
    }
}
void h_motor()
{
    if(flag==1)    //当 key1 键按下时,电动机正转
    {
        motor0=1;
        motor1=0;
    }
    else if(flag==2)     //当 key2 键按下时,电动机反转
    {
        motor0=0;
        motor1=1;
    }
    else  //当 key3 键按下或者没有键按下时,电动机停转
    {
        motor0=0;
      motor1=0;
    }
}

void main()
{
    while(1)
    {
        key_scan();
        h_motor();
    }
}
```

3. 仿真结果

Proteus 仿真程序结果如图 3－19～图 3－21 所示。

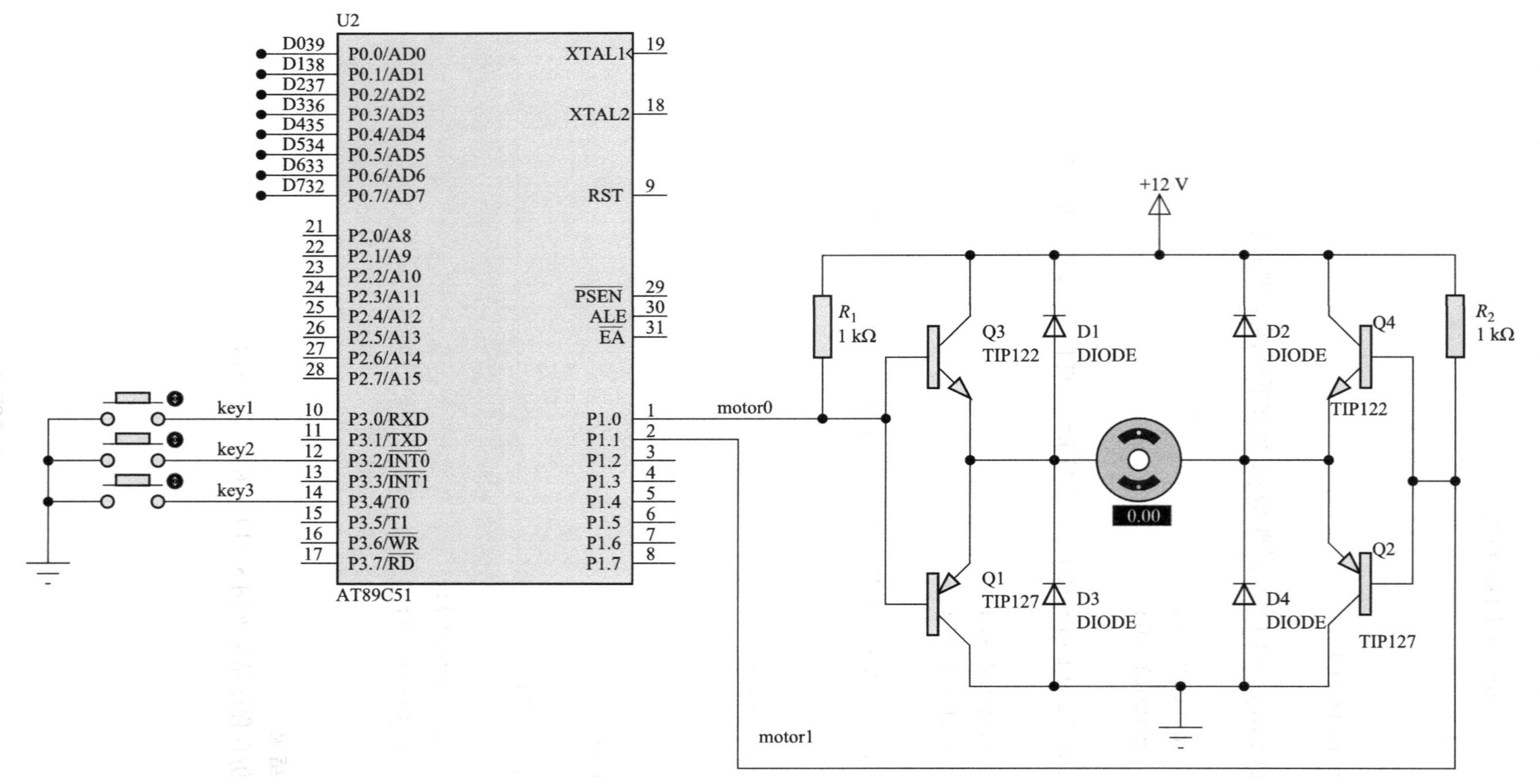

图3-18 单片机与LED电路连接原理图

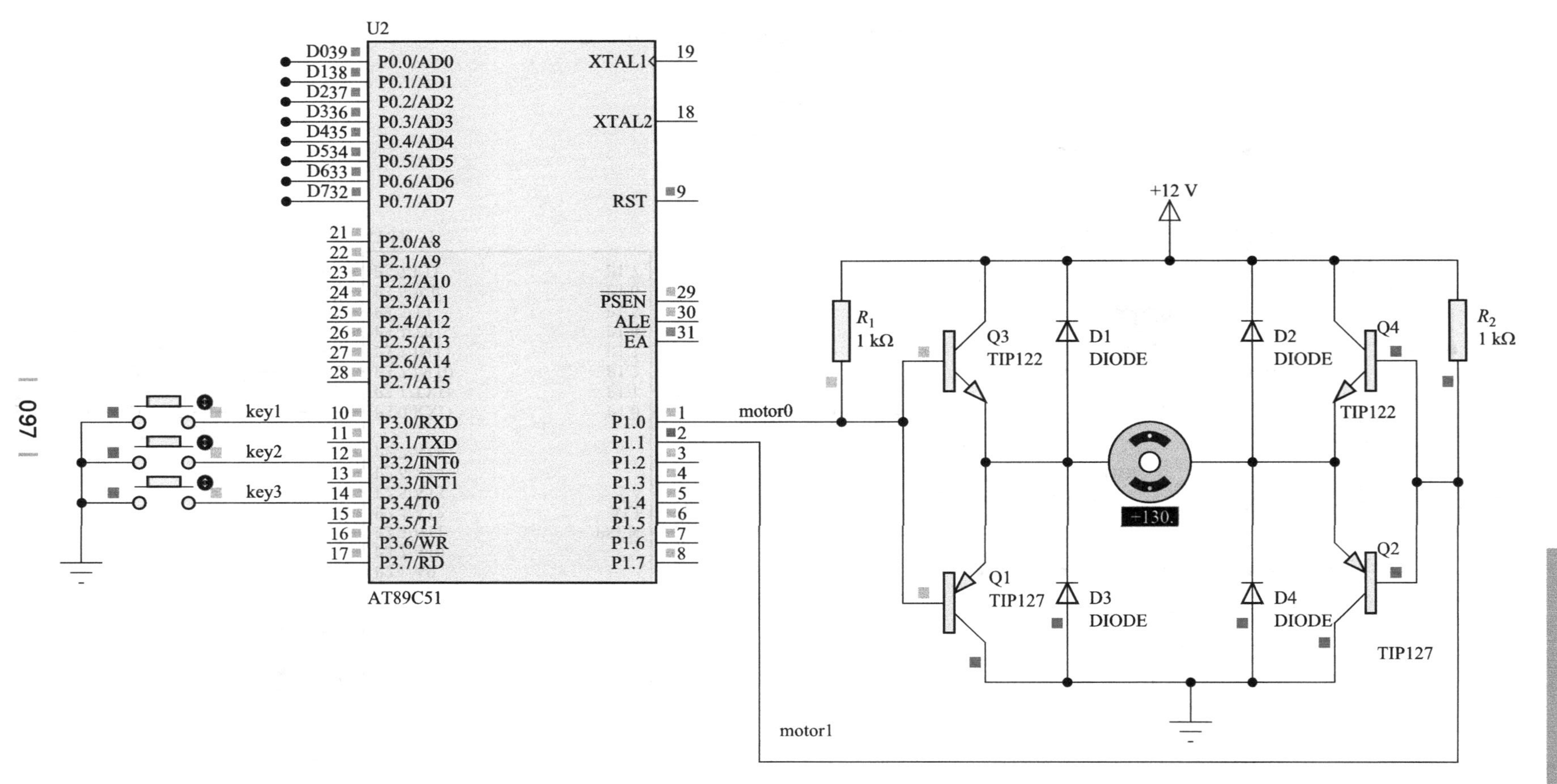

图3-19　按键key1按下时电动机正转

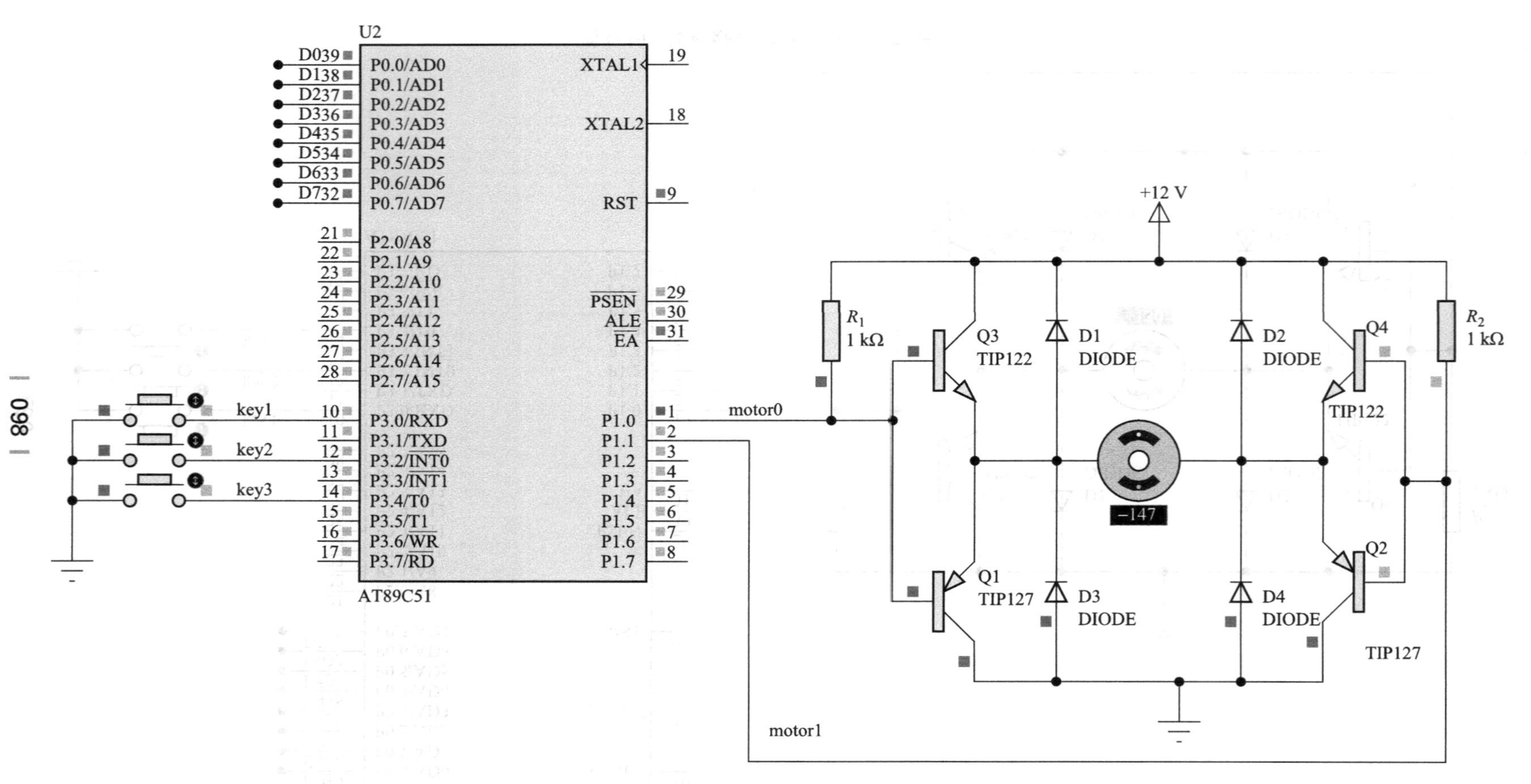

图3-20　按键key2按下时电动机反转

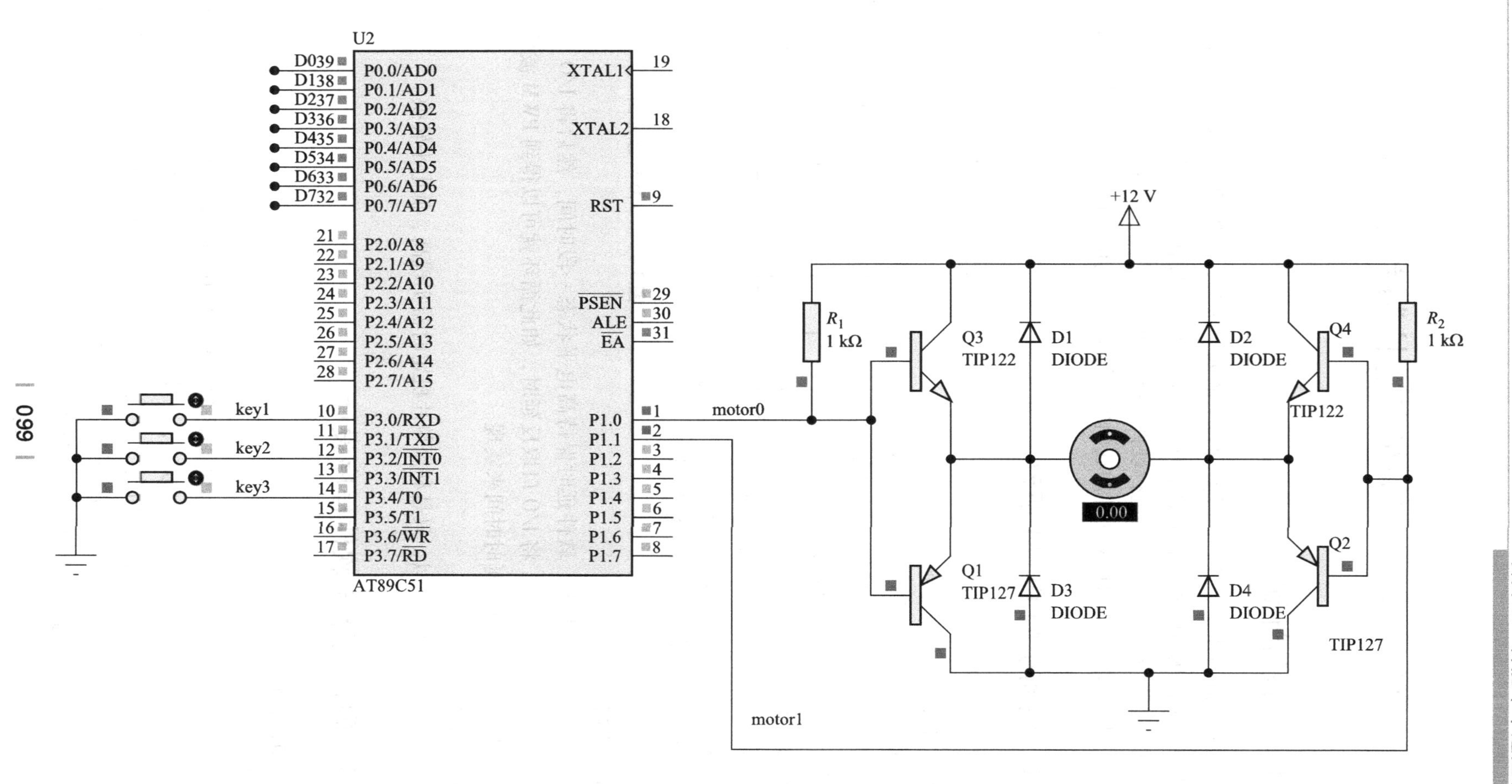

图3-21　按键key3按下或者没有按键按下时电动机停转

任务 3.4　智能车车速控制系统设计

3.4.1　任务与计划

智能车车速控制的任务要求：通过实训台上的四个按键，分别控制 PWM 波的高电平的宽窄及周期的大小，从而调节智能车的车速，实现智能车行驶快慢的控制。

工作计划：首先分析任务，然后进行硬件电路设计，再进行软件源程序分析编写，经编译调试后生成 HEX 文件，将 HEX 文件加载到单片机中，进行电动机前进与倒退演示。

3.4.2　电动机的 PWM 驱动

脉冲宽度调制（Pulse Width Modulation，PWM），简称脉宽调制。它是按一定规律改变脉冲序列的脉冲宽度，以调节输出量和波形的一种调制方式。在控制系统中最常用的是矩形波 PWM 信号，在控制时需要调节 PWM 波的占空比。占空比是正脉冲的持续时间与脉冲总周期的比值，如图 3－22 所示。控制电动机的转速时，占空比越大，速度越快。如果占空比达到 100%，速度达到最快。

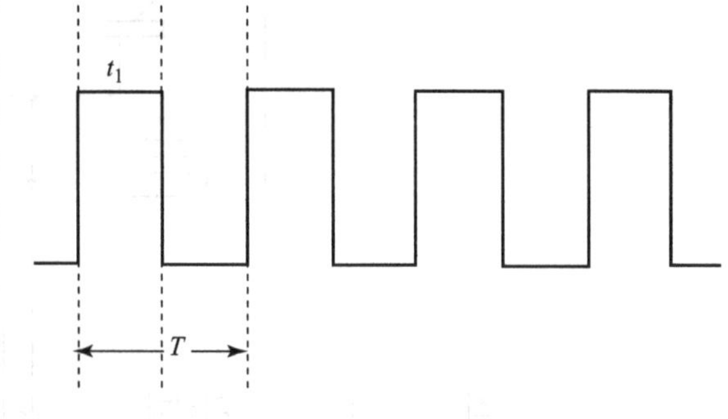

图 3－22　PWM 波形图

当用单片机 I/O 口输出 PWM 波信号时，可采用两种方法实现：

1. 软件延时法

首先设定 I/O 口为高电平，软件延时保持高电平状态一段时间，然后将 I/O 口状态取反，软件延时再保持一段时间，将 I/O 口取反延时，如此循环就可以得到 PWM 波信号。占空比调节通过控制高、低电平延时时间来实现。

2. 定时器定时法

控制方法和软件延时法类似，只是利用单片机定时器实现高、低电平转换。

3.4.3　硬件电路与软件程序设计

1. 硬件电路设计

1）电路原理图及其分析

单片机的 P2.0 口接 H 桥式直流电动机驱动电路。P1.0、P1.2、P1.4、P1.6 口分别接一个独立按键。使用定时/计数器 0 的方式 1，产生脉宽和频率可调的矩形波（PWM）。通过两个按键，一个按键实现脉宽高电平加宽，一个按键实现脉宽高电平变窄；另外通过两个按键，一个实现周期增大，一个实现周期减小。用此 PWM 波控制直流电动机，从而实现直流电动机转速的改变。其电路原理图如图 3－23 所示。

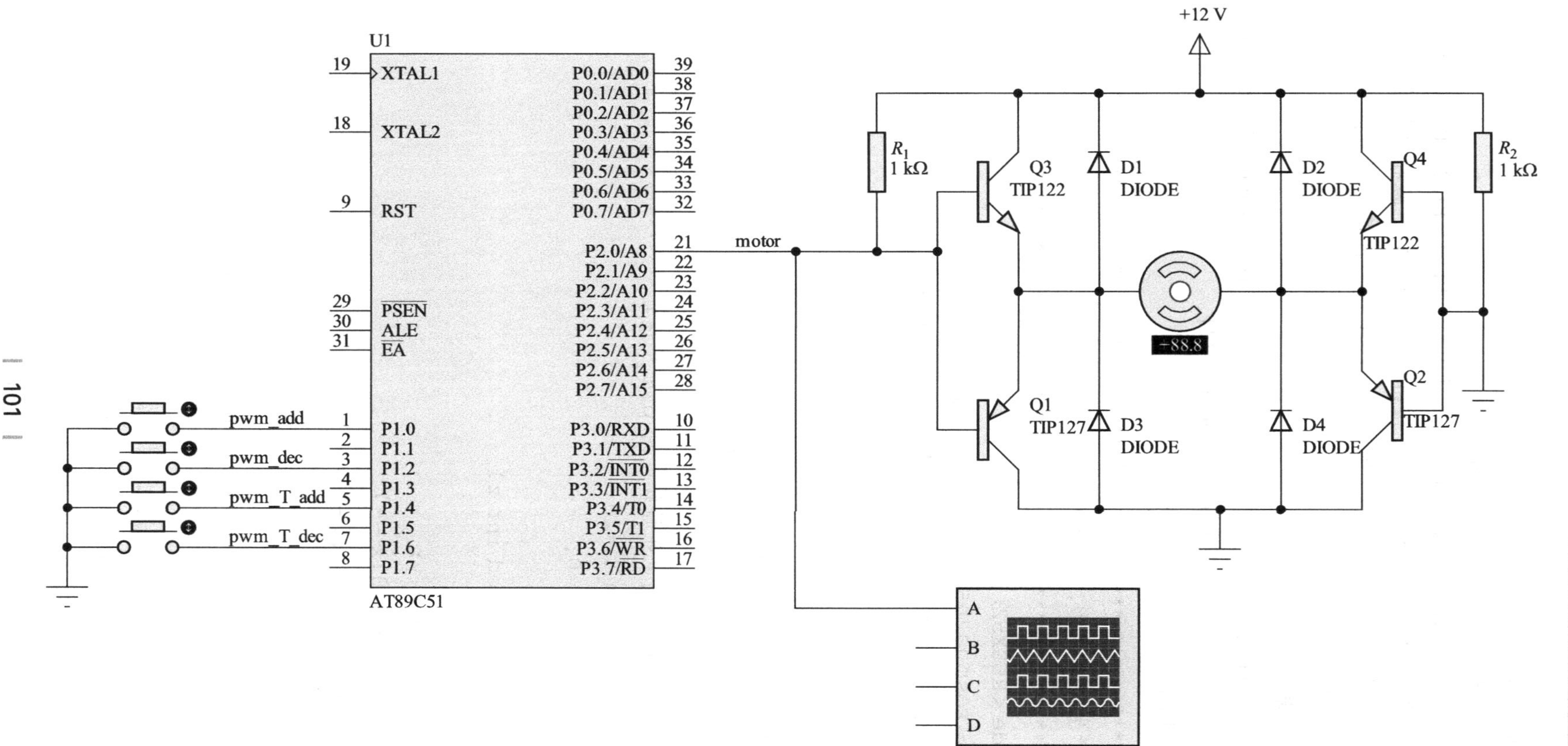

图3-23　单片机与LED电路连接原理图

2）电路连接方式

注意：在系统断电情况下，连接电路。

单片机的 P2.0 口接 H 桥式直流电动机驱动电路。P1.0、P1.2、P1.4、P1.6 口分别接一个独立按键，将主机模块的 +5 V 电源、按键模块的 +5 V 电源和电源模块的 +5 V 电源连接，H 桥式驱动模块的 +12 V 电源与电源的 +12 V 电源连接，同时将主机模块、电动机驱动模块和电源模块的 GND 连接在一起。

2. 软件程序设计

运行 Keil μVision4 软件，新建一个工程文件 pwm_ motor. uvproj，输入并编辑源程序文件 pwm_ motor. c，并且编译生成 pwm_ motor. hex 文件。

参考程序如下：

```
/*************************************************************
单片机产生 PWM 波形,控制电动机的转速。
************************************************************ /
#include <REGX52.H>
#define FOSC 11.0592f   //单片机晶振频率:单位 MHz
#define T1_T 200        //定时时间为:200 μs
sbit key_add = P1^0;
sbit key_dec = P1^2;
sbit key_T_add = P1^4;
sbit key_T_dec = P1^6;
sbit pwm = P2^0;        //pwm 输出口

/********** pwm_x 高电平持续时间,pwm_T 周期********** /
char pwm_x =10,pwm_T =20;
unsigned char num =0;

void delay(unsigned int z)
{
    unsigned int x,y;
    for(x =100;x >0;x --)
        for(y = z;y >0;y --);
}

void timer1_init()     //定时/计数器 1 初始化子函数
{
    TMOD =0x10;        //定时/计数器 1 工作方式 1
    TH1  =(65536 -(unsigned int)(FOSC* T1_T/12)) >>8;
    TL1  =65536 -(unsigned int)(FOSC* T1_T/12);
```

```
    TR1   =1;
}

void ini_init()  //中断初始化子函数
{
    EA   =1;          //开总中断
    ET1 =1;     //开定时器1的中断
}

void key_scan()
{
    key_add =1;  //按键 key_add 按下一次,pwm_x 增加1
    if(key_add ==0)
    {
        delay(5);
        if(key_add ==0)
        {
            pwm_x ++;
            if(pwm_x > =pwm_T)pwm_x =pwm_T;  //高电平
            while(key_add ==0);
        }
    }
    key_dec =1;  //按键 key_add 按下一次,pwm_x 减1
    if(key_dec ==0)
    {
        delay(5);
        if(key_dec ==0)
        {
            pwm_x --;
            if(pwm_x < =0)pwm_x =0;  //当 pwm_x 小于0时,pwm_x 清0
            while(key_dec ==0);
        }
    }
    key_T_add =1;  //按键 key_T_add 按下一次,pwm_T 增加1
    if(key_T_add ==0)
    {
        delay(5);
        if(key_T_add ==0)
```

```
        {
            pwm_T++;
            if(pwm_T>=120)pwm_T=120;
            while(key_T_add==0);
        }
    }
    key_T_dec=1;  //按键 key_T_add 按下一次,pwm_T 减 1
    if(key_T_dec==0)
    {
        delay(5);
        if(key_T_dec==0)
        {
            pwm_T--;
            if(pwm_T<=0)pwm_T=0;
            while(key_T_dec==0);
        }
    }
}
void main()
{
    timer1_init();
    ini_init();
    while(1)
    {
        key_scan();
    }
}

void timer1()interrupt 3
{
    TH1=(65536-(unsigned int)(FOSC* T1_T/12))>>8;
    TL1=65536-(unsigned int)(FOSC* T1_T/12);
    num++;
    if(num<=pwm_x)        //高电平持续时间
    {
        pwm=1;
    }
    else if(num<=pwm_T)  //低电平持续时间
    {
```

```
        pwm=0;
    }
    else
    {
        num=0;
    }
}
```

3. 仿真结果

通过 Proteus 仿真，用示波器显示 PWM 波形，进而实现电动机的速度控制，仿真结果如图 3-24～图 3-26 所示。

拓展训练

3-1　用两个按键，分别接于 P3.2 口和 P3.3 口，直流电动机接于 P2.0 口，当第一个按键按下时，电动机开始转动；当第二个按键按下时，电动机停止转动。采用外部中断处理方式。

3-2　用定时/计数器 0 或 1 的工作方式 1，实现周期和频率都可调节的矩形波。

课后习题

1. MCS-51 系列单片机的定时/计数器的定时功能和计数功能有什么不同？分别应用在什么场合？

2. MCS-51 单片机的定时/计数器是增 1 计数器还是减 1 计数器？增 1 和减 1 计数器在计数和计算计数初值时有什么不同？

3. 当定时/计数器在工作方式 1 下，晶振频率为 6 MHz，请计算最短定时时间和最长定时时间各是多少？

4. 什么叫中断？中断有什么特点？

5. MCS-51 单片机有哪几个中断源？如何设定他们的优先级？

6. 简述 H 桥式直流电动机驱动电路的工作过程。

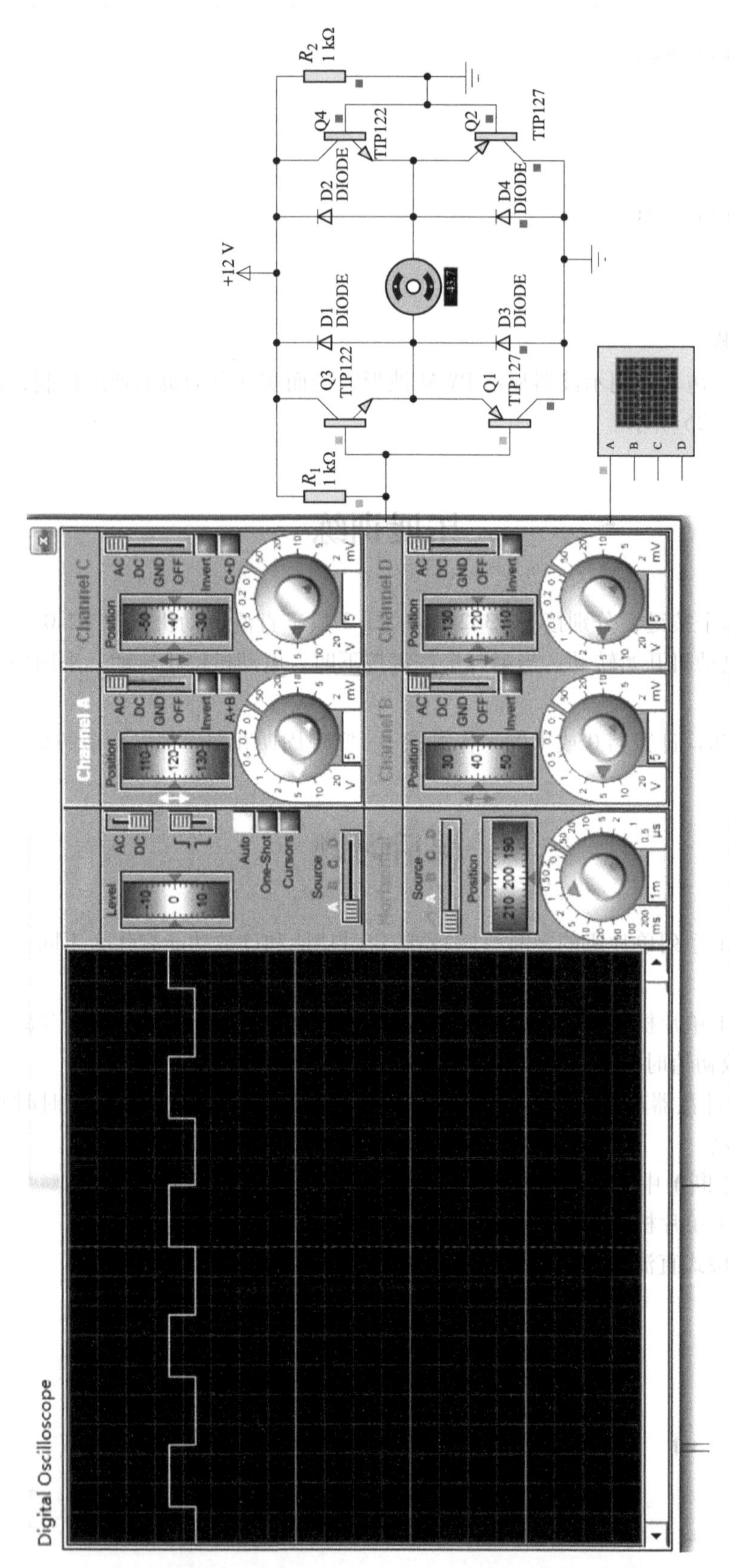

图3-24 初始时，PWM波为占空比50%的方波

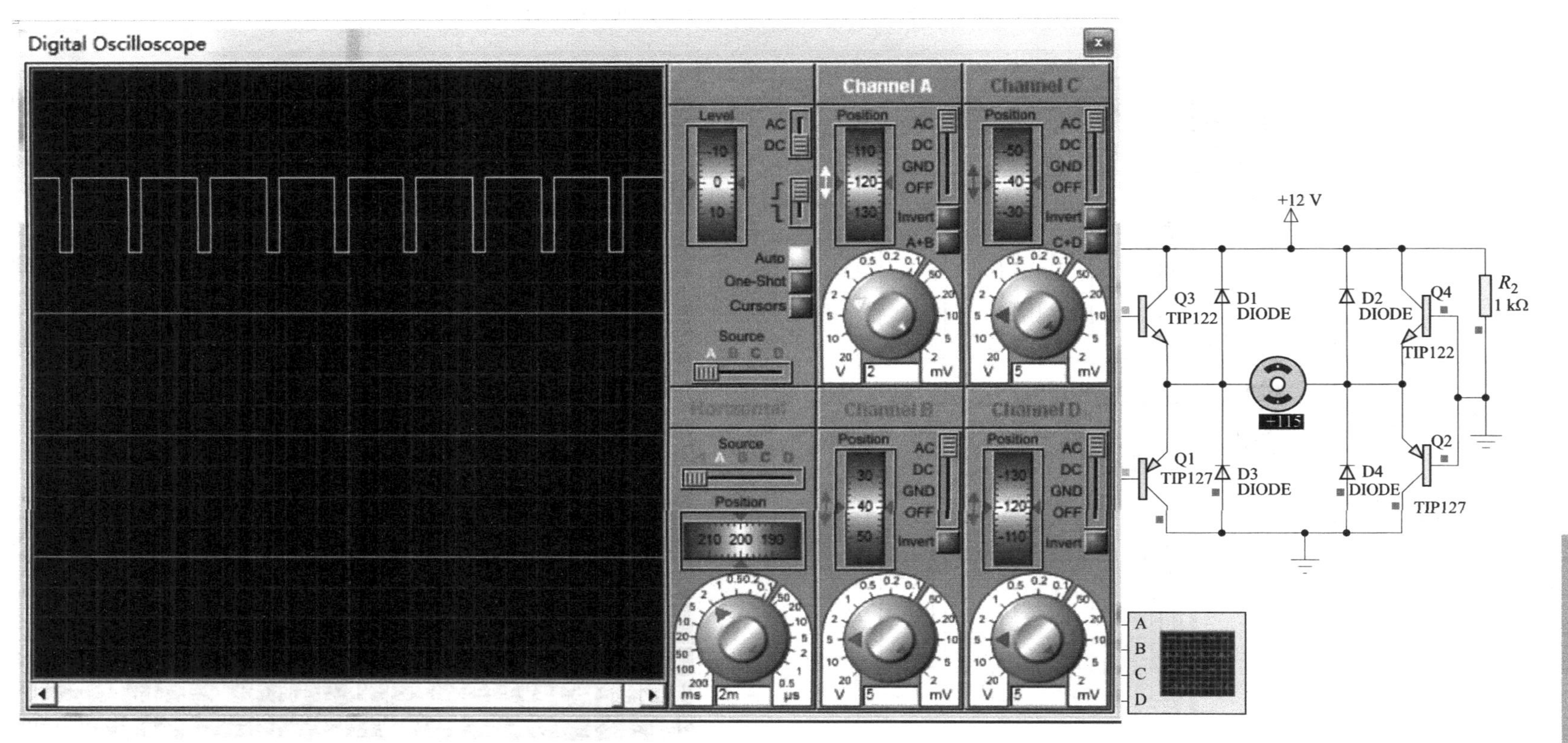

图3-25　增加占空比，高电平占的比例增大，电动机转速加快

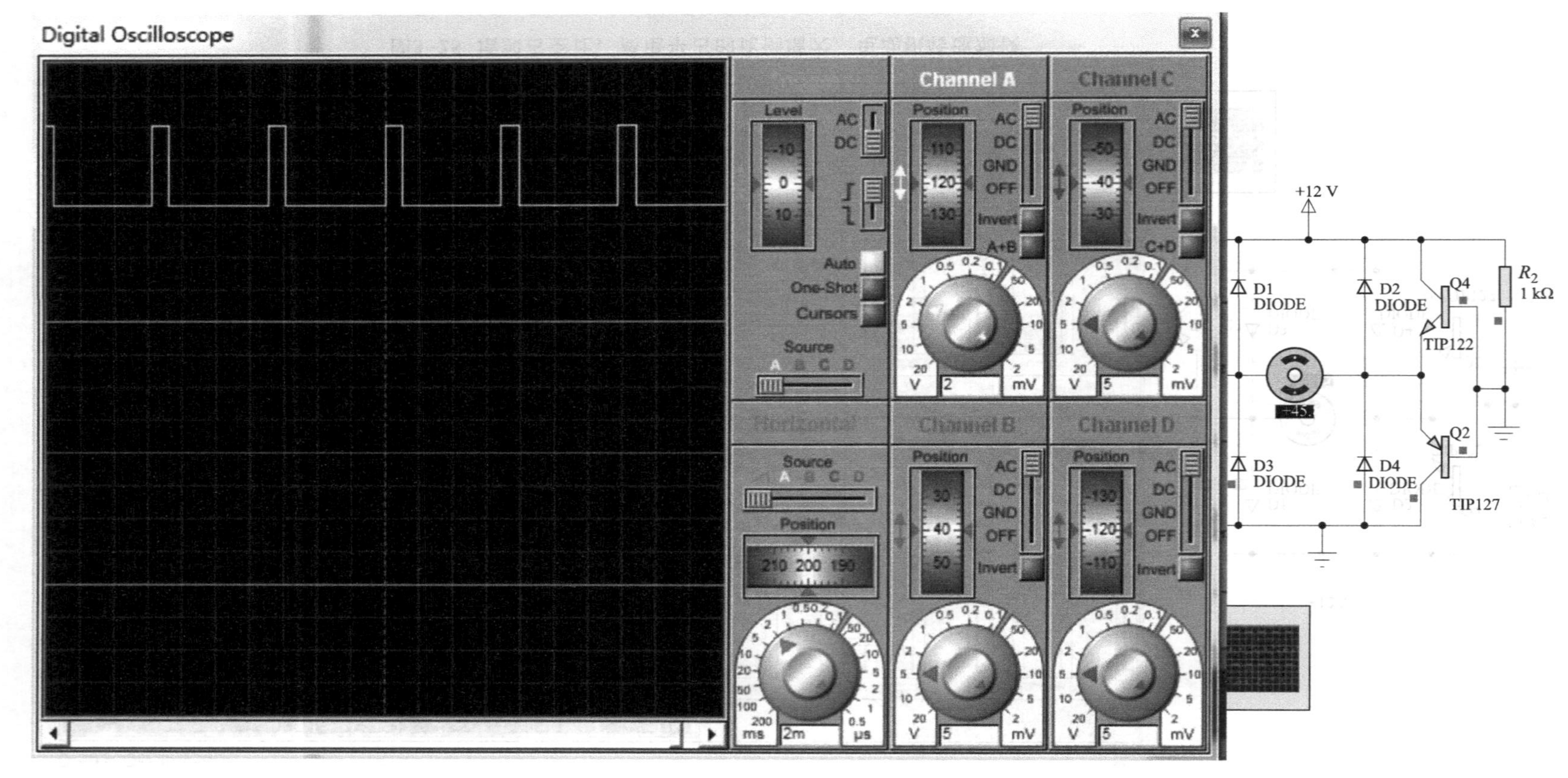

图3-26 减小占空比，高电平的比例减小，电动机转速减慢

项目四　智能车仪表显示系统设计

学习情境任务描述

智能车仪表显示系统用数码管作为显示或者用LCD液晶显示器作为显示。本学习情境的工作任务是采用单片机设计一个智能车的电子钟，通过LED数码管和LCD1602实现智能车运动时间的显示。通过认识LED数码管，利用单片机的定时/计数器和中断系统，能够完成电子秒表、模拟交通灯、智能车运动时间显示的设计；通过认识LCD1602，能够完成LCD1602显示智能车运动时间的设计任务。在搜集电子钟相关资料的基础上，进行单片机电子钟的任务分析和计划制订、硬件电路和软件程序的设计，完成智能车仪表显示时钟的制作调试和运行演示，并完成工作任务的评价。

学习目标

（1）掌握LED数码管的静态显示和动态显示应用；
（2）能进行电子秒表的设计；
（3）能进行模拟交通灯的设计；
（4）能进行LED数码管显示智能车运动时间的设计；
（5）能进行LCD1602显示智能车运动时间的设计；
（6）能按照设计任务书的要求，完成智能车电子时钟的设计调试与制作。

学习与工作内容

本学习情境要求根据任务书的要求，如表4-1所示，学习数码管和LCD1602及单片机C51语言程序设计的相关知识，进一步掌握单片机定时/计数器中断的应用知识，查阅资料，制订工作方案和计划，完成智能车电子钟的设计与制作，需要完成以下工作任务：

（1）学习LED数码管及其显示方式。

（2）划分工作小组，以小组为单位完成电子秒表、LED数码管显示智能车运动时间、模拟交通灯、LCD1602显示智能车运动时间的任务。

（3）根据任务书的要求，查阅收集相关资料，制订完成任务的方案和计划。

（4）根据任务书的要求，画出硬件电路图。

（5）根据任务要求和电路图，整理出所需要的器件和工具仪器清单。

（6）根据功能要求和硬件电路原理图，绘制程序流程图。

（7）根据功能要求和程序流程图，编写软件程序并进行编译调试。

（8）进行软硬件调试和仿真运行，电路的安装制作，演示汇报。

(9) 进行工作任务的学业评价，完成工作任务的设计制作报告。

表 4-1　智能车运动时间设计任务书

设计任务	采用单片机控制方式，设计智能车电子钟，实现时间的实时显示
功能要求	电子钟能显示时、分、秒。程序设计采用中断方式，能够进行时间调整，通过数码管或者 LCD1602 显示智能车运动时间的设计，通过数码管和 LED 灯完成模拟交通灯的设计
工具	1. 单片机开发和电路设计仿真软件：Keil μVision4 软件、Protues 软件； 2. PC 及软件程序、万用表、电烙铁、装配工具
材料	元器件（套）、焊料、焊剂、焊锡丝

学业评价

本学习情境的学业根据工作任务的完成过程进行考核评价，注重学习和工作过程的考核评价，依据完成任务中实际的学习和工作过程分为 10 个评分项目，根据各项目主要完成主体的不同，分别对个人和小组进行考核评价，如表 4-2 所示。

表 4-2　考核评价表

项目名称	分值	第＿＿＿＿组			备注
		学生 1	学生 2	学生 3	
LED 数码管的学习	5				
LCD1602 的学习	10				
数码管显示硬件电路设计	5				
数码管显示软件程序设计	10				
LCD1602 显示硬件电路设计	5				
LCD1602 显示软件程序设计	15				
调试仿真	10				
安装制作	10				
设计制作报告	15				
团队及合作能力	15				

任务 4.1　电子秒表设计

4.1.1　LED 数码管显示器

1. 数码管的结构

共阳极数码管：内部 8 个 LED 的阳极连接在一起作为公共引出端；只有在公共端接高

电平，阴极接低电平时，该数码管才会亮，如图 4-1 所示。

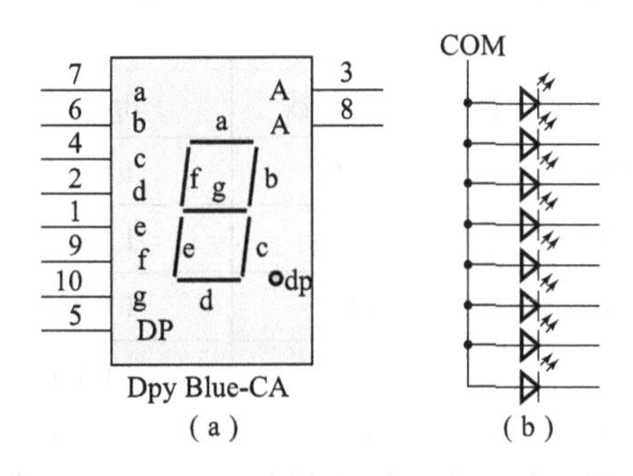

图 4-1　共阳极数码管及其内部电路

共阴极数码管：内部 8 个 LED 的阴极连接在一起作为公共引出端；只有在公共端接低电平，阳极接高电平时，该数码管才会亮，如图 4-2 所示。

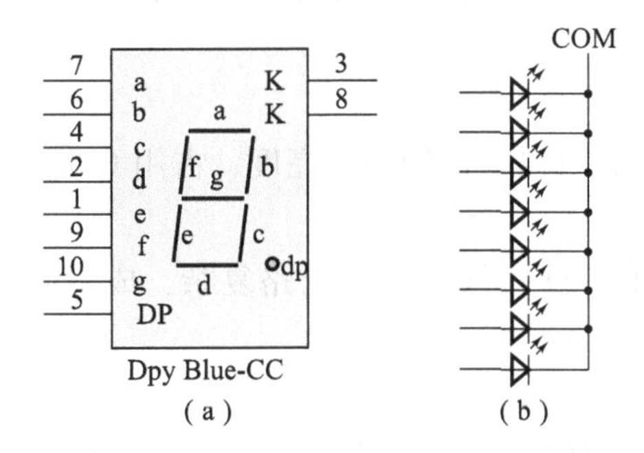

图 4-2　共阴极数码管及其内部电路

2. 字型编码

两种数码管的字型编码如表 4-3 所示。

表 4-3　共阴极和共阳极数码管的字型编码

字符	共阴极数码管		共阳极数码管	
	dp g f e d c b a	十六进制数	dp g f e d c b a	十六进制数
0	0 0 1 1 1 1 1 1	3FH	1 1 0 0 0 0 0 0	C0H
1	0 0 0 0 0 1 1 0	06H	1 1 1 1 1 0 0 1	F9H
2	0 1 0 1 1 0 1 1	5BH	1 0 1 0 0 1 0 0	A4H
3	0 1 0 0 1 1 1 1	4FH	1 0 1 1 0 0 0 0	B0H
4	0 1 1 0 0 1 1 0	66H	1 0 0 1 1 0 0 1	99H
5	0 1 1 0 1 1 0 1	6DH	1 0 0 1 0 0 1 0	92H
6	0 1 1 1 1 1 0 1	7DH	1 0 0 0 0 0 1 0	82H
7	0 0 0 0 0 1 1 1	07H	1 1 1 1 1 0 0 0	F8H
8	0 1 1 1 1 1 1 1	7FH	1 0 0 0 0 0 0 0	80H
9	0 1 1 0 1 1 1 1	6FH	1 0 0 1 0 0 0 0	90H
A	0 1 1 1 0 1 1 1	77H	1 0 0 0 1 0 0 0	88H

续表

字符	共阴极数码管		共阳极数码管	
	dp g f e d c b a	十六进制数	dp g f e d c b a	十六进制数
B	0 1 1 1 1 1 0 0	7CH	1 0 0 0 0 0 1 1	83H
C	0 0 1 1 1 0 0 1	39H	1 1 0 0 0 1 1 0	C6H
D	0 1 0 1 1 1 1 0	5EH	1 0 1 0 0 0 0 1	A1H
E	0 1 1 1 1 0 0 1	79H	1 0 0 0 0 1 1 0	86H
F	0 1 1 1 0 0 0 1	71H	1 0 0 0 1 1 1 0	8EH

3. 数码管的显示方式

1）静态显示

数码管显示某个字符时相应段一定导通或截止，只有在显示另一个字符时各段导通或截止状态才改变。

静态显示优缺点：

（1）优点：较小的电流就可以获得较高的亮度，占用 CPU 时间较少，编程简单，便于检测和控制。

（2）缺点：占用较多的 I/O 口线；硬件电路复杂，成本高；只适合显示位数较少的场合。

2）动态显示

动态显示方式：一位一位地轮流点亮各位数码管的显示方式。

动态显示：即在某一时段，只选中一位数码管的“位选端”，并送出相应的字型编码（段码），在下一时段按顺序选通另外一位数码管，并送出相应的字型编码。以此规律循环下去，即可使各位数码管分别间断地显示出相应的字符，这一过程称为动态显示。

动态扫描：逐个控制各个数码管的 COM 端使各个数码管轮流点亮。在轮流点亮数码管的扫描过程中，每位数码管的点亮时间极为短暂（约 1 ms）。但由于人的视觉暂留现象及发光二极管的余辉，给人的印象就是一组稳定的数据显示。

动态显示优缺点：

（1）优点：可以节省 I/O 口资源；硬件电路较简单。

（2）缺点：显示稳定度不如静态显示方式；占用了更多的 CPU 时间。

4. LED 数码管驱动芯片

常用的地址锁存器芯片有：74LS373、74LS377、74LS573、74HC373、74HC573 等。下面我们以 74HC573 为例进行讲解。

1）锁存器 74HC573

74HC573 是拥有 8 路输出的透明锁存器，输出为三态门，是一种高性能硅栅 CMOS 器件，其管脚图如图 4－3 所示，输入的 D 端和输出的 Q 端依次排在芯片的两侧，与锁存器 74HC373 一样，为绘制印刷电路板时的布线提供了方便。74HC573 芯片

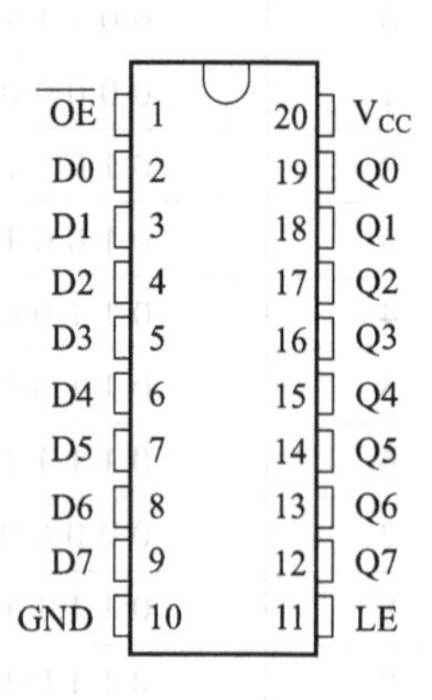

图 4－3　74HC573 芯片的管脚图

的功能如表 4－4 所示。

表 4－4　74HC573 芯片的功能

输入			输出
输出使能（$\overline{OE}$）	锁存使能（LE）	D	Q
L	H	H	H
L	H	L	L
L	L	X	不变
H	X	X	Z

说明：X = 不关心；
Z = 高阻抗。

2）74HC573 有 3 种工作状态：

（1）当$\overline{OE}$为低电平、LE 为高电平时，输出端状态和输入端状态相同，即输出跟随输入。

（2）当$\overline{OE}$为低电平、LE 由高电平降为低电平时，输入端数据锁入内部寄存器中，内部寄存器的数据与输出端相同。当 LE 保持为低电平时，即使输入端数据变化，也不会影响输出端状态，从而实现了锁存功能。

（3）当$\overline{OE}$为高电平时，锁存器缓冲三态门封闭，即三态门输出为高阻态，输入端 D0 ~ D7 和输出端 Q0 ~ Q7 隔离，则不能输出。

4.1.2　LED 数码管显示牌

1. 任务要求与工作计划

数码管显示牌任务要求：使用共阴极 LED 数码管同时显示 2015－4－1。

工作计划：首先分析任务，进行硬件电路设计，再进行软件程序编写，经编译调试后，对 LED 数码管显示牌进行仿真演示。

2. C51 的数组

1）数组定义

数组是把相同数据类型的变量按照顺序组织起来的一个集合，数组中的单个变量称为数组元素。

2）一维数组定义

类型说明符　数组名[常量表达式]；

类型说明符：指出数组元素的数据类型；

数组名：标识符，即我们为数组起的名字；

[常量表达式]：元素个数。

例如：int a [4]；

表示数组名为 a 的整型数组，共有 4 个元素，每个元素都是整型数，因此该数组占用 8 个字节的存储单元。

常用数组举例：

unsigned char table[16]；

表示：定义了一个无符号字符类型的数组，数组名为 table，该数组共有 16 个元素。

unsigned char codetable[ ] = {0x3f,0x06,0x5b,0x4f,0x66,0x6d,0x7d,0x07,0x7f,0x6f};

表示：定义了一个无符号字符类型数组，数组名字为 codetable，该数组共有 10 个元素，分别为 0x3f，0x06，0x5b，0x4f，0x66，0x6d，0x7d，0x07，0x7f，0x6f。

3）一维数组的引用

C51 中一个数组不能整体引用，数组名是一个地址常量，不能对其赋值，只能使用数组中的元素。如：数组名［下标］，其中下标可以是整型变量或整型表达式。

如：a［0］，a［i］（i 是一个整型变量）。

4）一维数组的初始化

（1）在定义数组时对数组元素初始化。

int a[4] = {1,2,3,4};

经初始化后 a[0] =1，a[1] =2，a[2] =3，a[3] =4。

（2）可以只给一部分元素赋值。

int a[4] = {1,2};

经初始化后 a[0] =1，a[1] =2，a[2] =0，a[3] =0。

（3）可以不指定数组长度，对全部数组元素赋值。

如：int a[4] = {1，1，2，3} 可写成 int a[ ] = {1，1，2，3}。

3. 数码管静态显示

例 4 -1 使用一个 LED 数码管间隔 300 ms 静态显示 0 ~ 9，并进行循环。

为了设计的通用性，硬件电路设计如下：使用 74HC573 作为数码管的驱动芯片，如图 4 -4 所示，单片机的 P0 口连接 74HC573 的数据输入端 D7 ~ D0，单片机的 P2.0 口接 74HC573 的选片信号，控制数码管的段码；P2.1 口接 74HC573 的选片信号，控制数码管的位码。主要采用单片机的定时功能，实现电子时钟并用数码管显示。

程序代码如下：

```
/************************************************************
1 个数码管间隔 300ms 静态显示 0 ~9。
************************************************************ /
#include <REGX52.H >
#define DB_SEG P0
sbit cs_du = P2^0;          //数码管段选信号端
sbit cs_wei = P2^1;         //数码管位选信号端
unsigned char code tab[ ] = {0x3f,0x06,0x5b,0x4f,0x66,0x6d,0x7d,
0x07,0x7f,0x6f};
/*************** 延时子函数 **************** /
void delay(unsignedint z)
```

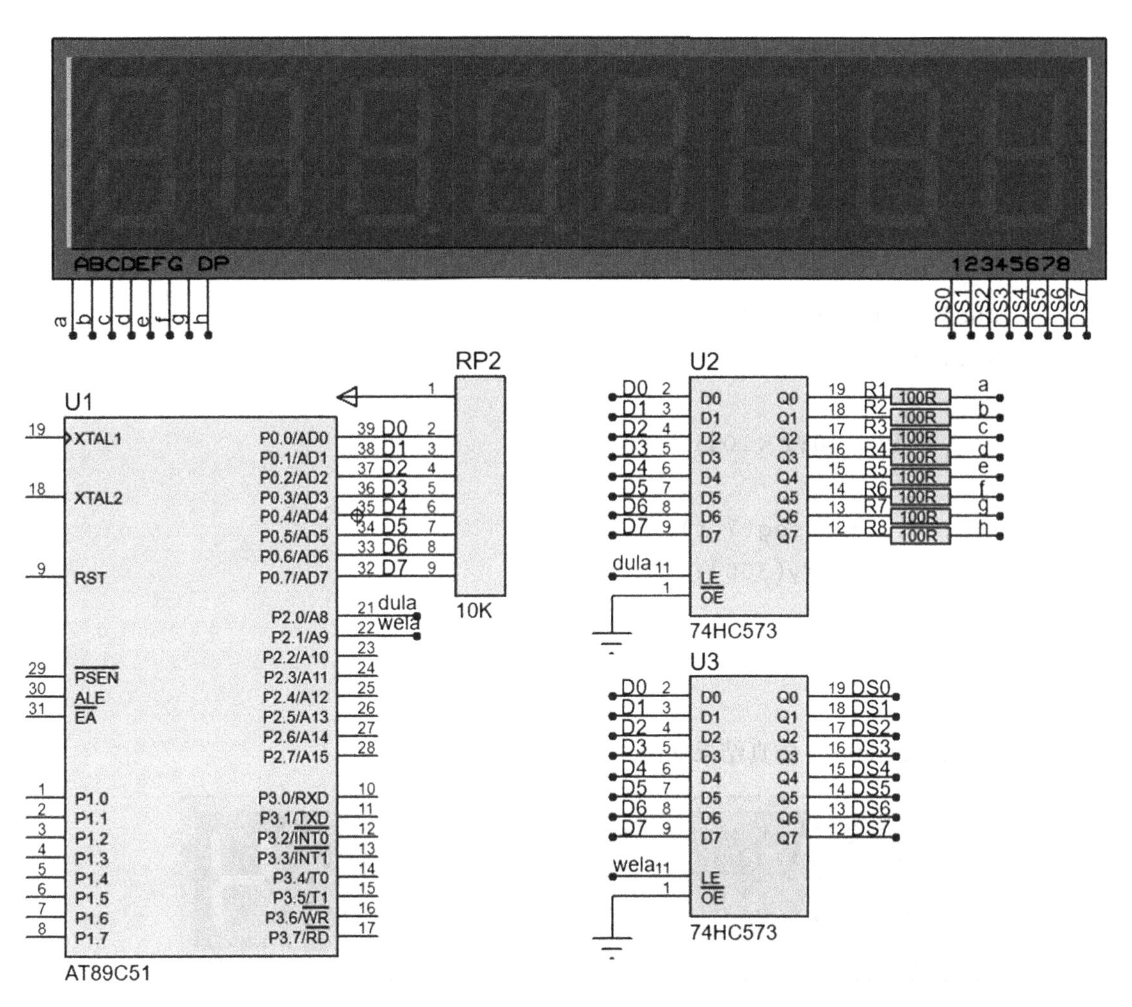

图 4－4　单片机与数码管连接电路图

```
{
    unsigned int x,y;
    for(x=100;x>0;x--)
        for(y=z;y>0;y--);
}
/********** 单个数码管显示子函数 ******************* /
voiddis_seg(unsigned char wei,unsigned char duan)
{
    DB_SEG=~(0x01<<wei);   //选择第几位数码管
    cs_wei=1;
    cs_wei=0;
    DB_SEG=tab[duan];     //数码管上显示的数字
    cs_du  =1;
```

```
        cs_du  =0;
        delay(1);
    }
    /************* 主函数*********** /
    void main()
    {
        unsigned char i =0;
        while(1)
        {
            for(i =0;i <10;i + +)
            {
                dis_seg(7,i);
                delay(300);
            }
        }
    }
```

数码管静态显示 0 ~ 9 仿真结果如图 4 – 5 所示。

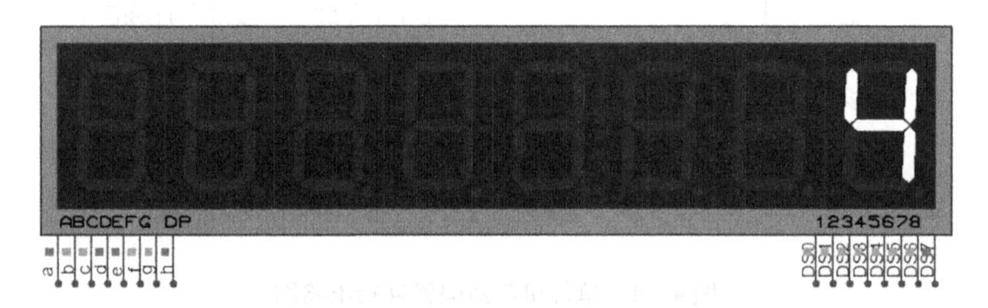

图 4 – 5　数码管静态显示 0 ~ 9 仿真结果

4. 数码管动态显示

例 4 – 2　使用 8 个 LED 数码管动态显示 2018 – 6 – 9。

硬件电路设计如图 4 – 4 所示。

程序代码如下：

```
    /************************************************************
    数码管动态显示 2018 -6 -9。
    ************************************************************ /
    #include <REGX52.H >
    #define DB_SEG P0
    sbit cs_du = P2^0;       //数码管段选信号端
    sbit cs_wei = P2^1;      //数码管位选信号端
    unsigned char code tab[ ] = {0x3f,0x06,0x5b,0x4f,0x66,0x6d,0x7d,
0x07,0x7f,0x6f,0x40};
```

```
unsigned char time[] = {"2015 -4 -1"};     //字符串数组
void delay(unsigned int z)
{
    unsigned int x,y;
    for(x =100;x >0;x --)
        for(y = z;y >0;y --);
}
/*************** 单个数码管显示子函数 **************** /
void dis_seg(unsigned char wei,unsigned char duan)
{
    DB_SEG = ~(0x01 << wei);     //选择第几位数码管
    cs_wei =1;
    cs_wei =0;

    DB_SEG = ~tab[duan];     //数码管显示的数字
    cs_du  =1;
    cs_du  =0;
    delay(1);
}
/****************** 8 个数码管同时显示********** /
void dis_8seg()
{
    dis_seg(0,2);
    dis_seg(15,0);
    dis_seg(2,1);
    dis_seg(3,8);
    dis_seg(4,10);
    dis_seg(5,6);
    dis_seg(6,10);
    dis_seg(7,9);
}
/************* 主函数************ /
void main()
{
    while(1)
    {
        dis_8seg();
```

```
    }
}
```

数码管动态显示结果如图 4 -6 所示。

图 4 -6　数码管动态显示结果

4.1.3　电子秒表的硬件电路设计与软件程序设计

1. 电路设计

硬件电路设计如图 4 -4 所示。

2. 软件程序设计

使用单片机定时/计数器 1 进行定时，数码管动态扫描显示电子秒表。

运行 Keil μVision4 软件，新建一个工程文件 clock. uvproj，输入并编辑源程序文件 clock. c，并且编译生成 clock. hex 文件。

参考程序如下：

```
/*************************************************************
电子秒表。
************************************************************* /
#include <REGX52.H >
#define FOSC 11.0592F
#define T1_T 5000       //定时时间为 5 ms
#define DB_SEG P0
sbit cs_du = P2^0;      //数码管段选信号端
sbit cs_wei = P2^1;     //数码管位选信号端
unsigned char code tab[ ] = {0x3f,0x06,0x5b,0x4f,0x66,0x6d,0x7d,
0x07,0x7f,0x6f};
unsigned char milli_second,second,num;
void delay(unsigned int z)
{
    unsigned int x,y;
```

```
    for(x =100;x >0;x --)
        for(y =z;y >0;y --);
}
void timer1_init()  //定时/计数器1 初始化子函数
{
    TMOD =0X10;        //定时/计数器1 工作方式1
    TH1  =(65536 -(unsigned int)(FOSC* T1_T)/12) >>8;
    TL1  =65536 -(unsigned int)(FOSC* T1_T)/12;
    TR1  =1;             //启动定时/计数器1
}
void ini_init()       //中断初始化子函数
{
EA =1;
ET1 =1;
}
void dis_seg(unsigned char wei,unsigned char duan)
{
    DB_SEG = ~(0x01 <<wei);          //选择第几位数码管
    cs_wei =1;
    cs_wei =0;

    DB_SEG = ~tab[duan];             //数码管显示的数字
    cs_du  =1;
    cs_du  =0;
    delay(1);
}
void dis_time()
{
    dis_seg(0,milli_second %10);
    dis_seg(1,milli_second/10);
    dis_seg(2,second %10);
    dis_seg(3,second/10);
}
void main()
{
    timer1_init();
    ini_init();
    while(1)
```

```
    {
        dis_time();
    }
}
void timer1()interrupt 3
{
    TH1 =(65536 -(unsigned int)(FOSC* T1_T)/12) >>8;
    TL1 =65536 -(unsigned int)(FOSC* T1_T)/12;
    num ++;
    if(num > =2)
    {
        num =0;
        milli_second ++;
        if(milli_second > =100)
        {
            milli_second =0;
            second ++;
            if(second > =60)
                second =0;
        }
    }
}
```

3. 仿真运行

数码管理显示电子秒表结果如图 4 –7 所示。

任务 4.2　模拟交通灯设计

4.2.1　任务要求与工作计划

模拟交通灯任务要求：南北方向，绿灯亮时间为 17 s，然后黄灯亮 3 s，接着红灯亮 20 s；东西方向，红灯亮时间为 20 s，绿灯亮时间为 17 s，黄灯亮 3 s。

工作计划：首先分析任务，进行硬件电路设计，再进行软件程序编写，经编译调试后，对模拟交通灯进行仿真演示。

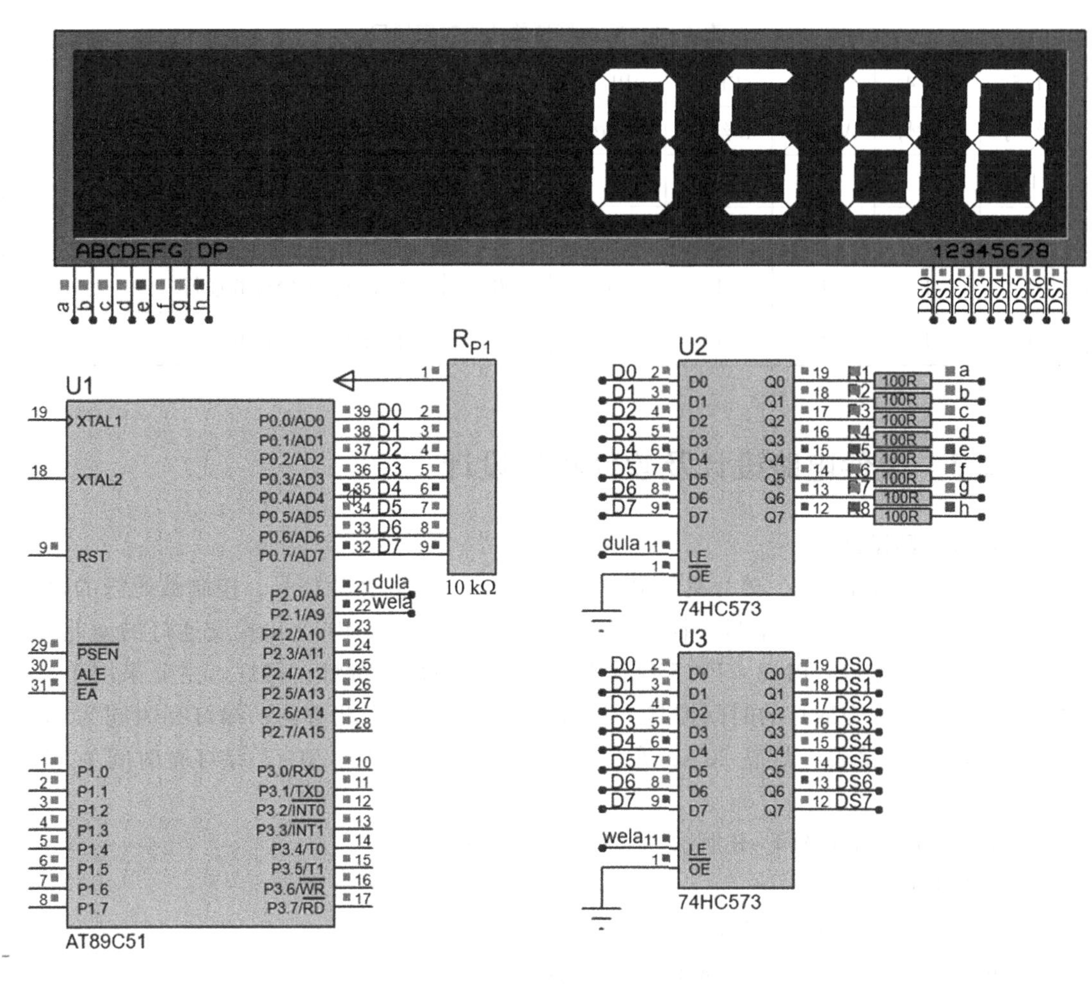

图 4-7　数码管显示电子秒表结果

4.2.2　交通灯显示状态

（1）交通灯显示状态如表 4-5 所示。

表 4-5　交通灯显示状态

东西方向（简称 A 方向）			南北方向（简称 B 方向）			状态说明
红灯	黄灯	绿灯	红灯	黄灯	绿灯	
灭	灭	亮	亮	灭	灭	A 方向通行 17 s，B 方向禁行
灭	亮	灭	亮	灭	灭	A 方向黄灯 3 s，B 方向禁行
亮	灭	灭	灭	灭	亮	B 方向通行 17 s，A 方向禁行
亮	灭	灭	灭	亮	灭	B 方向黄灯 3 s，A 方向禁行

（2）交通灯与单片机对应端口如表 4-6 所示。

表 4-6 交通灯与单片机对应端口

P1.5	P1.4	P1.3	P1.2	P1.1	P1.0	状态说明
A 红灯	A 黄灯	A 绿灯	B 红灯	B 黄灯	B 绿灯	
1	1	0	0	1	1	状态 1：A 通行 B 禁行
1	0	1	0	1	1	状态 2：A 警告 B 禁行
0	1	1	1	1	0	状态 3：A 禁行 B 通行
0	1	1	1	0	1	状态 4：A 禁行 B 警告

4.2.3 硬件电路设计及软件程序设计

1. 硬件电路设计

该电路由两部分组成，单片机的 P2.0 口接 74HC573 的选片信号，控制数码管的段码；P2.1 口接 74HC573 的选片信号，控制数码管的位码；P1.0～P1.2 口接交通灯的南北方向的绿灯、黄灯、红灯，P1.3～P1.5 口接东西方向的绿灯、黄灯、红灯。主要采用单片机的定时功能，实现交通灯的时间控制，并用数码管显示：南北方向，绿灯亮时间为 17 s，然后黄灯亮 3 s，接着红灯亮 20 s；东西方向，红灯亮时间为 20 s，绿灯亮时间为 17 s，黄灯亮 3 s。

模拟交通灯电路如图 4-8 所示。

2. 软件程序设计

（1）十进制数各位数字拆分。

将 num=231 的各位数字拆成 bai，shi，ge。

```
bai = num/100;        // "/n"运算符表示"除以 n 取整"
```

其中：num/100 为 231 除以 100 取整，即为 2，则 bai=2。

```
shi = num%100/10;     // "%n"运算符表示"除以 n 取余数"
```

其中：num%100 为 31，31/10 为 31 除以 10 取整，则 shi=3

```
ge = num%10;          //"%n"运算符表示"除以 n 取余数"
```

其中：num%10 为“231 除以 10 取余，即为 1，则 ge=1”

（2）参考程序如下：

```
/************************************************************************
模拟交通灯,绿灯亮时间为17s,然后黄灯亮3s并且闪烁,接着红灯亮20s。
************************************************************************/
  #include <REGX52.H>
  #define DB_SEG P0
  #define FOSC 11.0592F
```

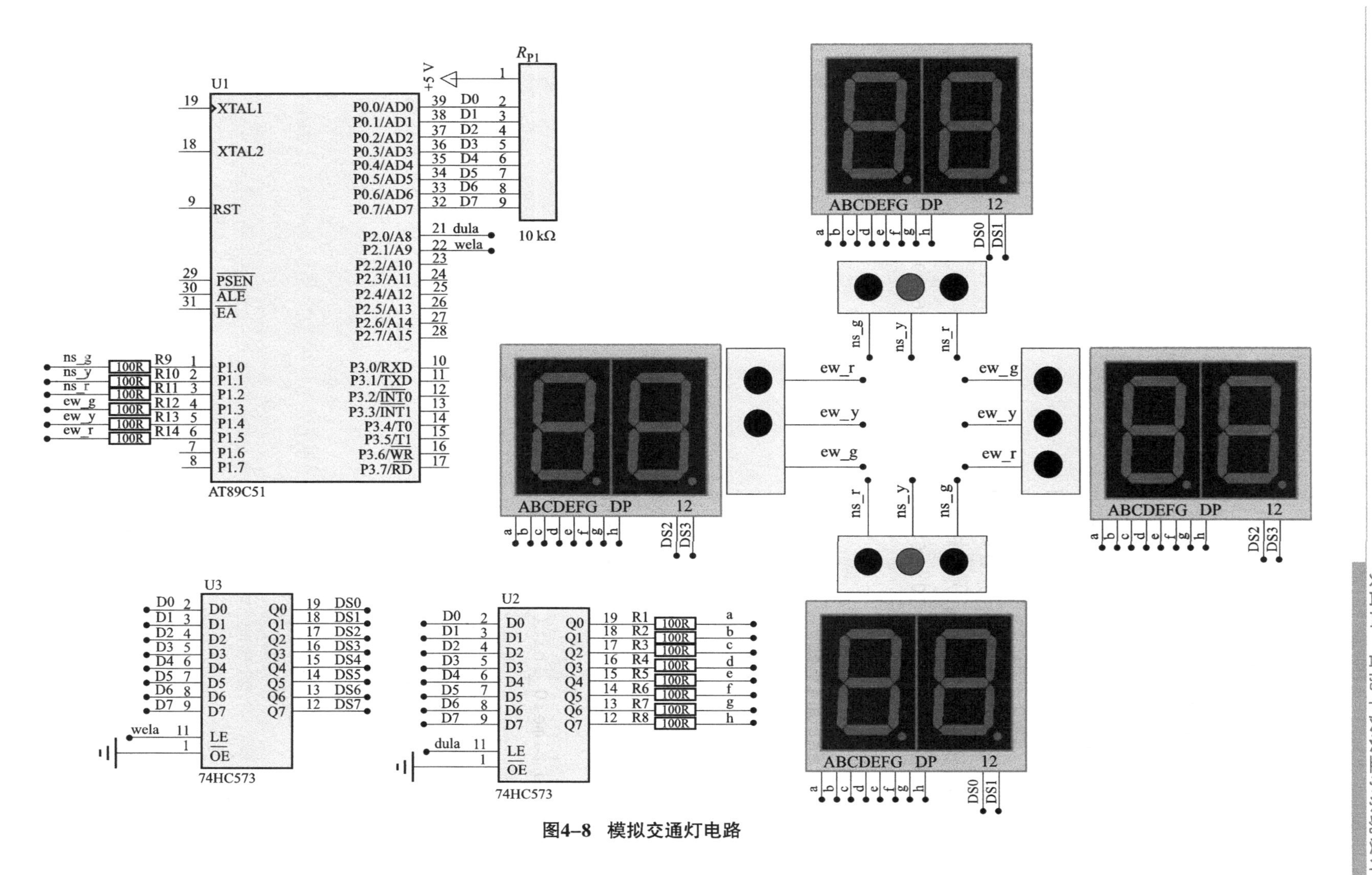

U1
AT89C51
XTAL1
XTAL2
RST
PSEN
ALE
EA
P0.0/AD0
P0.1/AD1
P0.2/AD2
P0.3/AD3
P0.4/AD4
P0.5/AD5
P0.6/AD6
P0.7/AD7
P2.0/A8
P2.1/A9
P2.2/A10
P2.3/A11
P2.4/A12
P2.5/A13
P2.6/A14
P2.7/A15
P3.0/RXD
P3.1/TXD
P3.2/INT0
P3.3/INT1
P3.4/T0
P3.5/T1
P3.6/WR
P3.7/RD
P1.0
P1.1
P1.2
P1.3
P1.4
P1.5
P1.6
P1.7
+5 V
RP1
10 kΩ
dula
wela
R9 R10 R11 R12 R13 R14
100R
ns_g
ns_y
ns_r
ew_g
ew_y
ew_r
U3
U2
74HC573
LE
OE
R1 R2 R3 R4 R5 R6 R7 R8
DS0 DS1 DS2 DS3 DS4 DS5 DS6 DS7
ABCDEFG DP
12

图4–8　模拟交通灯电路

```
    #define T0_T 20000           //定时时间为 20 ms
    typedef unsigned char uint8;
    typedef unsigned int uint16;
    sbit  ns_g=P1^0;  //南北绿灯
    sbit  ns_y=P1^1;  //南北黄灯
    sbit  ns_r=P1^2;  //南北红灯
    sbit  ew_g=P1^3;  //东西绿灯
    sbit  ew_y=P1^4;  //东西黄灯
    sbit  ew_r=P1^5;  //东西红灯
    sbit cs_du=P2^0;  //数码管段选
    sbit cs_wei=P2^1; //数码管位选
    uint8 code tab[]={0x3f,0x06,0x5b,0x4f,0x66,0x6d,0x7d,0x07,0x7f,
0x6f};
    uint8 num=0;
    char second=40;

    void delay(uint16 z)
    {
        uint16 x,y;
        for(x=100;x>0;x--)
            for(y=z;y>0;y--);
    }
    void timer0_init()
    {
          TMOD=0x01;
        TH0  =(65536-(uint16)(FOSC* T0_T)/12)>>8;
        TL0  =65536-(uint16)(FOSC* T0_T)/12;
          TR0=1;
    }
    void ini_init()
    {
    EA=1;
    ET0=1;
    }
    void seg(uint8 wei,duan)
    {
        DB_SEG=~(0x01<<wei);
        cs_wei=1;
```

```
    cs_wei =0;

    DB_SEG =tab[duan];
    cs_du  =1;
    cs_du  =0;
    delay(1);
}
void dis_ns_g()     //南北绿,东西红
{
    seg(0,(second -23)/10);
    seg(1,(second -23)% 10);
    seg(2,(second -20)/10);
    seg(3,(second -20)% 10);
}
void dis_ns_y()     //南北黄,东西红
{
    seg(0,(second -20)/10);
    seg(1,(second -20)% 10);
    seg(2,(second -20)/10);
    seg(3,(second -20)% 10);
}
void dis_ew_g()     //南北绿,东西红
{
    seg(0,(second +1)/10);
    seg(1,(second +1)% 10);
    seg(2,(second -2)/10);
    seg(3,(second -2)% 10);
}
void dis_ew_y()     //南北绿,东西红
{
    seg(0,second/10);
    seg(1,second % 10);
    seg(2,second/10);
    seg(3,second % 10);
}
void light()
{
    if(second >23)    //南北绿,东西红
```

```
    {
        ns_g=1;ns_y=0;ns_r=0;
        ew_g=0;ew_y=0;ew_r=1;
        dis_ns_g();
    }
    else if(second>19)  //南北黄,东西红
    {
        ns_g=0;ns_y=1;ns_r=0;
        ew_g=0;ew_y=0;ew_r=1;
        dis_ns_y();
    }
    else if(second>3)  //东西绿,南北红
    {
        ns_g=0;ns_y=0;ns_r=1;
        ew_g=1;ew_y=0;ew_r=0;
        dis_ew_g();
    }
    else if(second<=3)    //东西黄,南北红
    {
        ns_g=0;ns_y=0;ns_r=1;
        ew_g=0;ew_y=1;ew_r=0;
        dis_ew_y();
    }
}
void main()
{
    timer0_init();
    ini_init();
    while(1)
    {
        light();
    //  seg(0,second/10);
    //  seg(1,second % 10);
    }
}
void timer0()interrupt 1
{
    TH0=(65536-(uint16)((FOSC* T0_T)/12))>>8;
```

```
    TL0 =65536 -(uint16)((FOSC* T0_T)/12);
    num ++;
    if(num > =200)
    {
        num =0;
        second --;
        if(second <0)
        {
            second =40;
        }
    }
}
```

3. 调试与仿真运行

运行 Keil μVision4 软件，新建一个工程文件 traffic_lights. uvproj，输入并编辑源程序文件 traffic_lights. c，并且编译生成 traffic_lights. hex 文件。

仿真运行效果如图 4 –9 和图 4 –10 所示。

任务 4.3　数码管显示智能车运动时间

4.3.1　任务要求与工作计划

数码管显示智能车运动时间的任务要求：当启动按键按下时，智能车启动，同时数码管显示时间；当停止按键按下时，智能车停止，数码管显示不变。

工作计划：首先分析任务，进行硬件电路设计，再进行软件程序编写，经编译调试后，对智能车运动时间显示任务进行仿真演示。

4.3.2　硬件电路设计

该电路由两部分组成，单片机的 P2. 0 口接 74HC573 的选片信号，控制数码管的段码；P2. 1 口接 74HC573 的选片信号，控制数码管的位码；P1. 0 和 P1. 1 口接 H 桥式直流电动机驱动电路的两端；P1. 5 和 P1. 7 口接启动和停止按键，其电路图如图 4 – 11 所示。主要采用单片机的定时功能，实现电子时钟并用数码管显示，当启动按键按下时，电动机开始转动，电子时钟启动；当停止按键按下时，电动机停转，电子时钟停止。

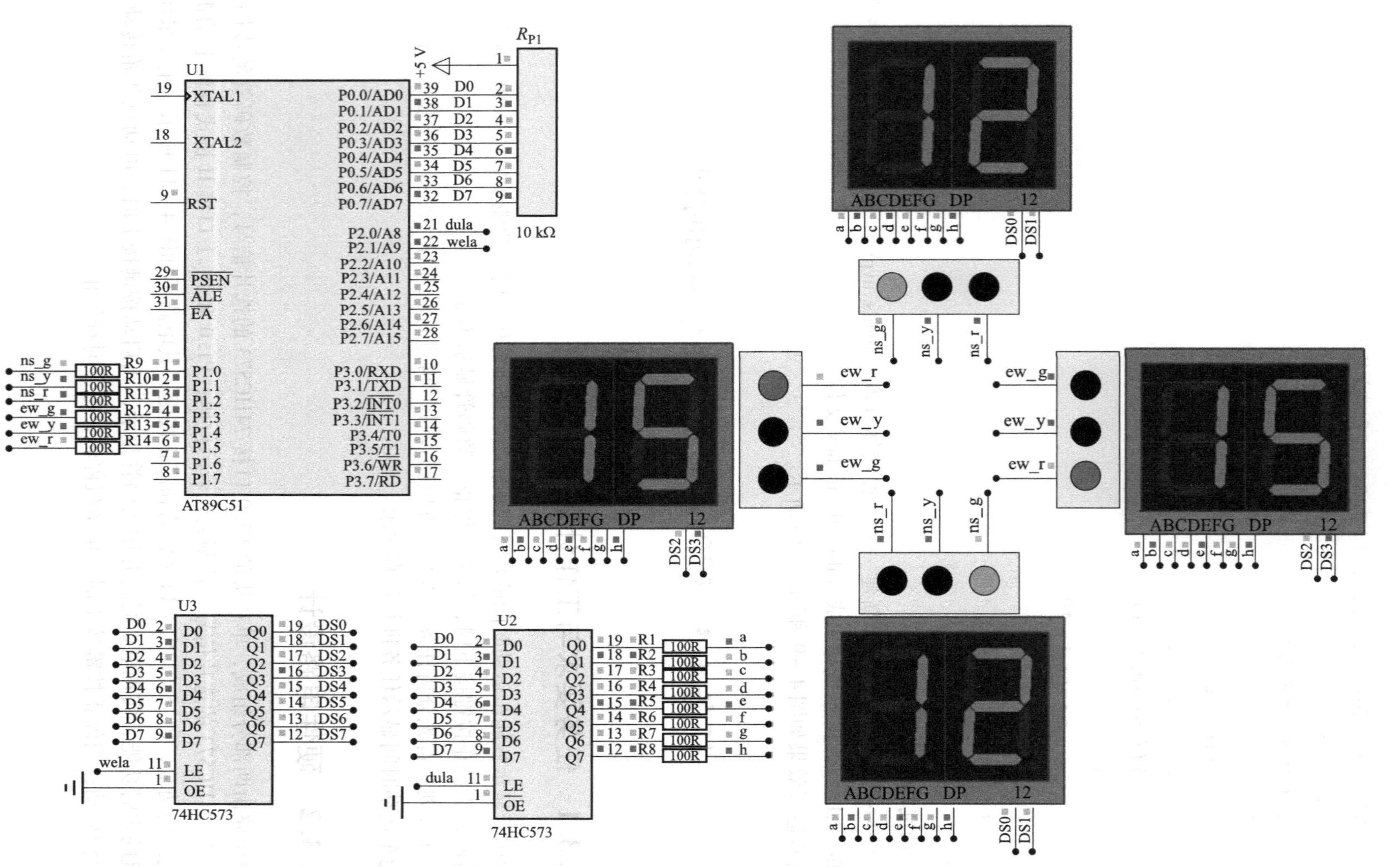

图4–9 南北方向绿灯亮时间为17 s，东西方向红灯亮时间为20 s

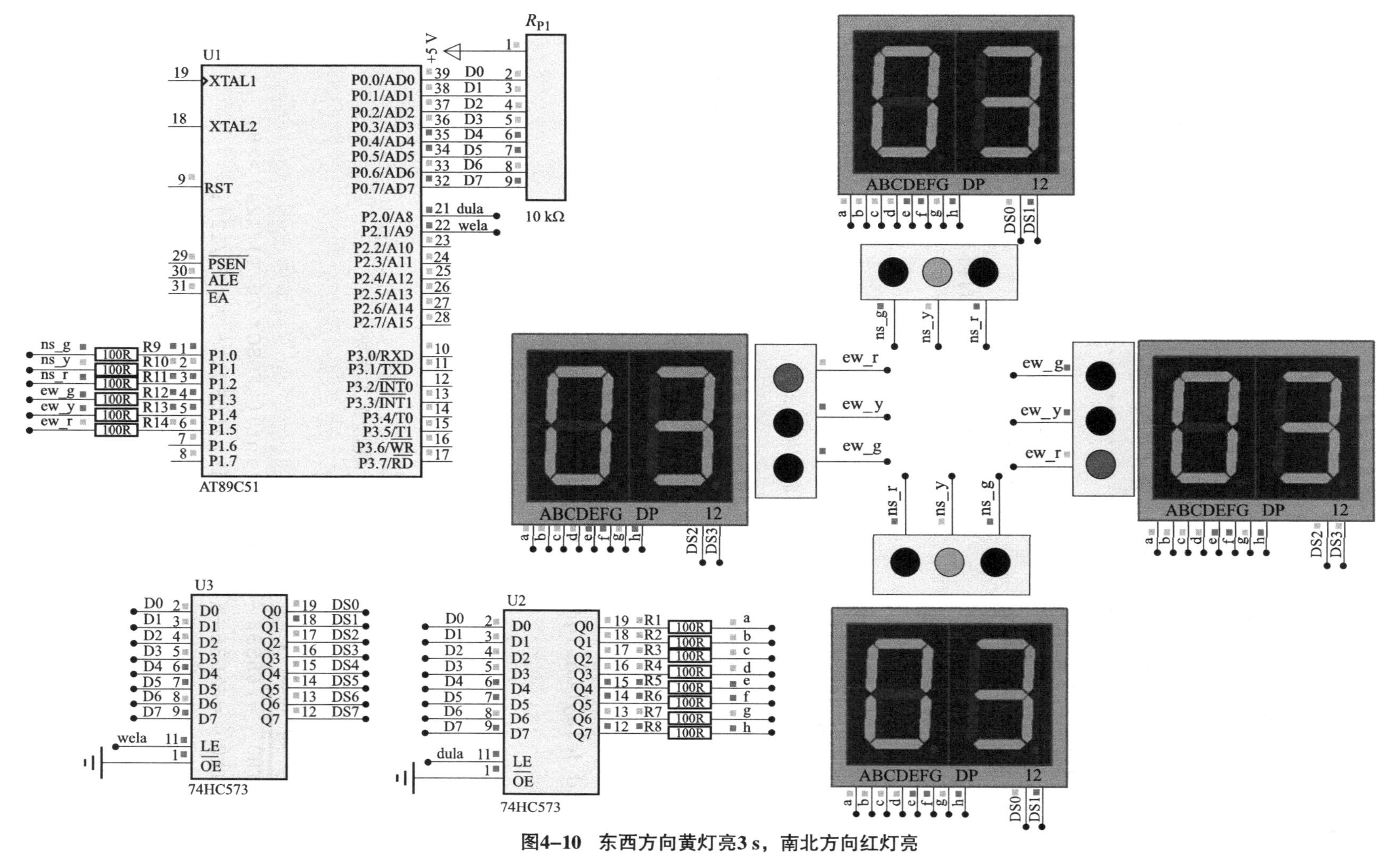

图4-10　东西方向黄灯亮3 s，南北方向红灯亮

4.3.3 软件程序设计

参考程序如下:

```
/*****************************************************************************
    数码管显示智能车运动时间。当启动按键按下时,智能车启动,同时数码管显示时间;
当停止按键按下时,智能车停止,数码管显示不变。
***************************************************************************** /
    #include <REGX52.H>
    #define DB_SEG P0
    #define FOSC 11.0592F       //单片机时钟频率
    #define T0_T 20000          //定时/计数器 0 定时时间为 20 ms
    sbit cs_du = P2^0;          //数码管段选信号
    sbit cs_wei = P2^1;         //数码管位选信号
    sbit start_key = P1^5;      //电动机启动按键
    sbit stop_key   = P1^6;     //电动机停止按键
    sbit motor0 = P1^1;         //电动机驱动端
    sbit motor1 = P1^0;
    unsigned char code tab[] = {0x3f,0x06,0x5b,0x4f,0x66,0x6d,0x7d,
0x07,0x7f,0x6f,0x40};
    unsigned char num = 0,second = 0,minute = 0,hour = 0;

    void delay(unsigned int z)   //延时函数
    {
        unsigned int x,y;
        for(x =100;x >0;x --)
          for(y = z;y >0;y --);
    }
    void timer0_init()  //定时/计数器 0 工作方式 1
    {
        TMOD =0x01;
        TH0  =(65536 -(unsigned int)((FOSC* T0_T)/12)) >>8;
        TL0  =65536 -(unsigned int)((FOSC* T0_T)/12);
    }
    void ini_init()       //中断初始化子函数
    {
```

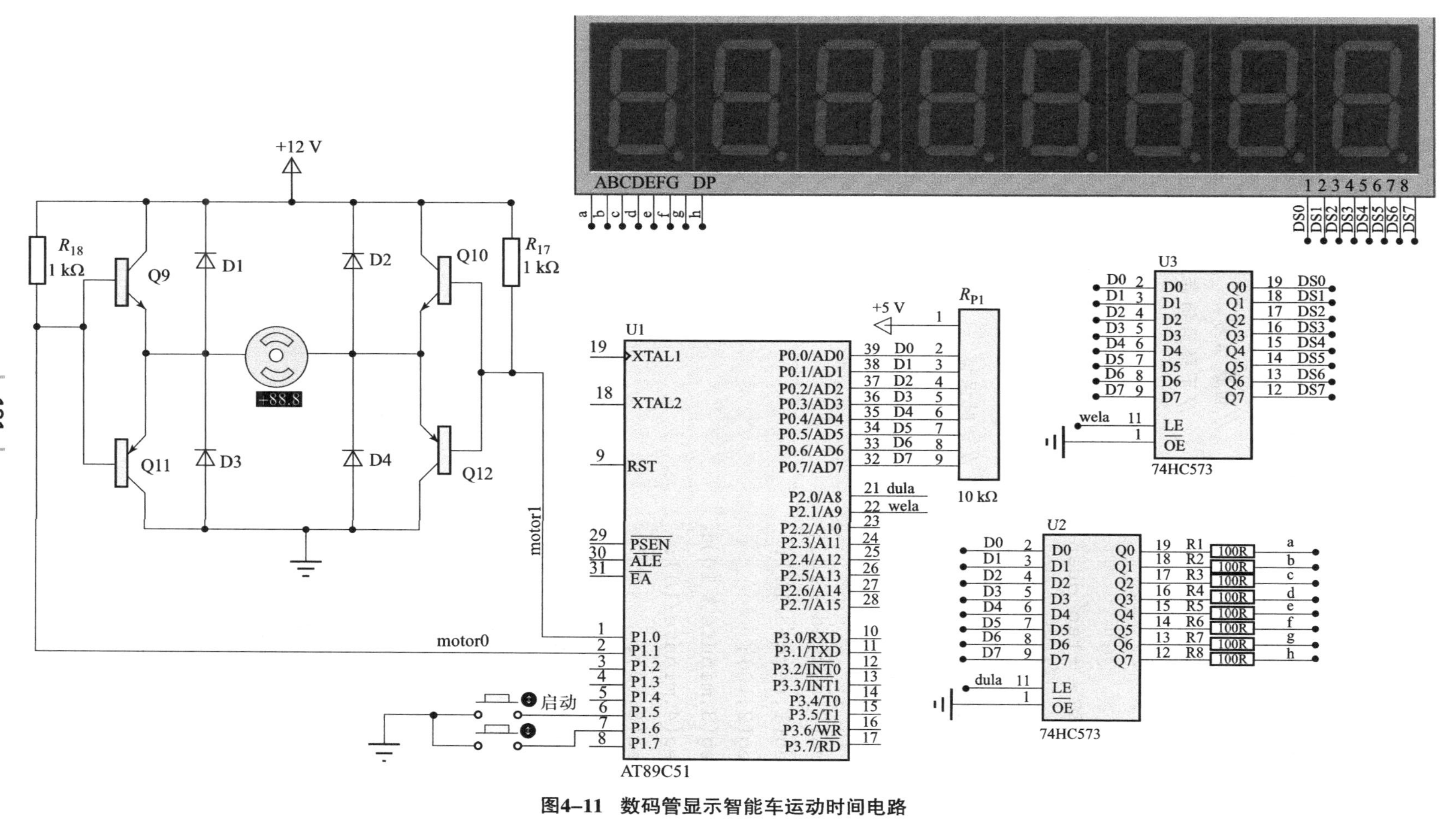

图4-11　数码管显示智能车运动时间电路

```
  EA =1;
    ET0 =1;
}
void seg(unsigned char wei,duan)  //两个参数数据类型相同
{
    DB_SEG = ~(0x01 <<wei);      //位选信号
    cs_wei =1;                    //下降沿锁存
    cs_wei =0;

    DB_SEG = ~tab[duan];        //段选信号
    cs_du  =1;                  //下降沿有效
    cs_du  =0;
    delay(1);                 //延时保持
}
void dis_time()
{
    seg(0,second % 10);
    seg(1,second/10);
    seg(2,10);
    seg(3,minute % 10);
    seg(4,minute/10);
    seg(5,10);
    seg(6,hour % 10);
    seg(7,hour/10);
}
void key_scan()
{
    start_key =1;
    if(! start_key)   //“!”表示 start_key 取反
    {
        delay(5);
        if(!start_key)
        {
            motor0 =1;
            motor1 =0;
```

```
            while(!start_key)
                dis_time();    //用显示函数作延时函数
            TR0 =1;        //按键抬起后,启动定时/计数器
          }
      }
      stop_key =1;
      if(!stop_key)
      {
          delay(5);
          if(!stop_key)
          {
              TR0 =0;
              motor0 =0;
              motor1 =0;
              while(!stop_key)
                  dis_time();  //按键按下时,同时也显示
          }
      }
  }
  void main()
  {
      timer0_init();
      ini_init();
      while(1)
      {
          key_scan();
          dis_time();
      }
  }
  void timer0()interrupt 1
  {
      TH0 =(65536 -(unsigned int)((FOSC* T0_T)/12)) >>8;
      TL0 =65536 -(unsigned int)((FOSC* T0_T)/12);
      num ++;
      if(num > =50)         //满 1 s
      {
```

```
            num = 0;
            second ++;             //秒加 1
            if(second > =60)       //满 1 min
            {
                second =0;         //second 清 0
                minute ++;         //minute 加 1
                if(minute > =60)   //满 1 h
                {
                    minute =0;     //分钟清 0
                    hour ++;       //小时 hour 加 1
                    if(hour > =24) //满 24 h
                        hour =0;   //小时 hour 清 0
                }
            }
        }
    }
```

4.3.4 调试与仿真运行

运行 Keil μVision4 软件，新建一个工程文件 seg_ move_ time. uvproj，输入并编辑源程序文件 seg_ move_ time. c，并且编译生成 seg_ move_ time. hex 文件。

仿真调试结果如图 4 - 12 ~ 图 4 - 14 所示。

任务 4.4 LCD1602 显示智能车运动时间

4.4.1 认识 LCD1602

LCD（Liquid Crystal Display）液晶显示器是一种利用液晶的扭曲/向列效应制成的新型显示器。它具有体积小、质量轻、功耗低、抗干扰能力强等特点，因而在单片机系统中被广泛应用。本项目以长沙太阳人电子有限公司的 SMC1602A LCM 为例来认识 LCD1602。图 4 - 15 所示为 LCD1602 液晶显示器。

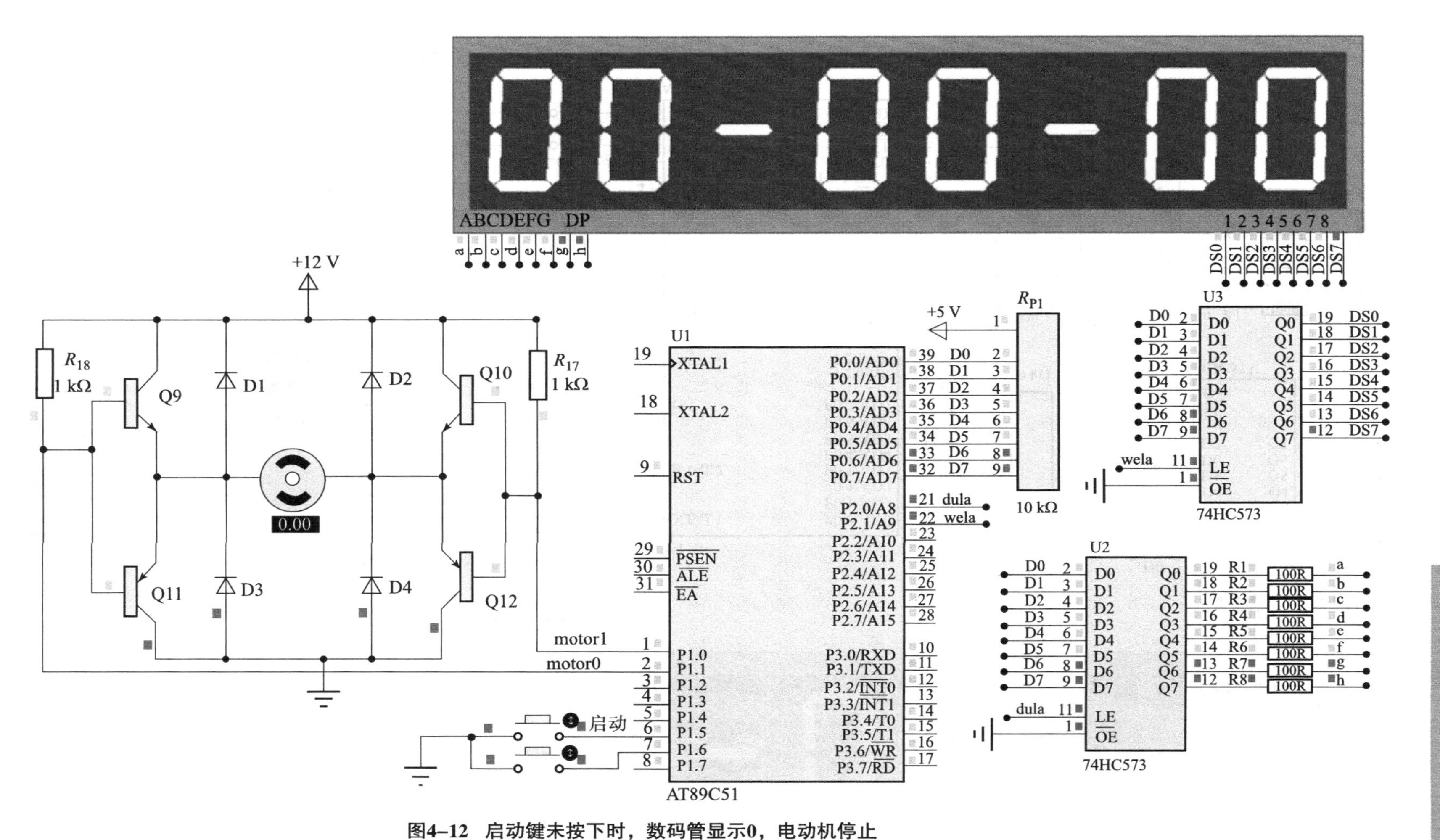

图4-12　启动键未按下时，数码管显示0，电动机停止

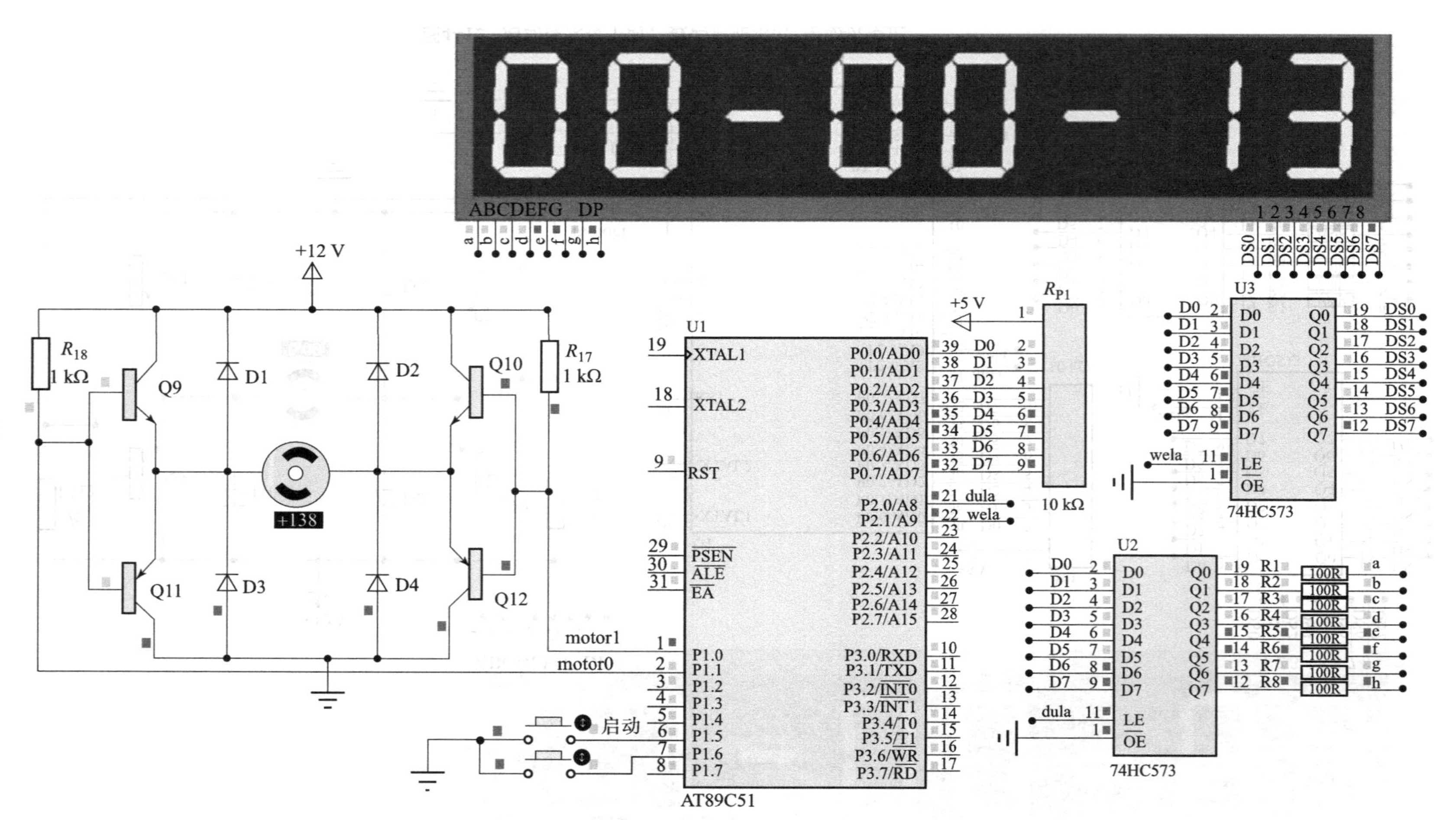

图4–13 当启动按键按下时，电动机转动，同时数码管显示运动时间

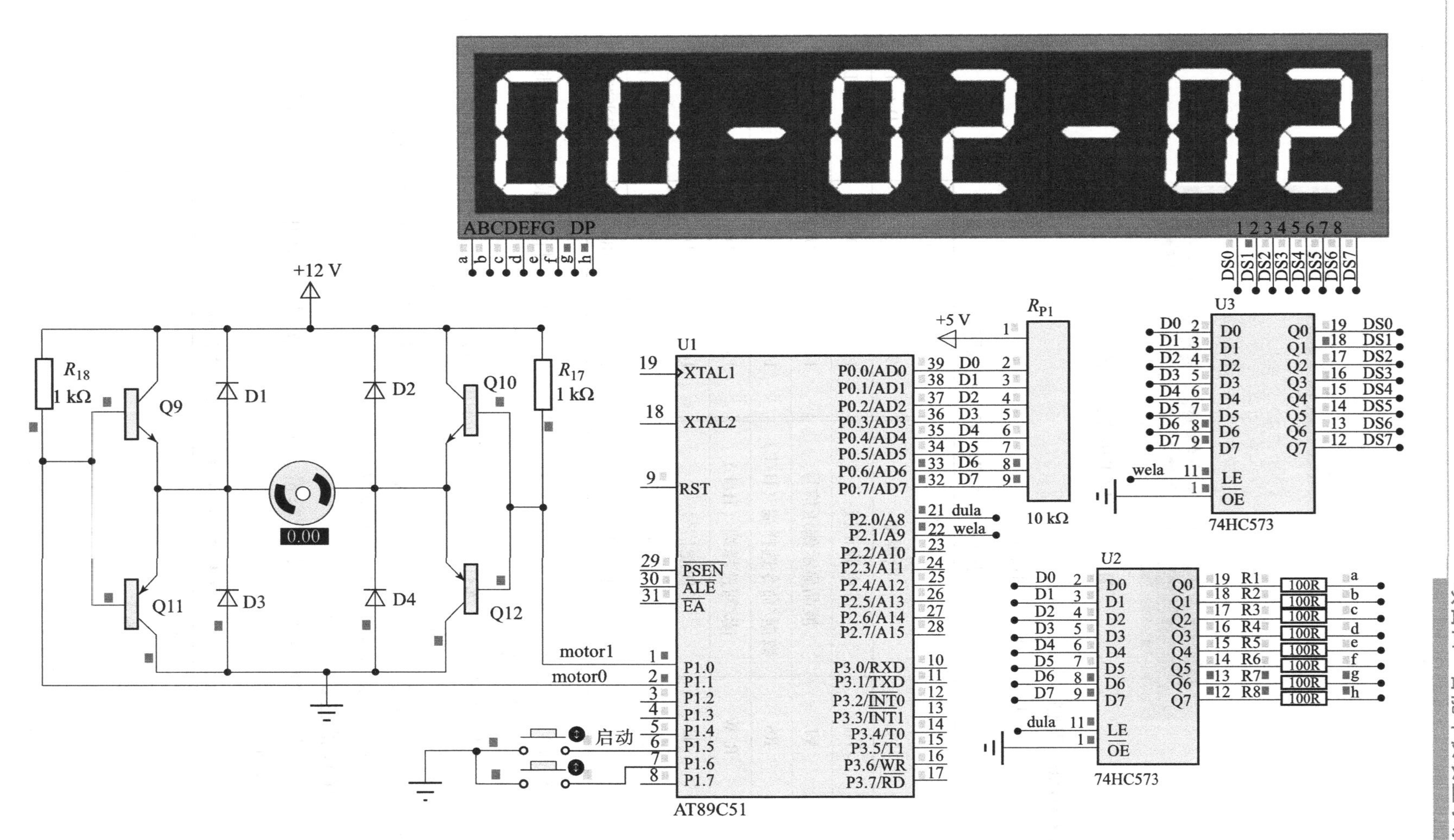

图4-14　当停止按键按下时，电动机停转，同时数码管显示时间停止

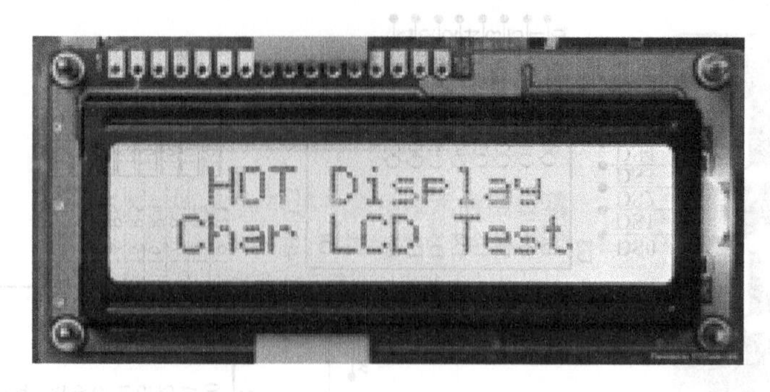

图 4－15　LCD1602 液晶显示器

1. LCD1602 引脚

表 4－7 所示为 LCD1602 引脚说明。

表 4－7　LCD1602 引脚说明

编号	符号	引脚说明	编号	符号	引脚说明
1	V_{SS}	电源地	9	D2	Data I/O
2	V_{DD}	电源正极	10	D3	Data I/O
3	VL	液晶显示偏压信号	11	D4	Data I/O
4	RS	数据/命令选择端（H/L）	12	D5	Data I/O
5	R/W	读/写选择端（H/L）	13	D6	Data I/O
6	E	使能信号	14	D7	Data I/O
7	D0	Data I/O	15	BLA	背光源正极
8	D1	Data I/O	16	BLK	背光源负极

（1）第 3 脚 VL 对比度调节：接地时对比度最高，接电源时对比度最低，使用时可以用 10 kΩ 的电位器调节对比度。

（2）第 4 脚 RS 数据/命令选择端：当 RS 为高电平时，将 D0～D7 上的数据送入数据寄存器；当 RS 为低电平时，将 D0～D7 上的数据送入指令寄存器。

（3）第 5 脚 R/W 读/写选择端：高电平时进行读操作；低电平时进行写操作。

（4）第 6 脚 E 使能信号：控制 LCD1602 工作。

2. LCD1602 的主要技术参数

LCD1602 的主要技术参数包括显示容量、工作电压范围、工作电流及模块最佳工作电压，如表 4－8 所示。

表 4－8　LCD1602 主要技术参数

显示容量	16＊2 个字符
工作电压范围/V	4.5～5.5
工作电流/mA	2（5V）
模块最佳工作电压/V	5.0

3. 控制器接口说明（HD44780 及兼容芯片）

HD44780 接口芯片的基本操作时序如表 4 -9 所示。

表 4 -9　HD44780 接口芯片的基本操作时序

项目	输入				输出
操作	R/S	R/W	E	D0 ~ D7	
读状态	0	1	1		D0 ~ D7 = 状态字
写指令	0	0	高脉冲	D0 ~ D7 = 指令码	无
读数据	1	1	1		D0 ~ D7 = 数据
写数据	1	0	高脉冲	D0 ~ D7 = 数据	无

图 4 -16 所示为 LCD1602 的操作时序图。

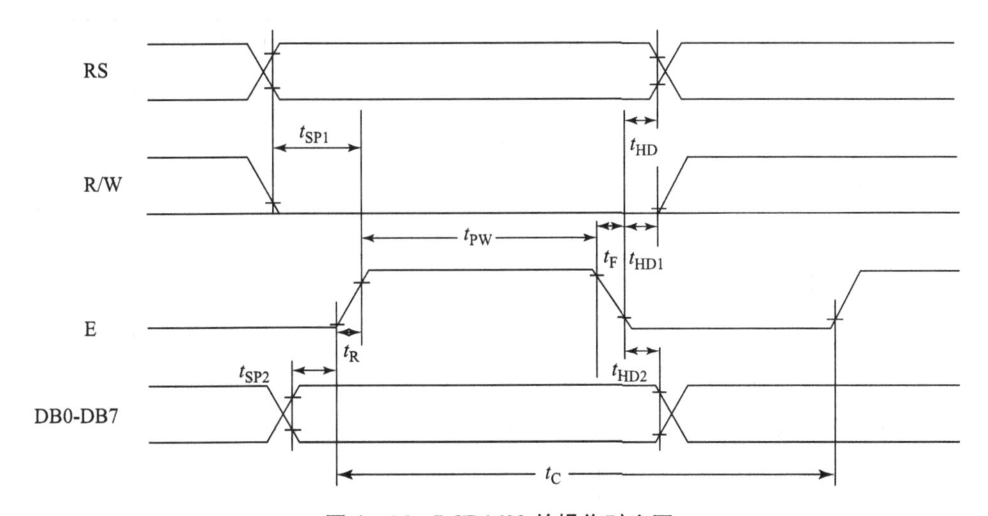

图 4 -16　LCD1602 的操作时序图

4. 指令说明

1）状态字说明（表 4 -10）

表 4 -10　状态字说明

STA7	STA6	STA5	STA4	STA3	STA2	STA1	STA0
D7	D6	D5	D4	D3	D2	D1	D0

说明：STA0 ~ STA6 为当前数据地址指针的数据。

STA7 为读写操作使能，当 STA7 为 1 时表示禁止读写，当 STA7 为 0 时表示允许读写，所以对控制器每次进行读写操作之前，都必须进行读写检测，确保 STA7 为 0。

```
/************************ 读忙信号 ******************* /
unsigned char busy()
{
    unsigned char lcd_status;
```

```
    rs = 0;
    rw = 1;
    en = 1;
    DB = 0xff;
    lcd_status = DB & 0x80;
    en = 0;
    return lcd_status;
}
```

2）显示模式设置

1602 液晶显示器内部的控制器共有 11 条控制指令，如表 4-11 所示。

表 4-11　1602 液晶显示器内部的控制指令

序号	指令	RS	R/W	D7	D6	D5	D4	D3	D2	D1	D0
1	清屏显示	0	0	0	0	0	0	0	0	0	1
2	光标返回	0	0	0	0	0	0	0	0	1	*
3	置输入模式	0	0	0	0	0	0	0	1	I/D	S
4	显示开/关控制	0	0	0	0	0	0	1	D	C	B
5	光标或字符移位	0	0	0	0	0	1	S/C	R/L	*	*
6	置功能	0	0	0	0	1	DL	N	F	*	*
7	置字符发生存储器地址	0	0	0	1	字符发生存储器地址					
8	置数据存储器地址	0	0	1	显示数据存储器地址						
9	读忙标志或地址	0	1	BF	计数器地址						
10	写数到 CGRAM 或 DDRAM	1	0	要写的数据内容							
11	从 CGRAM 或 DDRAM 读数	1	1	读出的数据内容							

1602 液晶显示器的读写操作、屏幕和光标的操作都是通过指令编程来实现的。

```
/********************** 不忙写指令 ******************* /
void wr_cmd(unsigned char cmd)
{
  while(busy());
  rs = 0;
  rw = 0;
  en = 0;
  DB = cmd;
  en = 1;
  en = 0;
}
```

3）数据控制

（1）RAM 地址映射图。

控制器内部带有 80 * 8（80 字节）的 RAM 缓冲区，对应关系如图 4－17 所示。

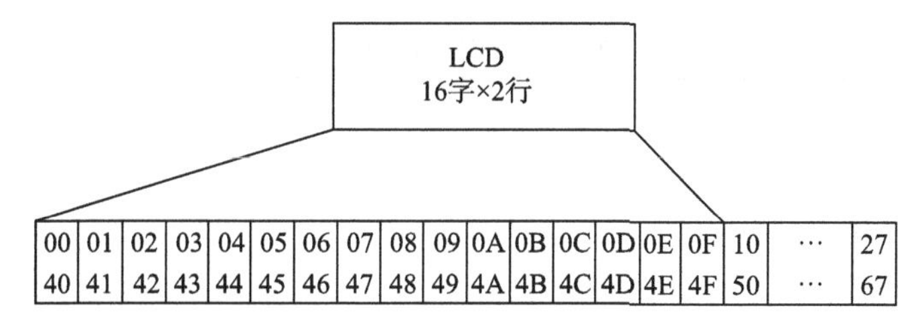

图 4－17　LCD1602 的 RAM 缓冲区对应关系

控制器内部设有一个数据地址指针，用户可通过它们来访问内部的全部 80 字节 RAM。

（2）数据指针设置，如表 4－12 所示。

表 4－12　数据指针设置

指令码	功能
80H＋地址码（0～27H，40H～67H）	设置数据地址指针

```
/*********************** 不忙写数据****************** /
void wr_dat(uint8 dat)
{
    while(busy());
    rs =1;
    rw =0;
    en =0;
    DB =dat;
    en =1;
    en =0;
}
/***************** 设置写入位置************* /
void wr_addr(unsigned char x,y)  //x 为行,y 为列
{
    if(x ==0)
        wr_cmd(0x80 +y);
    else if(x ==1)
        wr_cmd(0x80 +0x40 +y);
}
```

4）其他设置

另外 1602 液晶显示器的清屏和回车也有自己固定的指令，如表 4－13 所示。

表 4－13　清屏和回车指令

指令码	功能
01H	显示清屏：1. 数据指针清零；2. 所有显示清零
02H	显示回车：数据指针清零

5）初始化设置

```
     void init_1602()
  {
    wr_cmd(0x38);  //不忙写指令0x38,显示模式设置
    wr_cmd(0x08);    //不忙写指令0x08,显示关闭
    wr_cmd(0x0c);    //不忙写指令0x0c,显示开及光标设置
    wr_cmd(0x06);    //不忙写指令0x06,显示光标移动设置
    wr_cmd(0x01);    //不忙写指令0x01,显示清屏
  }
```

LCD1602 与单片机的连接电路，如图 4－18 所示。

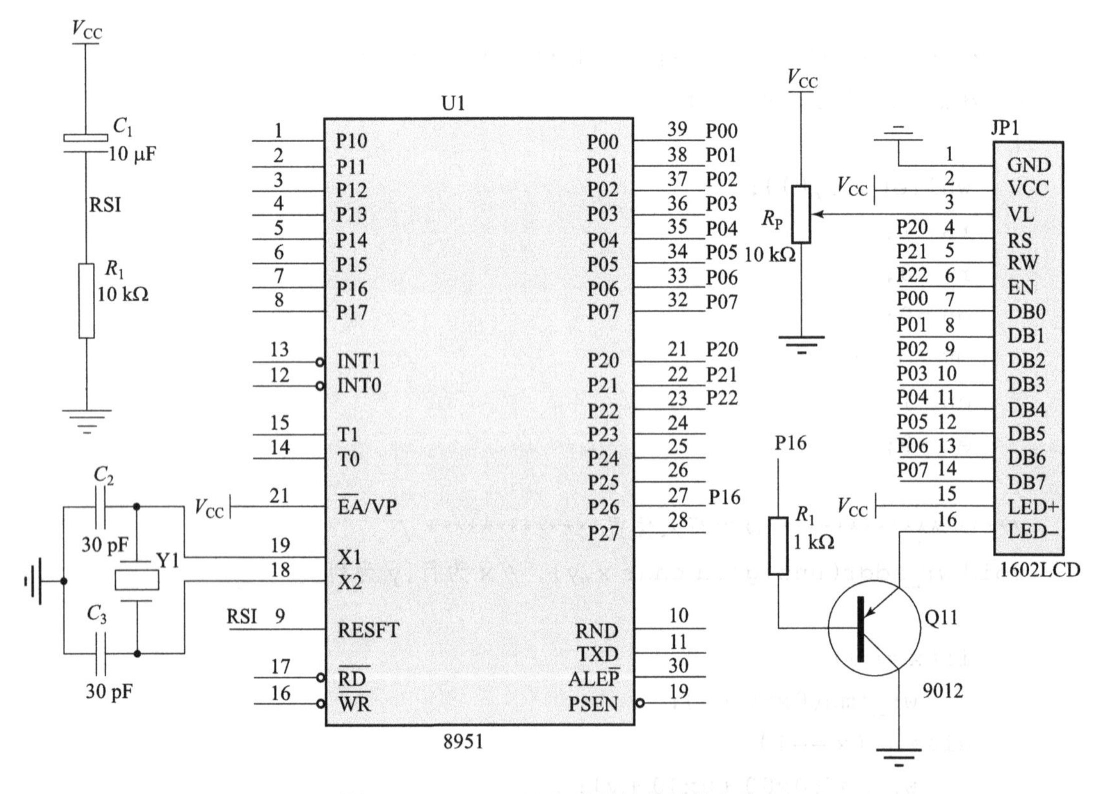

图 4－18　LCD1602 与单片机的连接电路

4.4.2　任务要求与工作计划

LCD1602 显示智能车运动时间的任务要求：当启动按键按下时，智能车启动，同时 LCD1602 显示时间；当停止按键按下时，智能车停止，LCD1602 停止显示。

工作计划：首先分析任务，进行硬件电路设计，再进行软件程序编写，经编译调试后，对 LCD1602 显示智能车运动时间进行仿真演示。

4.4.3　硬件电路设计

该电路由两部分组成，单片机的 P3.4、P3.5、P3.6 口分别接 LCD1602 的使能信号、读/写选择端、数据/命令选择端，P1.0 和 P1.1 口接 H 桥式直流电动机驱动电路的两端，P1.5 和 P1.6 口接启动和停止按键。主要采用单片机的定时功能，实现电子时钟，并用 LCD1602 液晶显示器显示，当启动按键按下时，电动机开始转动，电子时钟启动；当停止按键按下时，电动机停转，电子时钟停止，以此来记录智能车运动时间。LCD1602 显示运动时间的连接电路如图 4－19 所示。

4.4.4　软件程序设计

参考程序如下：

```
/*************************************************************************
    数码管显示智能车运动时间。当启动按键按下时,智能车启动,同时数码管显示时间;
当停止按键按下时,智能车停止,数码管显示不变。
************************************************************************* /
    #include <REGX52.H>
    #include <intrins.h>
    #define DB P0
    #define FOSC 11.0592F
    #define T0_T 20000
    typedef unsigned char uint8;
    typedef unsigned int uint16;
    sbit motor1 = P1^0;
    sbit motor2 = P1^1;
    sbit key_start = P1^5;
    sbit key_stop = P1^6;
    sbit rs = P3^5;
    sbit rw = P3^6;
    sbit en = P3^4;
```

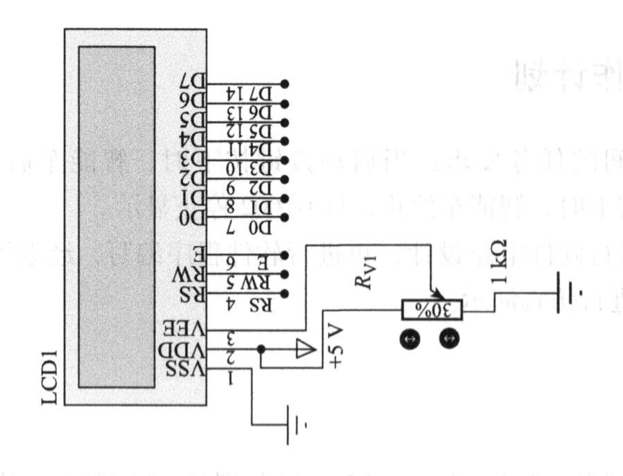

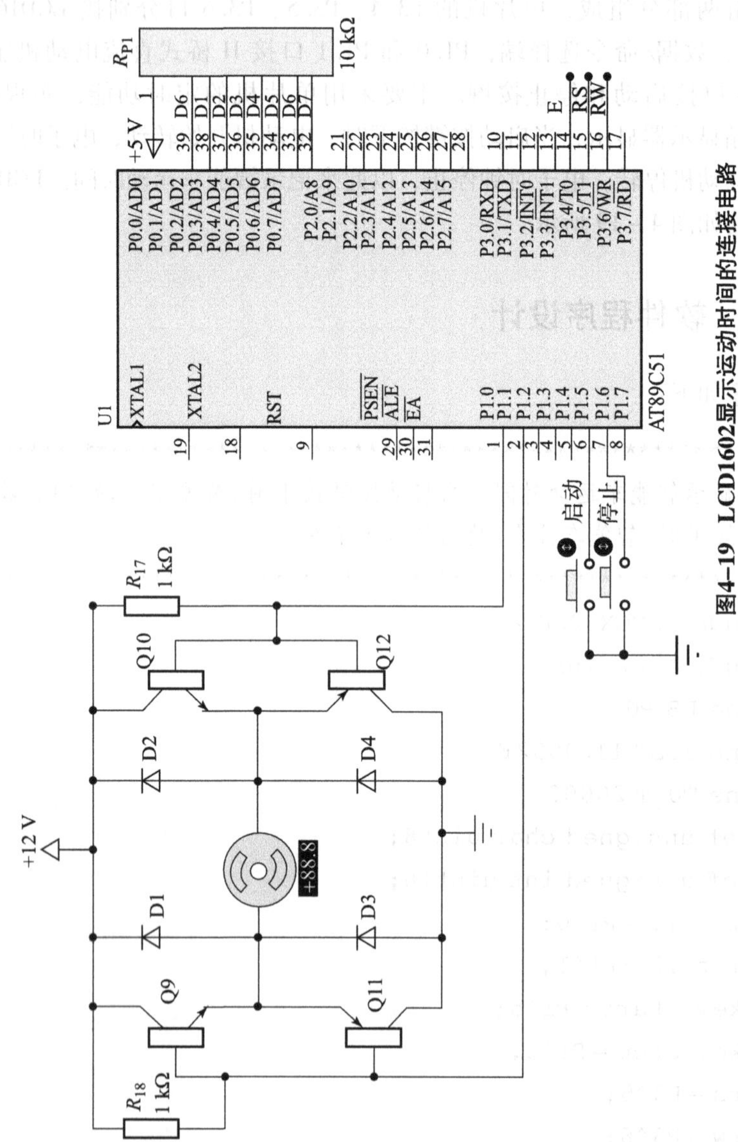

图4-19 LCD1602显示运动时间的连接电路

```
uint8 num =0,second =0,munite =0,hour =0;
//uint8 tab1[6] ="Time:";
//uint8 tab2[9] ="00 -00 -00";

void delay(unsigned char z)
{
    unsigned char x,y;
    for(x =110;x >0;x --)
        for(y =z;y >0;y --);
}
/*********************** 读忙信号****************** /
uint8 busy()
{
    uint8 lcd_status;
    rs =0;
    rw =1;
    en =1;
    DB =0xff;
    lcd_status =DB & 0x80;
    en =0;
    return lcd_status;
}
/******************** 不忙写指令****************** /
void wr_cmd(uint8 cmd)
{
    while(busy());
    rs =0;
    rw =0;
    en =0;
    DB =cmd;
    en =1;
    en =0;
}
/******************** 不忙写数据***************** /
void wr_dat(uint8 dat)
{
    while(busy());
    rs =1;
```

```
    rw =0;
    en =0;
    DB =dat;
    en =1;
    en =0;
}
/***************** 设置写入位置************* /
void wr_addr(uint8 x,y)    //x为行,y为列
{
    if(x ==0)
        wr_cmd(0x80 +y);
    else if(x ==1)
        wr_cmd(0x80 +0x40 +y);
}
/***************** 写字符串************* /
void wr_string(uint8* p)
{
    while(* p! ='\0')
        wr_dat(* p++);
}
/*************** LCD1602初始化子函数************* /
void init_1602()
{
    wr_cmd(0x38);
      wr_cmd(0x08);
    wr_cmd(0x0c);
    wr_cmd(0x06);
    wr_cmd(0x01);
}
/*************** 显示时间************* /
void wr_time()
{
    wr_addr(1,3);
    wr_dat(0x30 +hour/10);
    wr_dat(0x30 +hour% 10);
    wr_dat('-');
    wr_dat(0x30 +munite/10);
    wr_dat(0x30 +munite% 10);
```

```
    wr_dat('-');
    wr_dat(0x30 +second/10);
    wr_dat(0x30 +second% 10);
}
/************* 定时/计数器初始化子函数************* /
void t0_init()
{
    TMOD =0x01;
    TH0 =(65536 -(uint16)(FOSC* T0_T/12)) >>8;
    TL0 =65536 -(uint16)(FOSC* T0_T/12);
    ET0 =1;
    EA =1;
//  TR0 =1;
}
/******************** 启动键******************** /
void key_st()
{
    key_start =1;
    if(key_start ==0)
    {
        delay(5);
        if(key_start ==0)
        {
            TR0 = ~TR0;
            motor1 =1;
            motor2 =0;
            while(key_start ==0);
        }
    }
}
/******************** 停止键******************** /
void key_stp()
{
    key_stop =1;
    if(key_stop ==0)
    {
        delay(5);
        if(key_stop ==0)
```

```
        {
            TR0 =0;
            motor1 =1;
            motor2 =1;
            while(key_stop ==0);
        }
    }
}
/*************** 主函数************* /
void main()
{
    t0_init();
    init_1602();
    wr_addr(0,0);
    wr_string("ytqc time:");
    while(1)
    {

        key_st();
        wr_time();
        key_stp();
    }
}
/************* 定时/计数器中断服务函数************* /
void t0()interrupt 1
{
    TH0 =(65536 -(uint16)(FOSC* T0_T/12)) >>8;
    TL0 =65536 -(uint16)(FOSC* T0_T/12);
    num ++;
    if(num >50)
    {
        num =0;
        second ++;
        if(second > =60)
        {
            second =0;
            munite ++;
            if(munite > =60)
```

```
            {
                munite =0;
                hour ++;
                if(hour > =24)hour =0;
            }
        }
    }
}
```

4.4.5　调试与仿真运行

运行 Keil μVision4 软件，新建一个工程文件 LCD1602_ move_ time. uvproj，输入并编辑源程序文件 LCD1602_ move_ time. c，并且编译生成 seg_ move_ time. hex 文件。

仿真调试结果如图 4 - 20 所示。

拓展训练

4 - 1　用单片机设计可调电子时钟，用数码管显示，设置启动键、停止键，并且时、分可调。

4 - 2　用单片机设计可调电子时钟，用 LCD1602 显示可调电子时钟，设置启动键、停止键，并且时、分可调。

课后习题

1. 写出共阴极和共阳极数码管显示器的字型编码。
2. 简述 LCD1602 液晶显示器的工作方式及基本原理。
3. 用 LCD1602 液晶显示器显示字符“Welcome To”。

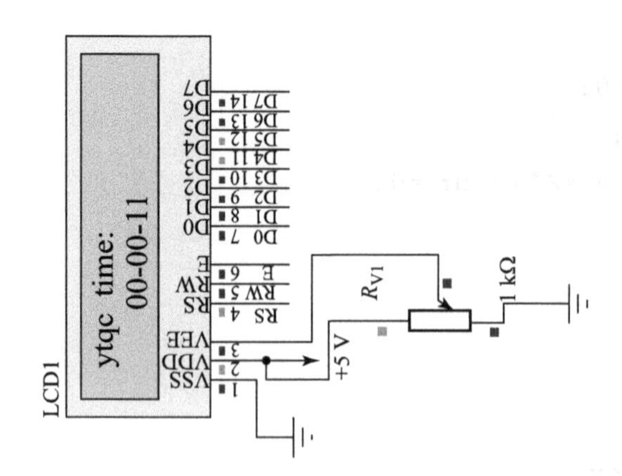

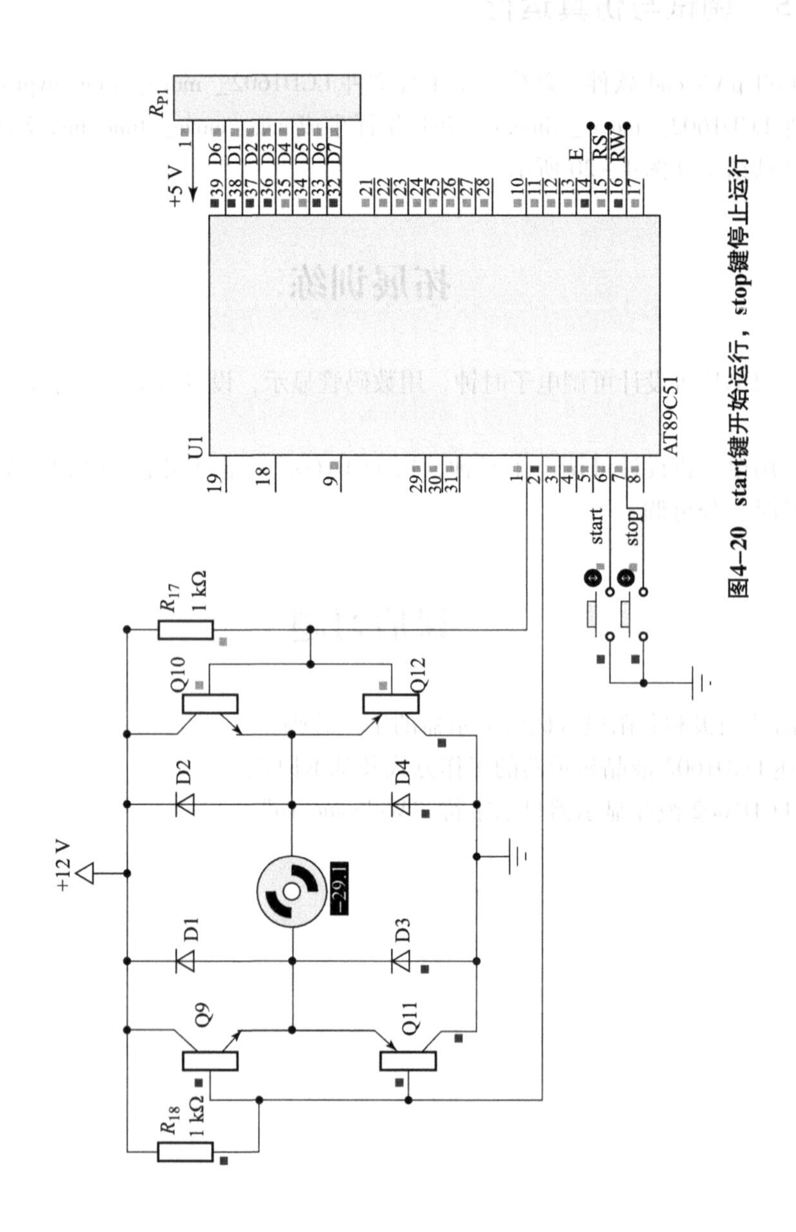

图4-20　start键开始运行，stop键停止运行

项目五　智能车车灯自动控制系统设计

学习情境任务描述

智能车车灯自动控制系统，通过单片机采集环境光信息，控制车灯自动点亮和熄灭。本学习情境的工作任务是采用单片机设计一个智能车车灯自动控制系统。通过认识DAC0832，利用单片机控制DAC0832输出三角波，能够完成智能车车灯亮度调节设计；通过认识ADC0809，能够完成智能车环境亮度采集与显示任务。在搜集D/A和A/D的相关资料的基础上，进行单片机控制车灯自动控制系统设计的任务分析和计划制订、硬件电路和软件程序的设计，完成智能车车灯自动控制系统的制作调试和运行演示，并完成工作任务的评价。

学习目标

（1）掌握DAC0832的工作原理；
（2）掌握ADC0809的工作原理；
（3）能进行LED灯亮度调节的设计；
（4）能实现智能车环境亮度采集与显示设计任务；
（5）能实现智能车车灯自动控制系统设计任务；
（6）能按照设计任务书的要求，完成智能车车灯自动控制系统设计调试与制作。

学习与工作内容

本学习情境要求根据任务书的要求，如表5-1所示，学习DAC0832和ADC0809及单片机C51语言程序设计的相关知识，进一步掌握单片机对外围模块的控制，查阅资料，制订工作方案和计划，完成智能车车灯自动控制系统的设计与制作，需要完成以下工作任务：

（1）学习DAC0832和ADC0809的工作原理；
（2）划分工作小组，以小组为单位完成LED灯亮度调节任务、环境亮度采集与显示任务、智能车车灯自动控制系统的任务；
（3）根据设计任务书的要求，查阅收集相关资料，制订完成任务的方案和计划；
（4）根据设计任务书的要求，整理出硬件电路图；
（5）根据任务要求和电路图，整理出所需要的器件和工具仪器清单；
（6）根据功能要求和硬件电路原理图，绘制程序流程图；
（7）根据功能要求和程序流程图，编写软件程序并进行编译调试；

(8) 进行软硬件调试和仿真运行，电路的安装制作，演示汇报；

(9) 进行工作任务的学业评价，完成工作任务的设计报告。

表 5-1 智能车车灯自动控制系统设计任务书

设计任务	采用单片机控制方式，设计智能车车灯自动控制系统
功能要求	通过单片机与 DAC0832 和 ADC0809 进行亮度自动采集并控制 LED 灯自动亮灭的系统设计。要求完成硬件电路设计，软件程序设计
工具	1. 单片机开发和电路设计仿真软件：Keil μVision4 软件、Protues 软件； 2. PC 及软件程序、万用表、电烙铁、装配工具
材料	元器件（套）、焊料、焊剂、焊锡丝

学业评价

本学习情境的学习根据工作任务的完成过程进行考核评价，注重学习和工作过程的考核评价，依据任务中实际的学习和工作过程分为 11 个评分项目，根据各项目主要完成主体的不同，分别对个人和小组进行考核评价，如表 5-2 所示。

表 5-2 考核评价表

项目名称	分值	第______组			备注
		学生 1	学生 2	学生 3	
DAC0832 的学习	10				
ADC0809 的学习	10				
DAC0832 与单片机连接硬件电路设计	5				
车灯亮度调节软件程序设计	10				
ADC0809 与单片机连接硬件电路设计	5				
环境亮度采集与显示软件程序设计	10				
车灯亮度自动调节软件程序设计	10				
调试仿真	10				
安装制作	10				
设计制作报告	10				
团队及合作能力	10				

任务 5.1　智能车车灯亮度调节

5.1.1　认识 DAC0832

1. T 形网络 D/A 的工作原理

图 5－1 所示为 T 形网络 D/A 转换器。

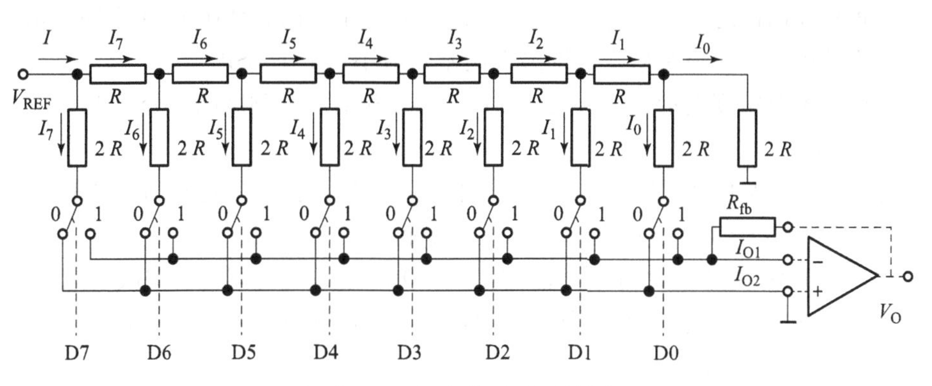

图 5－1　T 形网络 D/A 转换器

输出电压的大小与数字量具有对应关系，如下：

$$I = V_{REF}/R \quad I_7 = I/2^1、I_6 = I/2^2、I_5 = I/2^3、I_4 = I/2^4、$$
$$I_3 = I/2^5、I_2 = I/2^6、I_1 = I/2^7、I_0 = I/2^8$$

当输入数据 D7 ~ D0 为 1111 1111B 时，有：

$$\begin{aligned} I_{O1} &= I_7 + I_6 + I_5 + I_4 + I_3 + I_2 + I_1 + I_0 \\ &= (I/2^8) \times (2^7 + 2^6 + 2^5 + 2^4 + 2^3 + 2^2 + 2^1 + 2^0) \\ I_{O2} &= 0 \end{aligned}$$

若 $R_{fb} = R$，则

$$\begin{aligned} V_O &= -I_{O1} \times R_{fb} \\ &= -I_{O1} \times R \\ &= -[(V_{REF}/R)/2^8] \times (2^7 + 2^6 + 2^5 + 2^4 + 2^3 + 2^2 + 2^1 + 2^0) \times R \\ &= -V_{REF}/2^8 \times (2^7 + 2^6 + 2^5 + 2^4 + 2^3 + 2^2 + 2^1 + 2^0) \end{aligned}$$

2. D/A 转换器的性能参数

1）分辨率

分辨率是指输入数字量的最低有效位（LSB）发生变化时，所对应的输出模拟量（电压或电流）的变化量，它反映了输出模拟量的最小变化值。

分辨率与输入数字量的位数有确定的关系，可以表示成 $FS/2^n$。FS 表示满量程输入值，n 为二进制位数。对于 5 V 的满量程，采用 8 位的 DAC 时，分辨率为 5 V/2^8 = 5 V/256 =

19.53 mA；当采用12位的DAC时，分辨率则为$5V/2^{12}=5\ V/4\ 096=1.22\ mV$。显然，位数越多分辨率就越高。

2）线性度

线性度（也称非线性误差）是实际转换特性曲线与理想直线特性之间的最大偏差。常以相对于满量程的百分数表示，如±1%是指实际输出值与理论值之差在满刻度的±1%以内。

3）绝对精度和相对精度

绝对精度（简称精度）是指在整个刻度范围内，任一输入数码所对应的模拟量实际输出值与理论值之间的最大误差。绝对精度是由DAC的增益误差（当输入数码为全1时，实际输出值与理想输出值之差），零点误差（数码输入为全0时，DAC的非零输出值），非线性误差和噪声等引起的。绝对精度（即最大误差）应小于1个LSB。

相对精度与绝对精度表示同一含义，用最大误差相对于满刻度的百分比表示。

4）建立时间

建立时间是指输入的数字量发生满刻度变化时，输出模拟信号达到满刻度值的±1/2LSB所需的时间，是描述D/A转换速率的一个动态指标。

电流输出型DAC的建立时间短。电压输出型DAC的建立时间主要取决于运算放大器的响应时间。根据建立时间的长短，可以将DAC分成超高速（<1 μs）、高速（10~1 μs）、中速（100~10 μs）、低速（≥100 μs）几挡。

3. DAC0832芯片及其与单片机接口

1）DAC0832芯片介绍

DAC0832是使用非常普遍的8位D/A转换器，由于其片内有输入数据寄存器，故可以直接与单片机接口。DAC0832以电流形式输出，当需要转换为电压输出时，可外接运算放大器。属于该系列的芯片还有DAC0830、DAC0831，它们可以相互代换。DAC0832的主要特性：

（1）分辨率8位；

（2）电流建立时间1μs；

（3）数据输入可采用双缓冲、单缓冲或直通方式；

（4）输出电流线性度可在满量程下调节；

（5）逻辑电平输入与TTL电平兼容；

（6）单一电源供电（+5~+15 V）；

（7）低功耗，20 mW。

2）DAC0832的内部结构

图5-2所示为DAC0832的内部结构。

3）管脚说明

$\overline{CS}$：片选信号输入线，低电平有效，和允许锁存信号ILE组合来决定$\overline{WR1}$是否起作用。

ILE——允许锁存信号，输入高电平有效。

$\overline{WR1}$：写信号1，输入低电平有效，为输入寄存器的写选通信号。

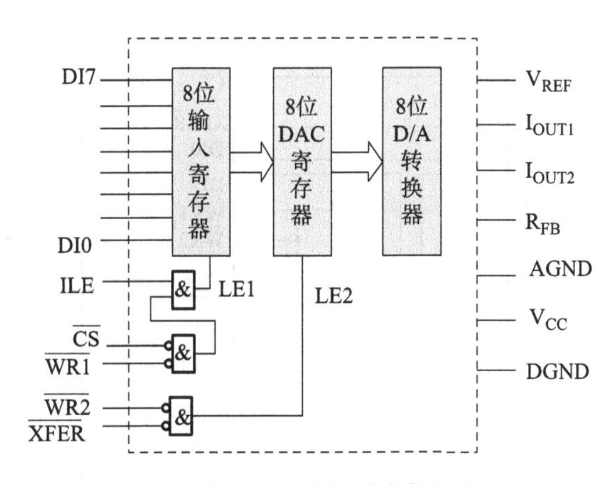

图 5－2　DAC0832 的内部结构

$\overline{WR2}$：写信号 2，输入低电平有效。当其有效时，在传送控制信号$\overline{XFER}$的作用下，可将锁存在输入锁存器的数据送到 DAC 寄存器。

$\overline{XFER}$：数据传送控制信号输入线，低电平有效。

V_{REF}：基准电压输入线（－10V～＋10V）。

DI7～DI0——8 位数据输入端。

I_{OUT1}、I_{OUT2}：电流输出线。当输入全为 1 时 I_{OUT1} 最大。I_{OUT1}、I_{OUT2} 之和为一常数。

R_{FB}：反馈信号输入线，芯片内部有反馈电阻。

V_{CC}：电源输入线（＋5V～＋15V）。

AGND：模拟地，模拟信号和基准电源的参考地。

DGND：数字地，两种地线在基准电源处共地比较好。

4. DAC0832 工作方式

1）单缓冲工作方式

此方式适用于只有一路模拟量输出，或有几路模拟量输出但并不要求同步的系统。

图 5－3 所示为 DAC0832 单缓冲模式与单片机的连接电路。

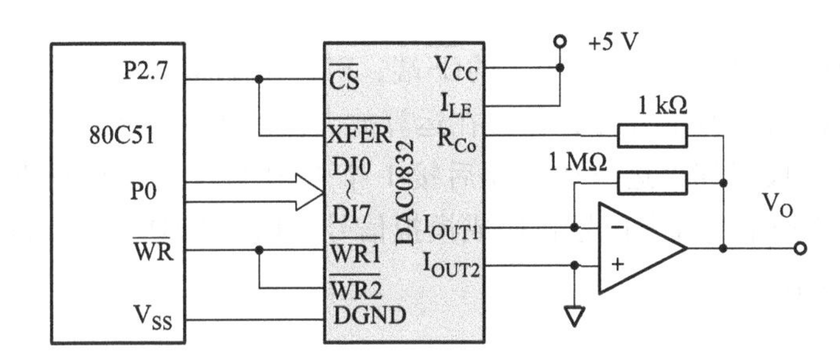

图 5－3　DAC0832 单缓冲模式与单片机的连接电路

2）双缓冲工作方式

多路 D/A 转换输出，如果要求同步进行，就应该采用双缓冲器同步方式。

图 5－4 所示为 DAC0832 双缓冲模式与单片机的连接电路。

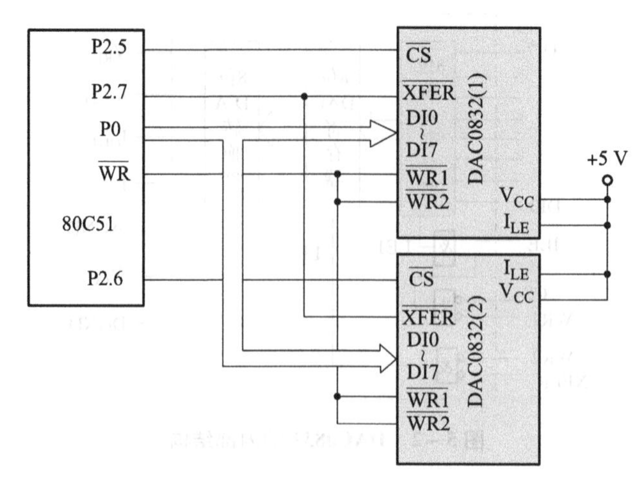

图 5－4　DAC0832 双缓冲模式与单片机的连接电路

3）直通工作方式

当 DAC0832 芯片的片选信号、写信号及传送控制信号的引脚全部接地，允许输入锁存信号 ILE 引脚接 +5 V 时，DAC0832 芯片就处于直通工作方式，数字量一旦输入，就直接进入 DAC 寄存器，进行 D/A 转换。

5.1.2　任务要求与工作计划

车灯亮度调节任务要求：用 DAC0832 控制 LED 灯亮灭变化模拟车灯亮度调节。

工作计划：首先分析任务，进行硬件电路设计，再进行软件程序编写，经编译调试后，对 LED 灯亮度调节进行仿真演示。

5.1.3　硬件电路设计

该电路单片机的 P2.6 口接 DAC0832 的 $\overline{CS}$ 端，P2.7 口接 $\overline{WR1}$ 端，采用运算放大器接成电压跟随器的形式控制 LED 的亮度，而且在运算放大器的正向输入端接一个保持电容，使输入电压能够保持一段时间，运算放大器后接 1 个 LED 灯。这里重点讲解数模转换芯片 DAC0832，将单片机输出的数字信号转换成模拟信号，控制 LED 灯亮度渐亮渐灭。其电路原理图如图 5－5 所示。

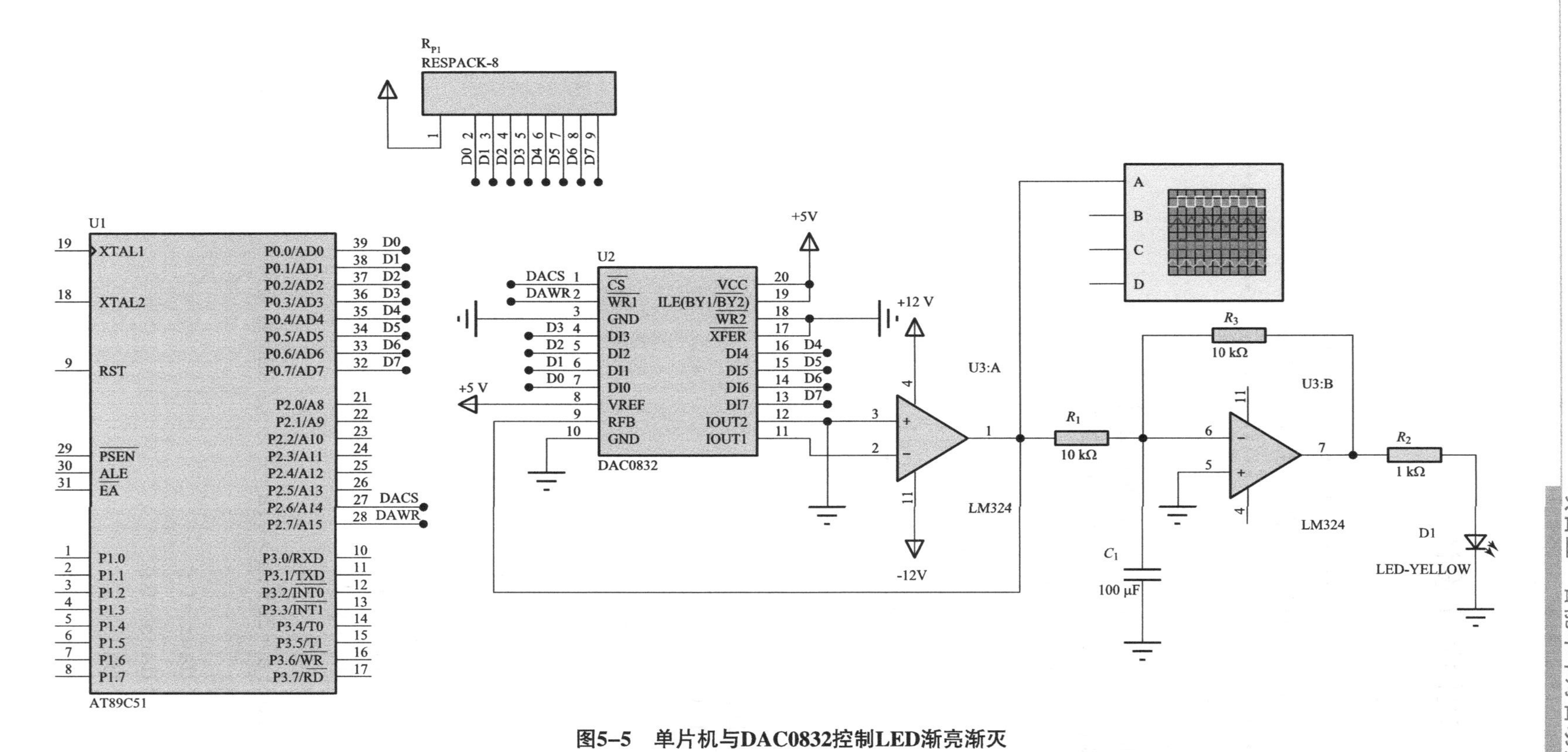

图5-5　单片机与DAC0832控制LED渐亮渐灭

5.1.4 软件程序设计

参考程序如下：

```
/************************************************************
智能车车灯亮度由亮到暗变化,再由暗到亮变化。
************************************************************ /
#include <REGX52.H>
#define DB P0
sbit dacs = P2^6;     //DAC0832 片选信号端
sbit dawr = P2^7;     //DAC0832 写信号端
void delay(unsigned int z)
{
    unsigned int x,y;
    for(x =0;x <200;x ++)
        for(y =0;y <z;y ++);
}
void main()
{
    unsigned char a =0;
    while(1)
    {
        for(a =0;a <255;a ++)      //LED 灯渐亮
        {
            dawr =0;
            dacs =0;
            DB   =a;
            dawr =1;
            dacs =1;
            delay(1);
        }
        for(a =255;a >0;a --)   //LED 灯渐灭
        {
            dawr =0;
            dacs =0;
            DB   =a;
            dawr =1;
            dacs =1;
```

```
            delay(1);
        }
    }
}
```

5.1.5 调试与仿真运行

运行 Keil μVision4 软件，新建一个工程文件 DAC0832_ LED. uvproj，输入并编辑源程序文件 DAC0832_ LED. c，并且编译生成 DAC0832_ LED. hex 文件。

本系统采用 DAC0832 的单缓冲工作方式，当 LED 灯通过三角波电压时，灯从灭到亮再从亮到灭变化。车灯亮度调节仿真结果如图 5 -6 所示。

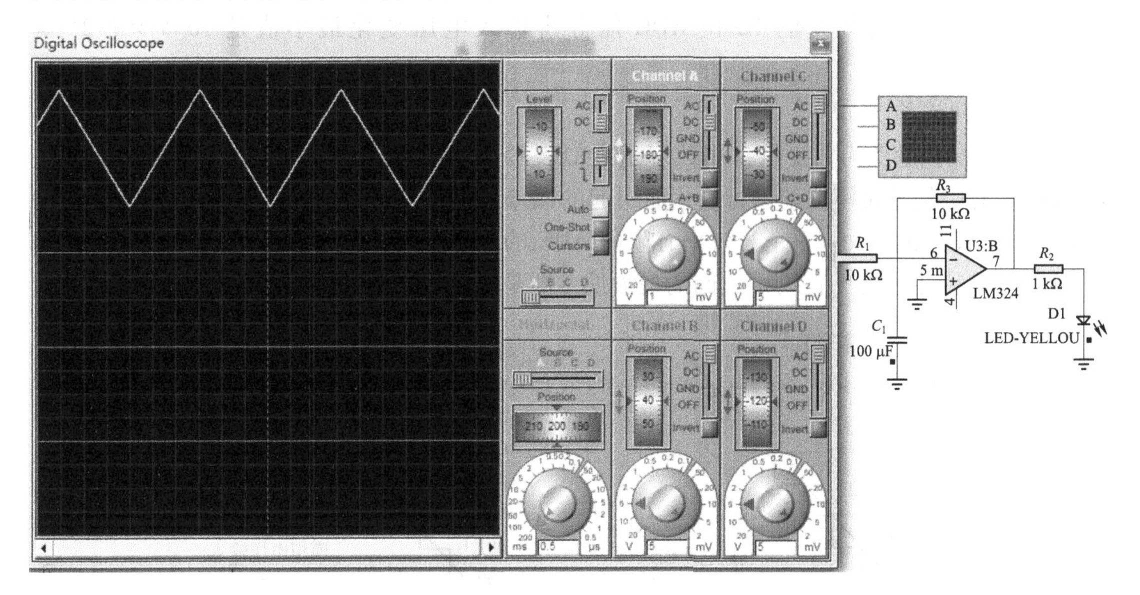

图 5 -6　车灯亮度调节仿真结果

任务 5.2　智能车对环境亮度的自动采集与显示

5.2.1 认识 ADC0832

1. 逐次逼近式 ADC 的转换原理

图 5 -7 所示为 ADC0832 的内部结构。

A/D 转换器的主要技术指标：

(1) 分辨率。

ADC 的分辨率是指使输出数字量变化一个相邻数码所需输入模拟电压的变化量，常

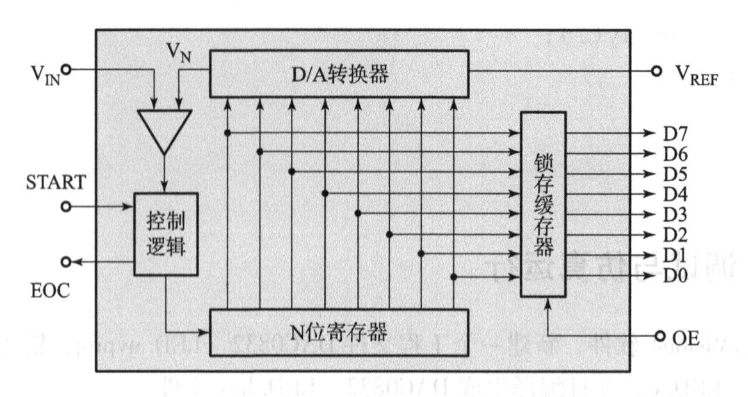

图 5-7　ADC0832 的内部结构

用二进制的位数表示。例如 12 位 ADC 的分辨率就是 12 位，或者说分辨率为满刻度 *FS* 的 $1/2^{12}$。一个 10 V 满刻度的 12 位 ADC 能分辨输入电压变化最小值是 $10\ V \times 1/2^{12} = 2.4\ mV$。

（2）量化误差。

ADC 把模拟量变为数字量，用数字量近似表示模拟量，这个过程称为量化。量化误差是 ADC 的有限位数对模拟量进行量化而引起的误差。实际上，要准确表示模拟量，ADC 的位数需很大甚至无穷大。一个分辨率有限的 ADC 的阶梯状转换特性曲线与具有无限分辨率的 ADC 转换特性曲线（直线）之间的最大偏差即是量化误差，如图 5-8 所示。

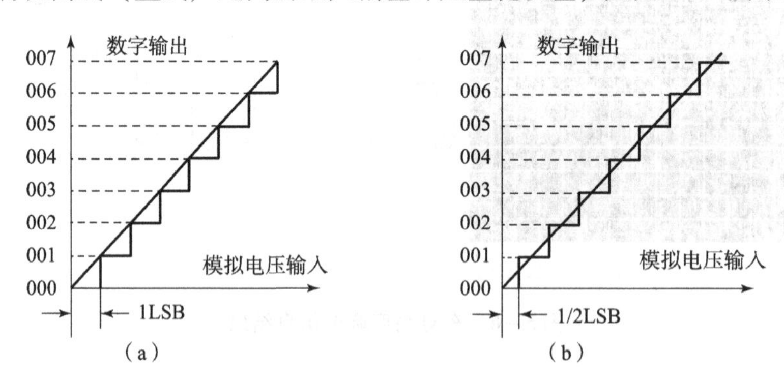

图 5-8　ADC0832 量化误差

（3）偏移误差。

偏移误差是指输入信号为零时，输出信号不为零的值，所以有时又称为零值误差。假定 ADC 没有非线性误差，则其转换特性曲线各阶梯中点的连线必定是直线，这条直线与横轴相交点所对应的输入电压值就是偏移误差。

（4）满刻度误差。

满刻度误差又称为增益误差。ADC 的满刻度误差是指满刻度输出数码所对应的实际输入电压与理想输入电压之差。

（5）线性度。

线性度有时又称为非线性度，它是指转换器实际的转换特性与理想直线的最大偏差。

（6）绝对精度。

在一个转换器中，任何数码所对应的实际模拟量输入与理论模拟量输入之差的最大值，称为绝对精度。对于 ADC 而言，可以在每一个阶梯的水平中点进行测量，它包括了所有的误差。

（7）转换速率。

ADC 的转换速率是能够重复进行数据转换的速度，即每秒转换的次数。而完成一次 A/D 转换所需的时间（包括稳定时间），则是转换速率的倒数。

2. ADC0808/0809 芯片及其与单片机接口

1）ADC0809 芯片介绍

ADC0809 芯片是使用非常普遍的 8 位 A/D（模/数）转换器，由于其片内有输入数据寄存器，故可以直接与单片机接口相连，其引脚排列如图 5－9 所示。ADC0809 以电流形式输出，当需要转换为电压输出时，可外接运算放大器。属于该系列的芯片还有 ADC0830、ADC0831，它们可以相互代换。

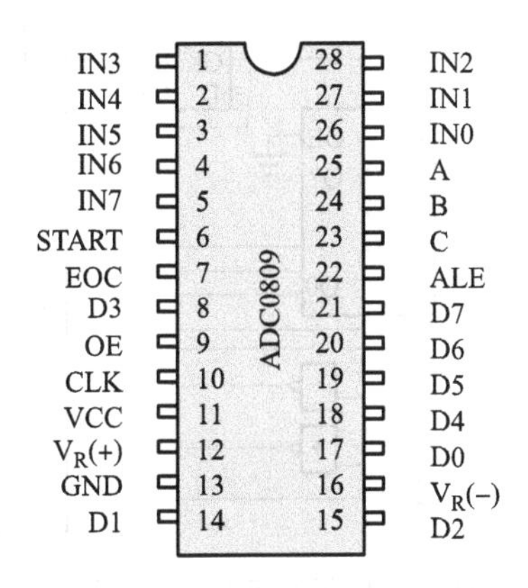

图 5－9　ADC0809 芯片的引脚排列

ADC0809 的主要特性：

（1）分辨率为 8 位；

（2）精度：ADC0809 小于 ±1LSB（ADC0808 小于 ±1/2LSB）；

（3）单 +5 V 供电，模拟输入电压范围为 0 ~ +5 V；

（4）具有锁存控制的 8 路输入模拟开关；

（5）可锁存三态输出，输出与 TTL 电平兼容；

（6）功耗为 15 mW；

（7）不必进行零点和满度调整；

（8）转换速度取决于芯片外接的时钟频率。时钟频率范围：10 ~ 1 280 kHz。典型值为时钟频率 640 kHz，转换时间约为 100 μs。

2）管脚功能

（1）IN0 ~ IN7，8 路模拟量输入端。

（2）D7 ~ D0，8 位数字量输出端。

（3）ALE，地址锁存允许信号输入端。通常向此引脚输入一个正脉冲时，可将三位地址选择信号 A、B、C 锁存于地址寄存器内并进行译码，选通相应的模拟输入通道。

（4）START，启动 A/D 转换控制信号输入端。一般向此引脚输入一个正脉冲，上升沿复位内部逐次逼近寄存器，下降沿后开始 A/D 转换。

（5）CLK，时钟信号输入端。

（6）EOC，转换结束信号输出端。A/D 转换期间 EOC 为低电平，A/D 转换结束后 EOC 为高电平。

（7）OE，输出允许控制端，控制输出锁存器的三态门。当 OE 为高电平时，转换结果数据出现在 D7～D0 引脚。当 OE 为低电平时，D7～D0 引脚对外呈高阻状态。

（8）A、B、C，8 路模拟开关的地址选通信号输入端，3 个输入端的信号为 000～111 时，接通 IN0～IN7 对应通道。

（9）$V_R(+)$、$V_R(-)$：分别为基准电源的正、负输入端。

3）ADC0809 工作方式（查询方式）

ADC0809 与单片机的连接方式如图 5－10 所示。

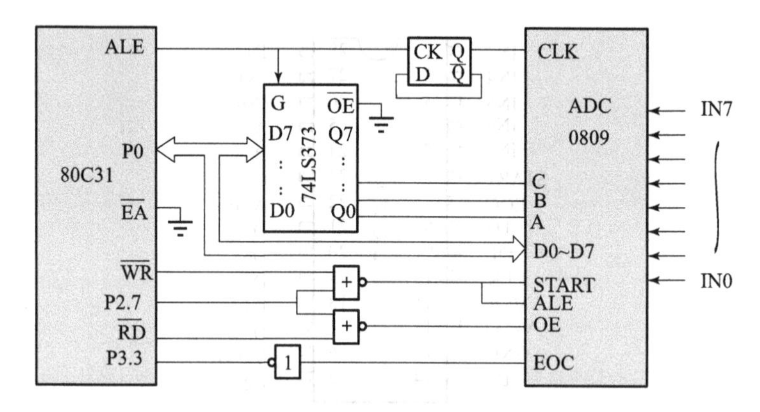

图 5－10　ADC0809 与单片机的连接方式

5.2.2　光敏电阻器的应用

光敏电阻器是利用半导体的光电导效应制成的一种电阻值随入射光的强弱而改变的电阻器，又称为光电导探测器；入射光强，电阻减小，入射光弱，电阻增大。还有另一种入射光弱，电阻减小，入射光强，电阻增大。

光敏电阻器一般用于光的测量、光的控制和光电转换（将光的变化转换为电的变化）。常用的光敏电阻器为硫化镉光敏电阻器，它是由半导体材料制成的。光敏电阻器对光的敏感性（即光谱特性）与人眼对可见光（0.4～0.76）μm 的响应很接近，只要人眼可感受的光，都会引起它的阻值变化。设计光控电路时，都用白炽灯泡（小电珠）光线或自然光线作控制光源，使设计大为简化。图 5－11 所示为光敏电阻器的仿真电路图。

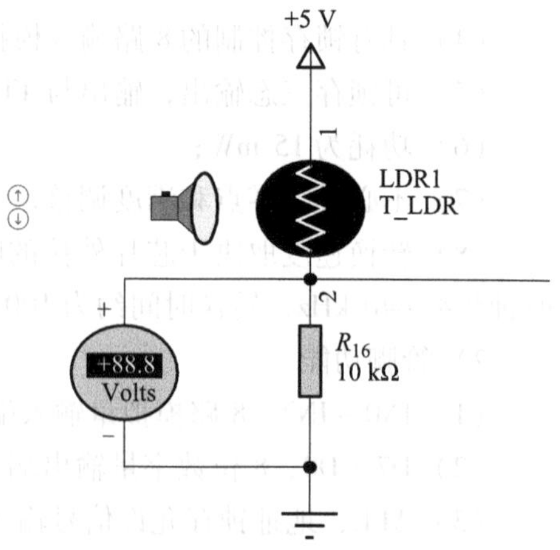

图 5－11　光敏电阻器的仿真电路图

5.2.3　任务要求及工作计划

智能车对环境亮度的自动采集与显示任务要求：通过光敏电阻器采集环境亮度，转换成电压信号，ADC0809 采集此电压信号并且传送给单片机，用数码管进行电压显示。

工作计划：首先分析任务，进行硬件电路设计，再进行软件程序编写，经编译调试后，对自动采集与显示任务进行仿真演示。

5.2.4　硬件电路设计

该电路单片机的 P2.0 口接 ADC0809 的 START 端，P2.1 口接 OE 端，P2.2 口接 EOC 端，P2.3～P2.5 口接 ADDA、ADDB、ADDC，P2.6 口接 ALE，P2.7 口接 CLOCK，P3 口接 ADC0809 的输出 OUT8～OUT1。单片机的 P1.6 口接 74HC373（1）的 LE 端，P1.7 口接 74HC373（2）的 LE 端，以控制数码管显示。这里重点讲解模数转换芯片 ADC0809，ADC0809 采集外界光信号送给单片机，通过数码管显示光信号转换成的电压值。其电路图如图 5－12 所示。

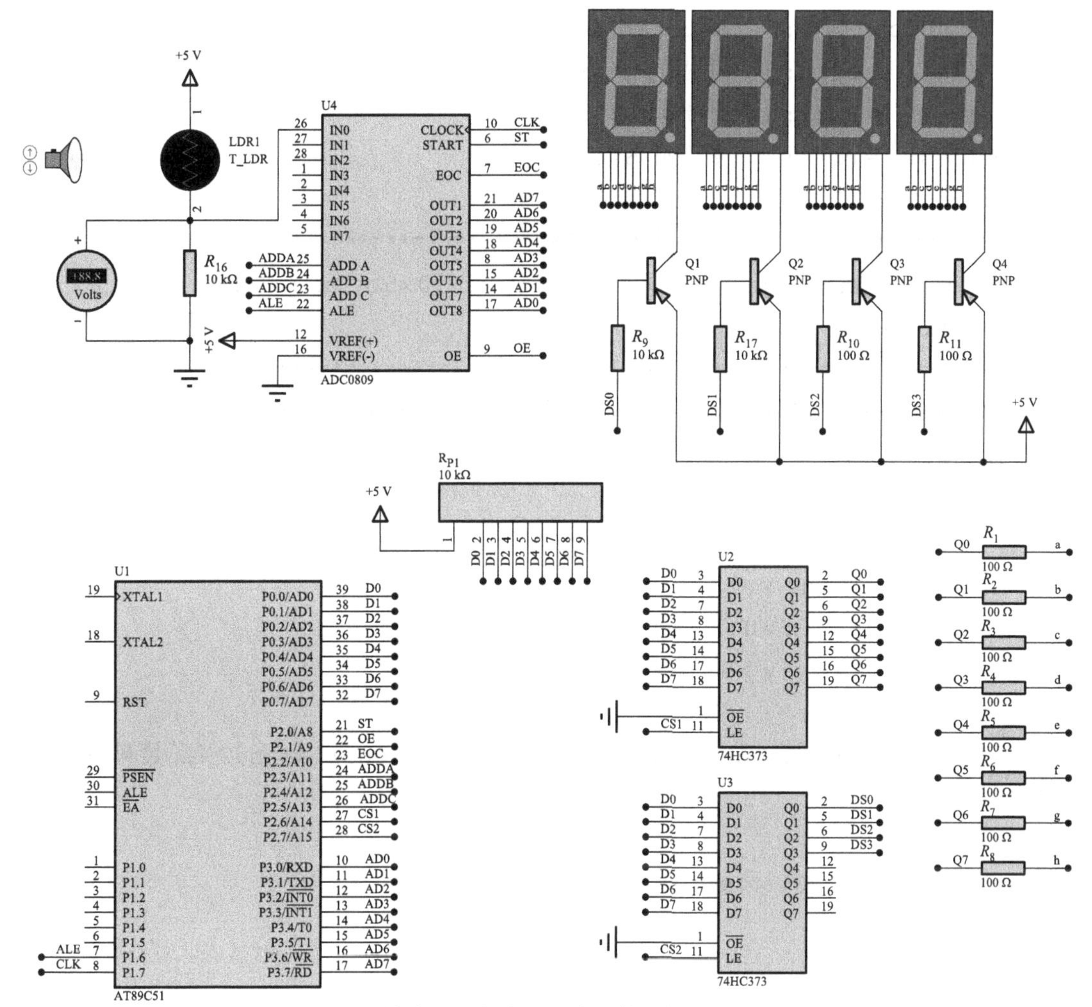

图 5－12　单片机采集外界光信号并进行显示的电路图

5.2.5 软件程序设计

参考程序如下：

```
/*************************************************************
   智能车自动采集环境的亮度信息并进行显示。
*************************************************************/
   #include <REGX52.H>
   #define DB P0
   sbit st   =P2^0;   //ADC0809 的启动信号
   sbit oe   =P2^1;   //ADC0809 的输出使能信号
   sbit eoc  =P2^2;   //ADC0809 的转换状态端
   sbit adda =P2^3;   //adda、addb、addc 通道选择
   sbit addb =P2^4;   //adda、addb、addc 通道选择
   sbit addc =P2^5;   //adda、addb、addc 通道选择
   sbit ale  =P2^6;   //通道地址锁存
   sbit clk  =P2^7;   //外部时钟信号输入端
   sbit cs1  =P1^6;   //数码管的段选信号
   sbit cs2  =P1^7;   //数码管的位选信号
   /********************** 不带小数点********************** /
   unsigned char code tab[ ] = {0x3f,0x06,0x5b,0x4f,0x66,0x6d,0x7d,
0x07,0x7f,0x6f};
   /********************** 带小数点********************** /
   unsigned char code tabq[ ] = {0xbf,0x86,0xdb,0xcf,0xe6,0xed,0xfd,
0x87,0xff,0xef};
   void delay(unsigned int z)
   {
      unsigned int x,y;
      for(x=100;x>0;x--)
         for(y=z;y>0;y--);
   }
   void dis_seg(unsigned char wei,unsigned char duan)   //数码管显示
函数
   {
      DB  =~(0x01<<wei);     //位选信号
      cs2=1;
      cs2=0;
      DB  =~tab[duan];    //段选信号
```

```
    cs1 =1;
    cs1 =0;
    delay(1);
}
void timer0_init()      //定时/计数器0初始化程序
{
    TMOD =0X02;         //定时/计数器0工作方式2
    TH0   =50;
    Tl0 =50;
    TR0   =1;          //启动定时器0
}
void ini_init()     //中断初始化函数
{
    EA   =1;           //开总中断
    ET0 =1;            //开定时器0中断
}
void seg4(unsigned int num)
{
    DB   =0xfe;     //整数位有小数点单独显示
    cs2 =1;
    cs2 =0;
    DB   = ~tabq[num/1000];
    cs1 =1;
    cs1 =0;
    delay(1);
    dis_seg(1,num % 1000/100);
    dis_seg(2,num % 100/10);
    dis_seg(3,num % 10);
}
unsigned int adc0809(unsigned char chl)      //有返回值的子函数
{
    unsigned int temp;
    unsigned char valu;
    oe   =0;            //不允许输出
    ale =0;             //地址锁存
    st   =0;
```

```
    switch(chl)     // 设置 ADD C/B/A 地址,选择通道
    {
        case 0:addc =0;addb =0;adda =0;break;
        case 1:addc =0;addb =0;adda =1;break;
        ase 2:addc =0;addb =1;adda =0;break;
        case 3:addc =0;addb =1;adda =1;break;
        case 4:addc =1;addb =0;adda =0;break;
        case 5:addc =1;addb =0;adda =1;break;
        case 6:addc =1;addb =1;adda =0;break;
        case 7:addc =1;addb =1;adda =1;break;
    }
    ale =1;     //地址锁存信号产生一正脉冲,通道地址锁存
    st  =1;     //启动信号产生一正脉冲
    ale =0;
    st  =0;
    while(eoc ==0);  //等待 A/D 转换结束
    oe  =1;  //转换数据允许输出
    valu =P3; //读取 A/D 转换信号
    oe  =0;  //关闭输出使能信号
    temp =valu* 1.0* 5/255* 1000;  //将读取的数据转换成电压值
    return temp;     //返回值
}
void main()
{
    timer0_init();  //调用定时/计数器 0 初始化子函数
    ini_init();     //调用中断初始化子函数
    while(1)
    {
        seg4(adc0809(0));
    }
}
void timer0()interrupt 1  //时钟取反
{
    clk = ~clk;
}
```

5.2.6 调试与仿真运行

运行 Keil μVision4 软件，新建一个工程文件 ADC0809. uvproj，输入并编辑源程序文件 ADC0809. c，并且编译生成 ADC0809. hex 文件，仿真运行结果如图 5 - 13 和图 5 - 14 所示。

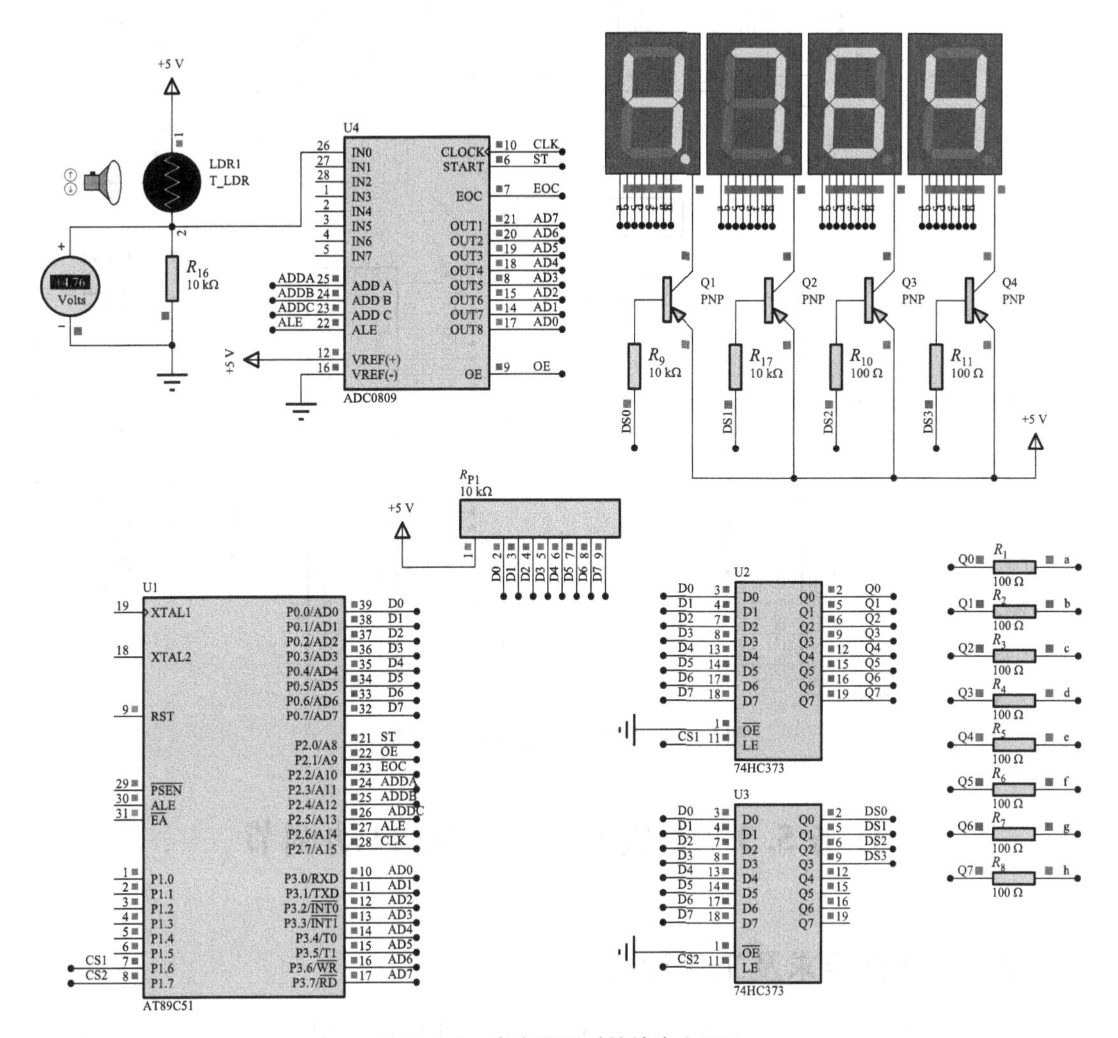

图 5 - 13 当光照强时的输出电压值

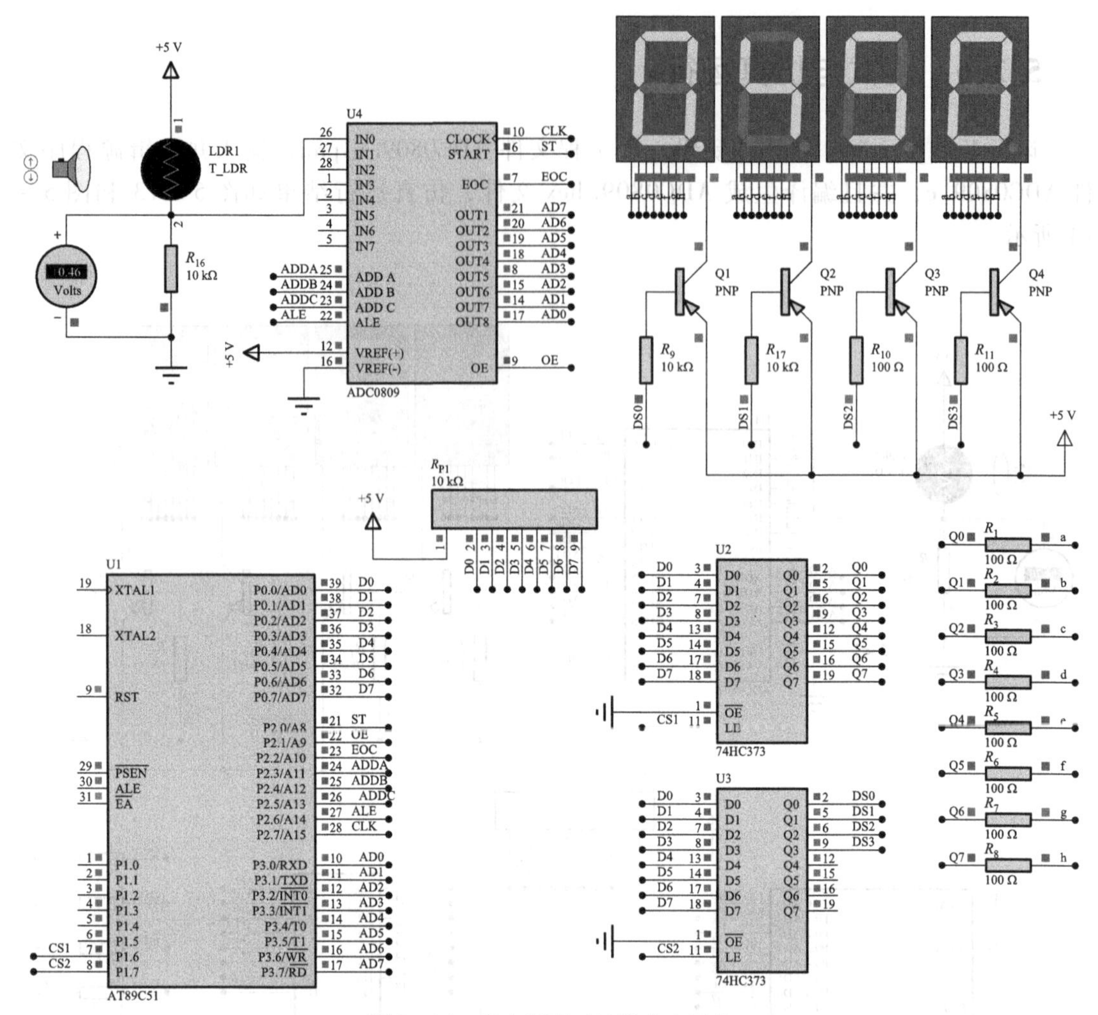

图 5-14　当光照弱时的输出电压值

任务 5.3　智能车车灯亮度自动调节

5.3.1　任务要求及工作计划

智能车车灯亮度自动调节任务要求：通过光敏电阻器采集环境亮度转换成电压信号，ADC0809 采集此电压信号并且传送给单片机，单片机控制 DAC0832 实现对 LED 亮度的自动调节。环境越亮，LED 灯越暗，环境越暗，LED 灯越亮。

工作计划：首先分析任务，进行硬件电路设计，再进行软件程序编写，经编译调试后，对智能车车灯亮度自动调节任务进行仿真演示。

5.3.2　硬件电路设计

车灯自动调节仿真电路如图 5-15 所示。通过 ADC0809 采集外界光信号，将其转换成

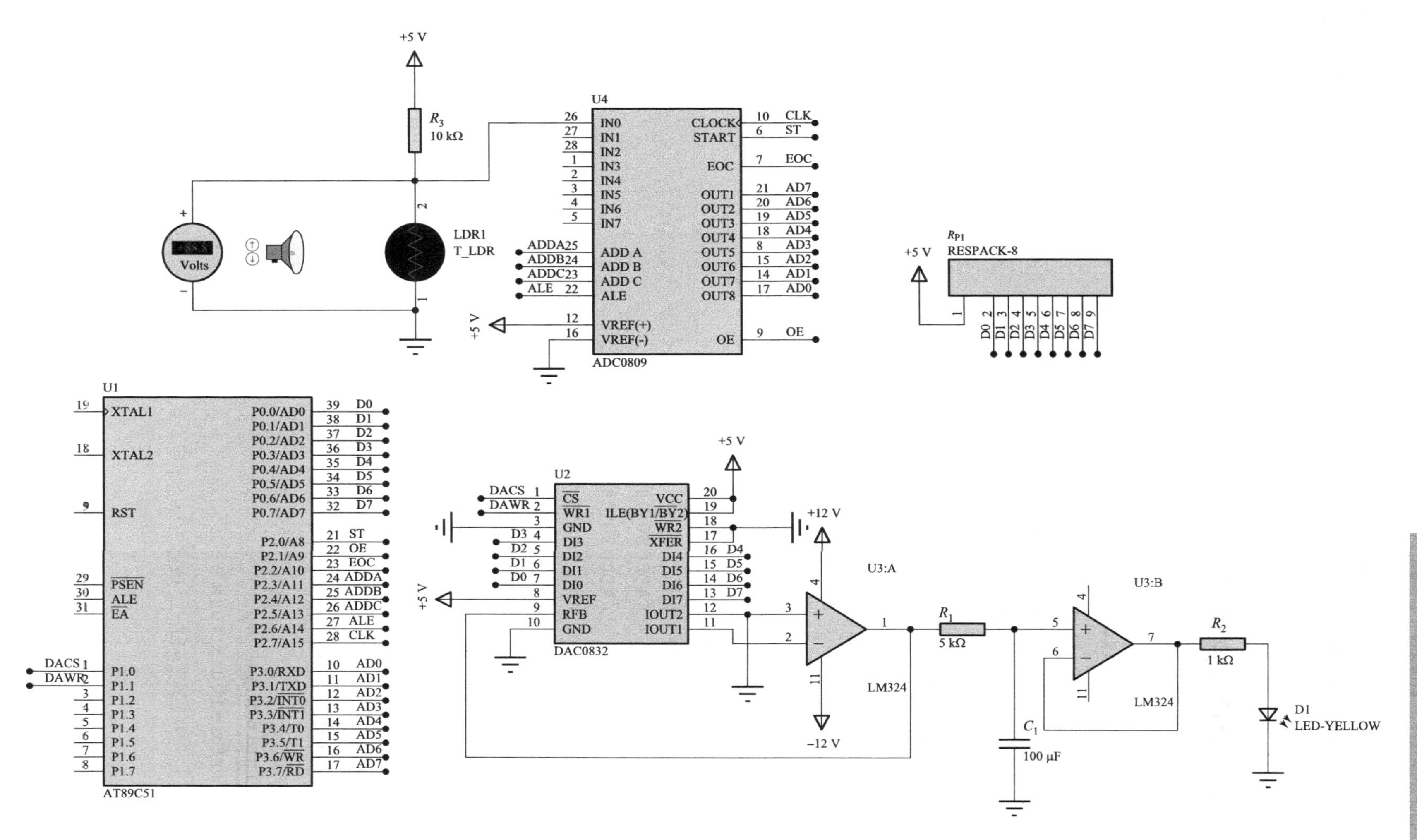

图5-15　车灯自动调节仿真电路

数字信号送给单片机，单片机通过数模转换芯片DAC0832将此数字信号转换成模拟量电压值输出控制LED灯，当环境变亮时，LED灯变暗；当环境变暗时，LED灯变亮，从而实现车灯的自动控制。

5.3.3 软件程序设计

参考程序如下：

```
/*************************************************
智能车照明用车灯,根据环境亮度变化自动改变亮度。
************************************************ /
#include <REGX52.H>
#define DA_DB P0
#define AD_DB P3
typedef unsigned char uint8;
typedef unsigned int uint16;

//DA0832 与单片机接口
sbit dacs = P1^0;
sbit dawr = P1^1;
//AD0808 与单片机接口
sbit st   = P2^0;  //ADC0809 的启动信号
sbit oe   = P2^1;  //ADC0809 的输出使能信号
sbit eoc = P2^2;   //ADC0809 的转换状态端
sbit adda = P2^3;  //adda、addb、addc 通道选择
sbit addb = P2^4;  //adda、addb、addc 通道选择
sbit addc = P2^5;  //adda、addb、addc 通道选择
sbit ale = P2^6;   //通道地址锁存
sbit clk = P2^7;   //外部时钟信号输入端

void delay(uint16 z)
{
    uint16 x,y;
    for(x =100;x >0;x --)
        for(y = z;y >0;y --);
}

uint8 adc0808(uint8 chl)
{
```

```
    uint8 valu;
    oe  =0;
     ale =0;
    st  =0;
    switch(chl)
    {
        case 0:addc =0;addb =0;adda =0;break;
        case 1:addc =0;addb =0;adda =1;break;
        case 2:addc =0;addb =1;adda =0;break;
        case 3:addc =0;addb =1;adda =1;break;
        case 4:addc =1;addb =0;adda =0;break;
        case 5:addc =1;addb =0;adda =1;break;
        case 6:addc =1;addb =1;adda =0;break;
        case 7:addc =1;addb =1;adda =1;break;
    }
    ale =1;
    st  =1;
    ale =0;
    st  =0;
    while(eoc ==0);
    oe  =1;
    AD_DB =0xff;
    valu =AD_DB;
    oe  =0;
    return valu;
}
void timer0_init()     //定时/计数器 0 初始化程序
{
    TMOD =0X02;            //定时/计数器 0 工作方式 2
    TH0  =50;
    TL0  =50;
    TR0  =1;              //启动定时器 0
}
void ini_init()        //中断初始化函数
{
    EA  =1;              //开总中断
    ET0 =1;              //开定时器 0 中断
}
```

```
void main()
{
    timer0_init();
    ini_init();
    while(1)
    {
        dacs =0;
      dawr =0;
      DA_DB =adc0808(0);
      dacs =1;
      dawr =1;
      delay(1);
    }
}
void timer0()interrupt 1
{
    clk = ~clk;
}
```

5.3.4 调试及仿真运行

运行 Keil μVision4 软件，新建一个工程文件 car_ lamp_ adj. uvproj，输入并编辑源程序文件 car_ lamp_ adj. c，并且编译生成 car_ lamp_ adj. hex 文件。仿真运行结果如图 5 – 16 和图 5 – 17 所示。

拓展训练

5 – 1　用 DAC0832 实现三角波、锯齿波、正弦波。

5 – 2　用 ADC0809 实现电压测量并进行显示。

课后习题

1. D/A 与 A/D 转换器有哪些主要技术指标？
2. 简述 D/A 转换器的三种工作方式。
3. 简述逐次逼近式 ADC 的转换原理。

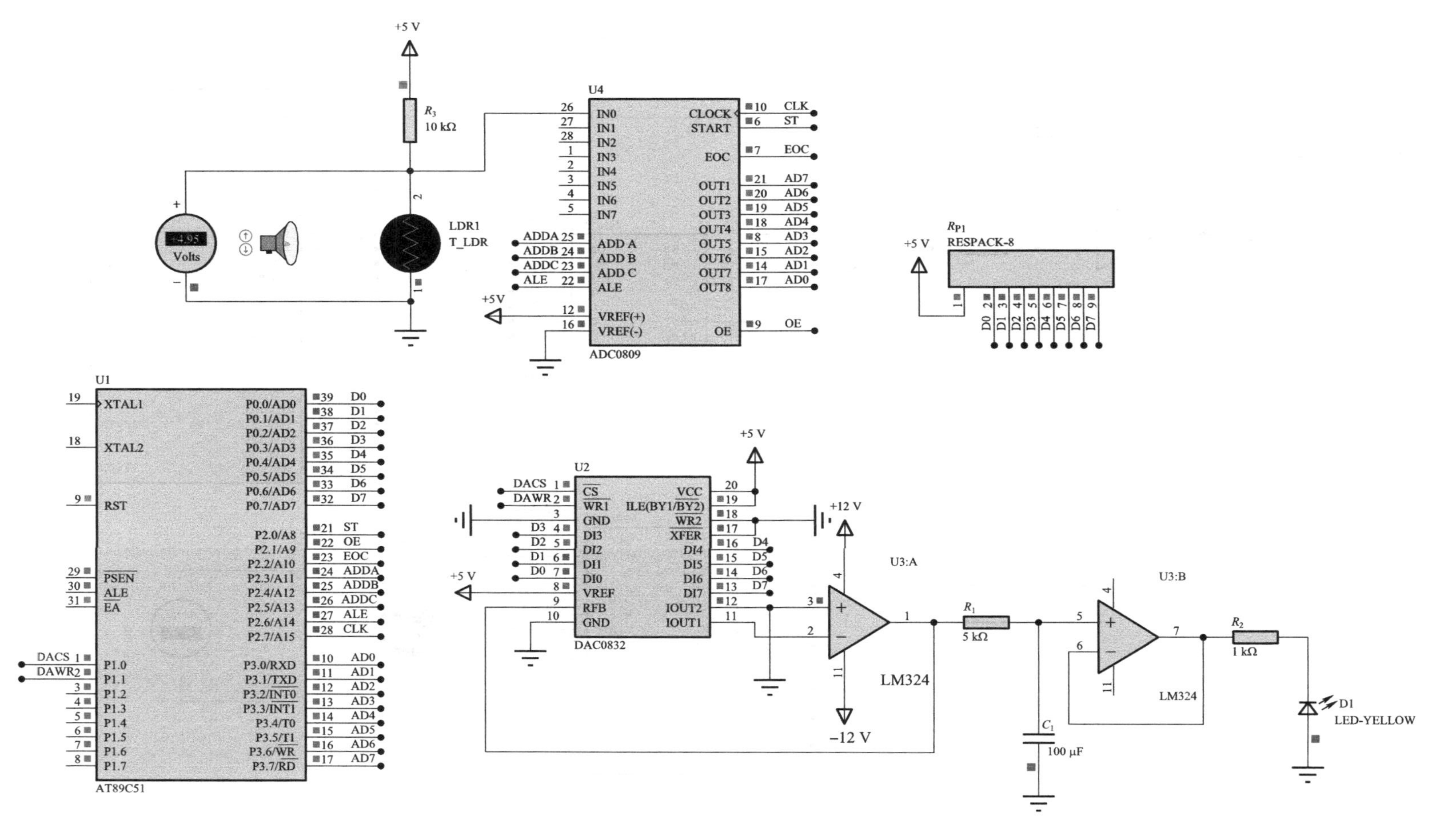

图5-16　当环境暗时LED灯最亮

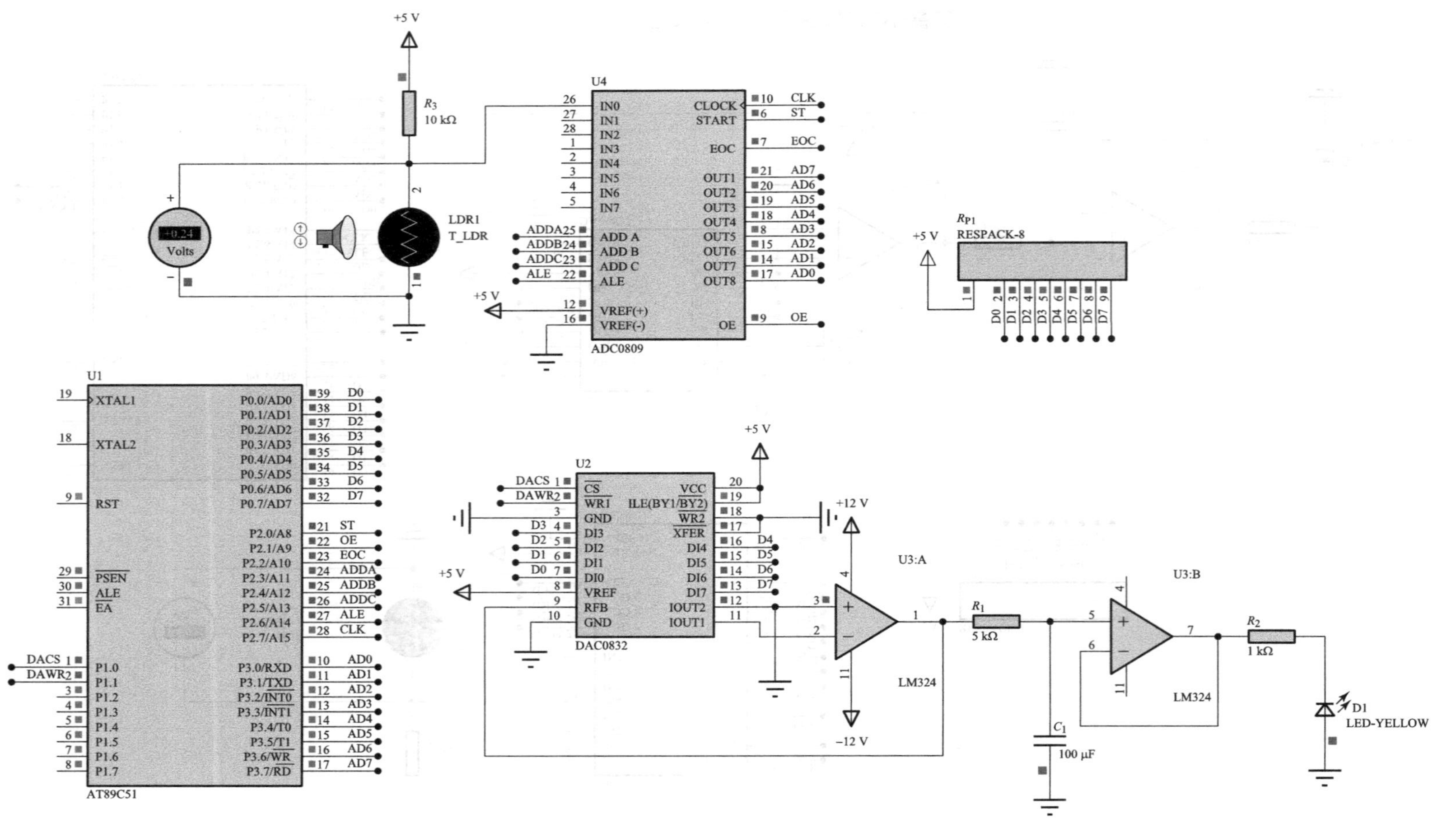

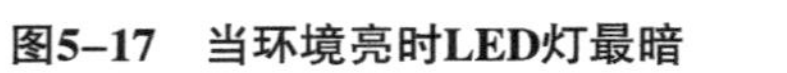
图5-17 当环境亮时LED灯最暗

项目六　智能车通信系统设计

学习情境任务描述

智能车通信是利用串行通信方式来完成。本学习情境的工作任务是采用单片机与单片机之间和PC机与单片机之间进行串行通信。单片机A通过串行口与单片机B进行串行通信，当A接的按键key1按下时，B连接的电动机正转，同时数码管显示为1；当A接的按键key2按下时，B连接的电动机反转，同时数码管显示为2；当A接的按键未按下，B连接的电动机停转，并且数码管显示0。PC机通过串行口与单片机进行串行通信，PC机发送1时，智能车前进，当PC机发送2时，智能车倒退。当PC机发送其他字符时，智能车停止。在搜集串行通信的相关资料的基础上，进行单片机与单片机和PC机与单片机的任务分析和计划制订、硬件电路和软件程序的设计，完成智能车通信系统设计的制作调试和运行演示，并完成工作任务的评价。

学习目标

(1) 掌握串行口通信原理；

(2) 掌握单片机串行通信方式；

(3) 能进行单片机与单片机之间通信的设计；

(4) 能进行PC机与单片机之间通信的设计；

(5) 能按照设计任务书的要求，完成智能车通信系统的设计调试与制作。

学习与工作内容

本学习情境要求根据任务书的要求，如表6-1所示，学习单片机串行通信方式的相关知识，学习单片机与单片机串行通信，学习PC机与单片机之间串行通信，查阅资料，制订工作方案和计划，完成智能车通信系统的设计与制作，需要完成以下工作任务：

(1) 学习单片机串行通信方式；

(2) 划分工作小组，以小组为单位完成单片机与单片机之间通信、PC机与单片机之间通信的任务；

(3) 根据任务书的要求，查阅收集相关资料，制订完成任务的方案和计划；

(4) 根据任务书的要求，整理出硬件电路图；

(5) 根据任务要求和电路图，整理出所需要的器件和工具仪器清单；

(6) 根据功能要求和硬件电路原理图，绘制程序流程图；

(7) 根据功能要求和程序流程图，编写软件程序并进行编译调试；

(8) 进行软硬件调试和仿真运行，电路的安装制作，演示汇报；

(9) 进行工作任务的学业评价，完成工作任务的设计制作报告。

表 6-1　智能车通信任务书

设计任务	采用单片机串行通信方式，设计智能车与智能车之间串行通信，设计 PC 机与智能车串行通信
功能要求	单片机与单片机之间串行通信，单片机 A 通过串行口控制单片机 B 连接的电动机正转和反转； PC 机与单片机之间通过串行通信，实现 PC 机控制单片机连接的电动机正转和反转
工具	1. 单片机开发和电路设计仿真软件：Keil μVision4 软件、Protues 软件； 2. PC 机及软件程序、万用表、电烙铁、装配工具
材料	元器件（套）、焊料、焊剂、焊锡丝

学业评价

本学习情境的学业根据工作任务的完成过程进行考核评价，注重学习和工作过程的考核评价，依据完成任务中实际的学习和工作过程分为 10 个评分项目，根据各项目主要完成主体的不同，分别对个人和小组进行考核评价，如表 6-2 所示。

表 6-2　考核评价表

项目名称	分值	第＿＿＿组			备注
		学生 1	学生 2	学生 3	
串行通信学习	5				
单片机串行口学习	10				
A 车控制 B 车前进与倒退硬件电路设计	10				
PC 机控制智能车前进与倒退硬件电路设计	5				
A 车控制 B 车前进与倒退软件程序设计	5				
PC 机控制智能车前进与倒退软件电路设计	15				
调试仿真	10				
安装制作	10				
设计制作报告	15				
团队及合作能力	15				

任务 6.1　A 车控制 B 车前进与倒退

6.1.1　认识串行通信与串行口

1. 串行通信

随着多微机系统的广泛应用和计算机网络技术的普及，计算机的通信功能越来越显得重要。计算机通信是指计算机与外部设备或计算机与计算机之间的信息交换。通信有并行通信和串行通信两种方式。在多微机系统以及现代测控系统中信息的交换多采用串行通信方式。

如果有 8 个人要通过一座小桥，他们可以采用两种方式通过这座桥：一种方式是 8 个人依次顺序过桥，即一个人跟着一个人过桥；另一种方式是 8 个人一起并排通过小桥。可以看出，第一种方式通过得慢，但对桥的宽度要求低，只要一个人能过就行；第二种方式通过的速度快，但对桥的宽度有要求，必须能同时通过 8 个人。这两种方式就好像是通信中的串行通信和并行通信一样，并行数据通信中，数据的各位同时传送，其优点是传递速度快；其缺点是数据有多少位，就需要多少根传送线。图 6－1 所示为并行通信的连接方法。

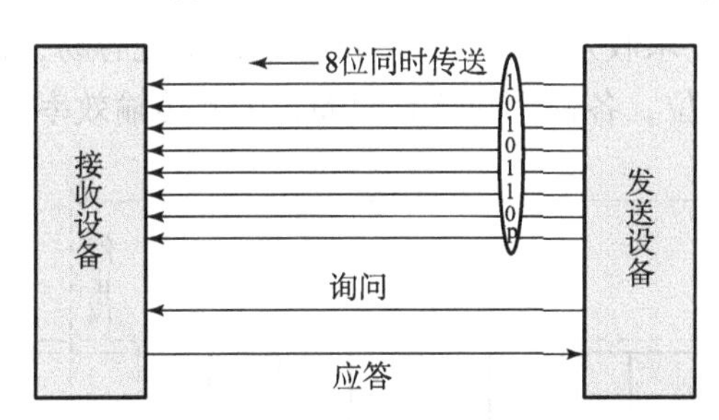

图 6－1　并行通信的连接方法

并行通信通常是将数据字节的各位用多条数据线同时进行传送。

并行通信控制简单、传输速度快；由于传输线较多，长距离传送时成本高且接收方的各位同时接收存在困难。

串行通信是将数据字节分成一位一位的形式在一条传输线上逐个地传送，如图 6－2 所示。

图 6－2　串行通信

串行通信的特点：传输线少，长距离传送时成本低且可以利用电话网等现成的设备，但数据的传送控制比并行通信复杂。

按照串行数据的时钟控制方式，串行通信分为异步通信和同步通信两类。

2. 异步通信与同步通信

1）异步通信概念

异步通信是指通信的发送与接收设备使用各自的时钟控制数据的发送和接收过程。为使双方的收发协调，要求发送和接收设备的时钟尽可能一致。异步通信如图 6－3 所示。

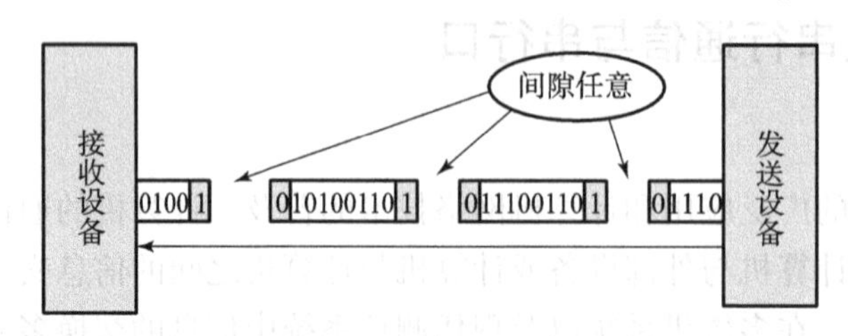

图 6－3　异步通信

异步通信是以字符（构成的帧）为单位进行传输，字符与字符之间的间隙（时间间隔）是任意的，但每个字符中的各位是以固定的时间传送的，即字符之间是异步的（字符之间不一定有“位间隔”的整数倍关系），但同一字符内的各位是同步的（各位之间的距离均为“位间隔”的整数倍）。

2）异步通信数据格式

异步通信的特点：不要求收发双方时钟严格一致，实现容易，设备开销较小，但每个字符要附加 2～3 位用于起止位，各帧之间还有间隔，因此传输效率不高，如图 6－4 所示。

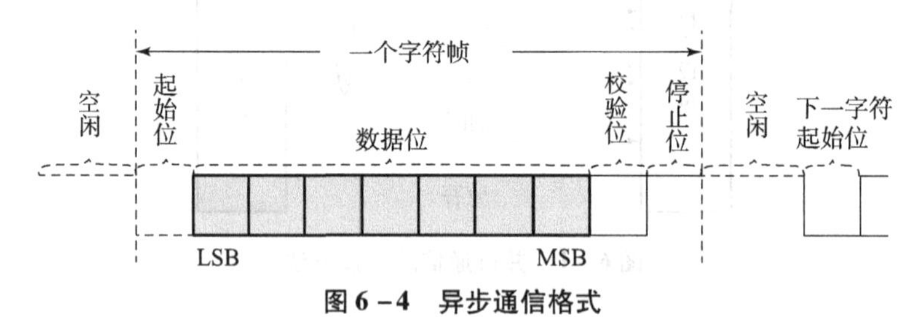

图 6－4　异步通信格式

3）同步通信

同步通信时要建立发送方时钟对接收方时钟的直接控制，使双方达到完全同步。此时，传输数据的位之间的距离均为“位间隔”的整数倍，同时传送的字符间不留间隙，既保持位同步关系，也保持字符同步关系。发送方对接收方的同步可以通过外同步和自同步两种方法实现，如图 6－5 所示。

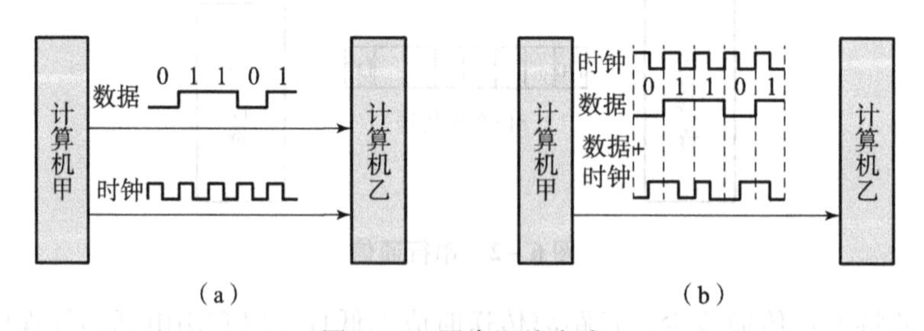

图 6－5　同步通信方式

（a）外同步；（b）自同步

在同步传输时，要求用时钟来实现发送端与接收端之间的同步。为了保证接收无误，发送方除了传送数据外，还要将时钟信号同时传送。

同步通信方式由于不必加起始位和停止位，传送效率较高，但实现起来比较复杂。

3. 串行通信的传输方向

串行通信的传输方向如图6－6所示。

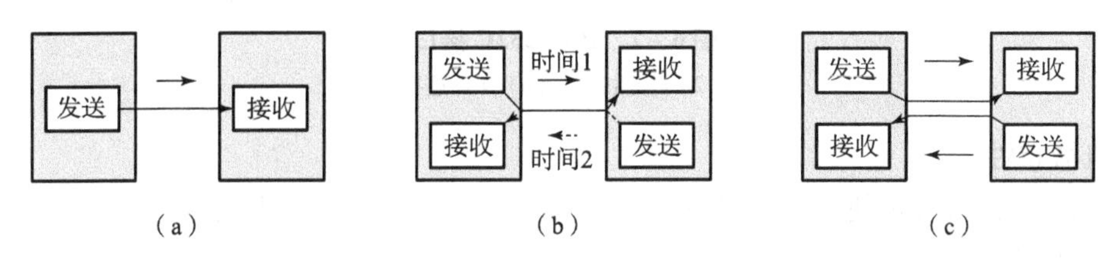

图6－6　串行通信的传输方向

(a) 单工；(b) 半双工；(c) 全双工

1）单工

单工是指数据传输仅能沿一个方向，不能实现反向传输。

2）半双工

半双工是指数据传输可以沿两个方向，但需要分时进行。

3）全双工

全双工是指数据可以同时进行双向传输。

4. 传输速率与传输距离

1）传输速率

比特率是每秒钟传输二进制代码的位数，单位是：位/秒（b/s）。如每秒钟传送240个字符，而每个字符格式包含10位（1个起始位、1个停止位、8个数据位），这时的比特率为：10位×240个/秒＝2 400 b/s。

波特率表示每秒钟调制信号变化的次数，单位是：波特（Baud）。

波特率和比特率不总是相同的，对于将数字信号1或0直接用两种不同电压表示的基带传输，比特率和波特率是相同的。所以，我们也经常用波特率表示数据的传输速率。

2）传输距离与传输速率的关系

串行接口或终端直接传送串行信息位流的最大距离与传输速率及传输线的电气特性有关。当传输线使用每0.3 m有50pF电容的非平衡屏蔽双绞线时，传输距离随传输速率的增加而减小。当比特率超过1 000 b/s时，最大传输距离迅速下降，如9 600 b/s时最大距离下降到只有76 m。

6.1.2　认识串行接口

1. RS－232C接口

RS－232C是使用广泛的一种异步串行通信总线标准，它是由美国电子工业协会（Electronic Industries Association）于1962年公布的。RS－232C定义了数据终端设备（DTE）与数据通信设备（DCE）之间的物理接口标准。RS－232C接口如图6－7所示。

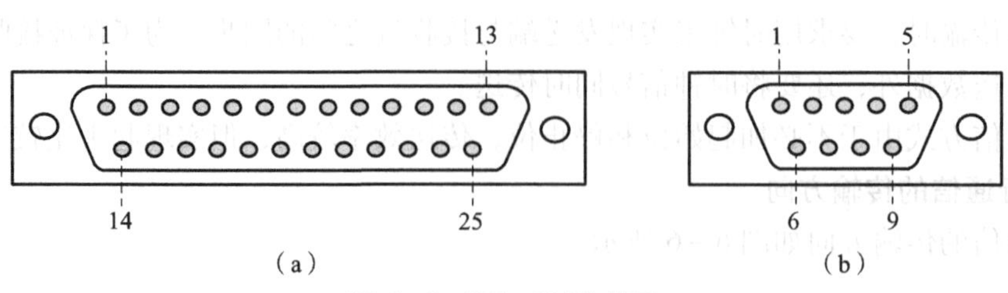

图 6－7　RS－232C 接口

(a) 25 针连接器；(b) 9 针连接器

2. 机械特性

RS－232C 接口规定使用 25 针连接器和 9 针连接器，连接器的尺寸及每个插针的排列位置都有明确的定义。

3. 功能特性

RS－232C 标准接口的主要引脚定义如表 6－3 所示。

表 6－3　RS－232C 标准接口的主要引脚定义

插针序号	信号名称	功能	信号方向
1	PGND	保护接地	
2（3）	TXD	发送数据（串行输出）	DTE→DCE
3（2）	RXD	接收数据（串行输入）	DTE←DCE
4（7）	RTS	请求发送	DTE→DCE
5（8）	CTS	允许发送	DTE←DCE
6（6）	DSR	DCE 就绪（数据建立就绪）	DTE←DCE
7（5）	SGND	信号接地	
8（1）	DCD	载波检测	DTE←DCE
20（4）	DTR	DTE 就绪（数据终端准备就绪）	DTE→DCE
22（9）	RI	振铃指示	DTE←DCE

注：插针序号（）内为 9 针非标准连接器的引脚号。

当一台 PC 机与调制解调器相连，要向远方发送数据时，如果 PC 机做好了发送准备，就用 RTS 信号通知调制解调器；当调制解调器也做好了发送数据的准备，就向 PC 机发出 CTS 信号，RTS 和 CTS 这对握手信号沟通后，就可以进行串行数据发送了。

当 PC 机要从远方接收数据时，如果 PC 机做好了接收准备，就发出 DTR 信号通知调制解调器；当调制解调器也做好了接收数据的准备，就向 PC 机发出 DSR 信号。DTR 和 DSR 这对握手信号沟通后，就可以进行串行数据接收了。

4. RS－232C 与单片机的连接

RS－232C 接口与单片机连接时需要进行电平转换，常用的电平转换芯片有 MC1488、MC1489 和 MAX232。

MAX232 系列芯片由 MAXIM 公司生产，内含两路接收器和驱动器。其内部的电源电压变换器可以将输入的 +5 V 电源电压变换成 RS－232C 输出所需的 ±12 V 电压。

6.1.3　MSC－51 单片机串行口的结构与控制寄存器

MCS－51 单片机内部有一个可编程全双工串行接口，具有 UART（通用异步接收和发送器）的全部功能，通过单片机的引脚 RXD（P3.0）、TXD（P3.1）同时接收、发送数据，构成双机或多机通信系统，也可以作为移位寄存器使用。

1. MCS－51 单片机串行口的结构

MCS－51 单片机串行口的内部结构如图 6－8 所示。

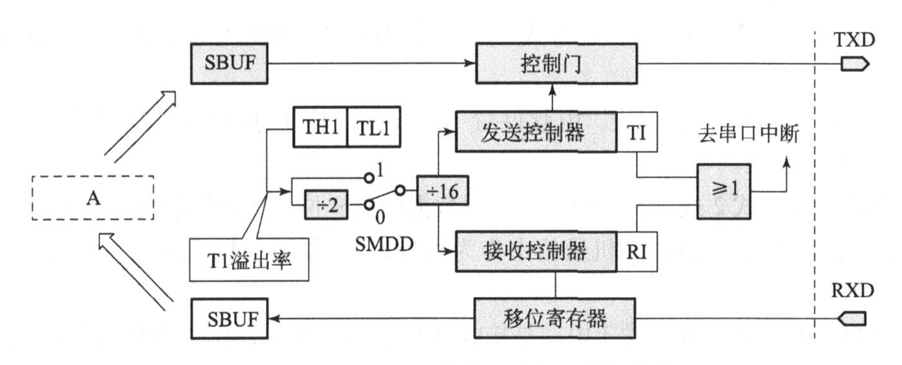

图 6－8　MCS－51 单片机串行口内部结构

有两个物理上独立的接收、发送缓冲器 SBUF，它们占用同一地址 99H；接收器是双缓冲结构；发送缓冲器因为发送时 CPU 是主动的，不会产生重叠错误。

2. 控制寄存器

与 MCS－51 串行口有关的特殊功能寄存器有 SBUF、SCON 和 PCON。

1）串行口数据缓冲器 SBUF

SBUF 是一个特殊功能寄存器，有两个在物理上独立的接收缓冲器与发送缓冲器。发送缓冲器只能写入不能读出，写入 SBUF 的数据存储在发送缓冲器中，用于串行发送；接收缓冲器只能读出不能写入。两个缓冲器共用一个地址 99H，通过对 SBUF 的读、写指令来区别是对接收缓冲器还是发送缓冲器进行操作。

2）串行口控制寄存器 SCON

SCON 用来控制串行口的工作方式和状态，字节地址为 98H，可以位寻址。SCON 的格式如表 6－4 所示。

表 6－4　SCON 的格式

位	7	6	5	4	3	2	1	0	寄存器
字节地址：98H	SM0	SM1	SM2	REN	TB8	RB8	TI	RI	SCON

（1）SM0 和 SM1 为工作方式选择位，可选择四种工作方式，如表 6－5 所示。

表 6－5　串行口的工作方式

SM0	SM1	方式	说明	波特率
0	0	0	移位寄存器	FOSC/12
0	1	1	10 位异步收发器（8 位数据）	可变
1	0	2	11 位异步收发器（9 位数据）	FOSC/64 或 FOSC/32
1	1	3	11 位异步收发器（9 位数据）	可变

（2）SM2 为多机通信控制位，主要用于方式 2 和方式 3。当接收机的 SM2＝1 时可以利

用收到的 RB8 来控制是否激活 RI（当 RB8 =0 时不激活 RI，收到的信息丢弃；当 RB8 =1 时收到的数据进入 SBUF，并激活 RI，进而在中断服务中将数据从 SBUF 读走）。当 SM2 =0 时，不论收到的 RB8 为 0 或 1，均可以使收到的数据进入 SBUF，并激活 RI（即此时 RB8 不具有控制 RI 激活的功能）。通过控制 SM2，可以实现多机通信。

在方式 0 时，SM2 必须是 0。在方式 1 时，若 SM2 =1，则只有接收到有效停止位时，RI 才置 1。

(3) REN，允许串行接收位。由软件置 REN =1，则启动串行口接收数据；若软件置 REN =0，则禁止接收。

(4) TB8，在方式 2 或方式 3 中，是发送数据的第 9 位，可以用软件规定其作用。可以用作数据的奇偶校验位，或在多机通信中作为地址帧/数据帧的标志位。在方式 0 和方式 1 中，该位未用。

(5) RB8，在方式 2 或方式 3 中，是接收到数据的第九位，作为奇偶校验位或地址帧/数据帧的标志位。在方式 1 时，若 SM2 =0，则 RB8 是接收到的停止位。

(6) TI，发送中断标志位。在方式 0 时，当串行发送第 8 位数据结束，或在其他方式，串行发送停止位的开始时，由内部硬件使 TI 置 1，向 CPU 发中断申请。在中断服务程序中，必须用软件将其清零，取消此中断申请。

(7) RI，接收中断标志位。在方式 0 时，当串行接收第 8 位数据结束，或在其他方式串行接收停止位的中间时，由内部硬件使 RI 置 1，向 CPU 发中断申请。必须在中断服务程序中，用软件将其清零，取消此中断申请。

3）电源及波特率选择寄存器

PCON 主要是为 CHMOS 型单片机的电源控制而设置的专用寄存器，字节地址为 87H。在 HMOS 的 8051 单片机中，PCON 只有最高位被定义，其他位都是虚设的。PCON 的格式如表 6 -6 所示。

表 6 -6　PCON 寄存器与串行口相关的位

位	7	6	5	4	3	2	1	0	寄存器
字节地址：97H	SMOD								PCON

PCON 的最高位 SMOD（PCON.7）为波特率倍增位。在串行口方式 1、方式 2、方式 3 时，波特率与 SMOD 有关，当 SMOD =1 时，波特率提高一倍。当复位时，SMOD =0。其他各位为掉电方式控制位，PCON 不能位寻址。

3. MSC -51 单片机串行口的波特率

在串行通信中，收发双方对发送或接收数据的速率要有约定。通过软件可对单片机串行口编程为四种工作方式，其中方式 0 和方式 2 的波特率是固定的，而方式 1 和方式 3 的波特率是可变的，由定时器 T1 的溢出率来决定。

串行口的四种工作方式对应三种波特率。由于输入的移位时钟的来源不同，所以，各种方式的波特率计算公式也不相同。

(1) 方式 0 的波特率 $=f_{osc}/12$；

(2) 方式 2 的波特率 =(2SMOD/64) $\cdot f_{osc}$；

（3）方式 1 的波特率 =（2SMOD/32）·（T1 溢出率）；

（4）方式 3 的波特率 =（2SMOD/32）·（T1 溢出率）。

当 T1 作为波特率发生器时，最典型的用法是使 T1 工作在自动再装入的 8 位定时器方式（即方式 2，且 TCON 的 TR1 = 1，以启动定时器）。这时溢出率取决于 TH1 中的计数值。

$$\text{T1 溢出率} = f_{osc} / \{12 \times [256 - (\text{TH1})]\}$$

在单片机的应用中，常用的晶振频率为：12 MHz 和 11.059 2 MHz。所以，选用的波特率也相对固定。常用的串行口波特率以与定时器 1 的参数关系如表 6 - 7 所示。

表 6 - 7　常用波特率与定时器 1 的参数关系

串行口工作方式及波特率/(b·s⁻¹)		FOSC/MHz	SMOD	定时器 T1		
				C/T	工作方式	初值
方式 1、3	62 500	12	1	0	2	FFH
	19 200	11.059 2	1	0	2	FDH
	9 600	11.059 2	0	0	2	FDH
	4 800	11.059 2	0	0	2	FAH
	2 400	11.059 2	0	0	2	F4H
	1 200	11.059 2	0	0	2	E8H

4. MSC - 51 单片机串行口初始化设置

串行口工作之前，应对其进行初始化，主要是设置产生波特率的定时器 1、串行口控制和中断控制。具体步骤如下：

（1）确定 T1 的工作方式（编程 TMOD 寄存器）；

（2）计算 T1 的初值，装载 TH1、TL1；

（3）启动 T1（编程 TCON 中的 TR1 位）；

（4）确定串行口控制（编程 SCON 寄存器）；

（5）串行口在中断方式工作时，要进行中断设置（编程 IE、IP 寄存器）。

6.1.4　任务要求及工作计划

A 车控制 B 车前进与倒退任务要求：单片机 A 通过串行口与单片机 B 进行串行通信，当 A 接的按键 key1 按下时，B 连接的电动机正转，同时数码管显示为 1，当 A 接的按键 key2 按下时，B 连接的电动机反转，同时数码管显示为 2，当 A 接的按键未按下，B 连接的电动机停转，并且数码管显示 0。

工作计划：首先分析任务，进行硬件电路设计；再进行软件程序编写，经编译调试后，对 A 车控制 B 车前进与倒退任务进行仿真演示。

6.1.5　硬件电路设计

该电路由两部分组成，A 车单片机系统通过 P3.0（RXD）和 P3.1（TXD）口分别接 B 车单片机系统的 P3.1（TXD）和 P3.0（RXD）口。B 车的单片机系统通过 P0 口控制数码管显示按键的编码，B 车的 P1.0 和 P1.1 口分别连接电动机的两端。其电路原理图如图 6 - 9 所示。

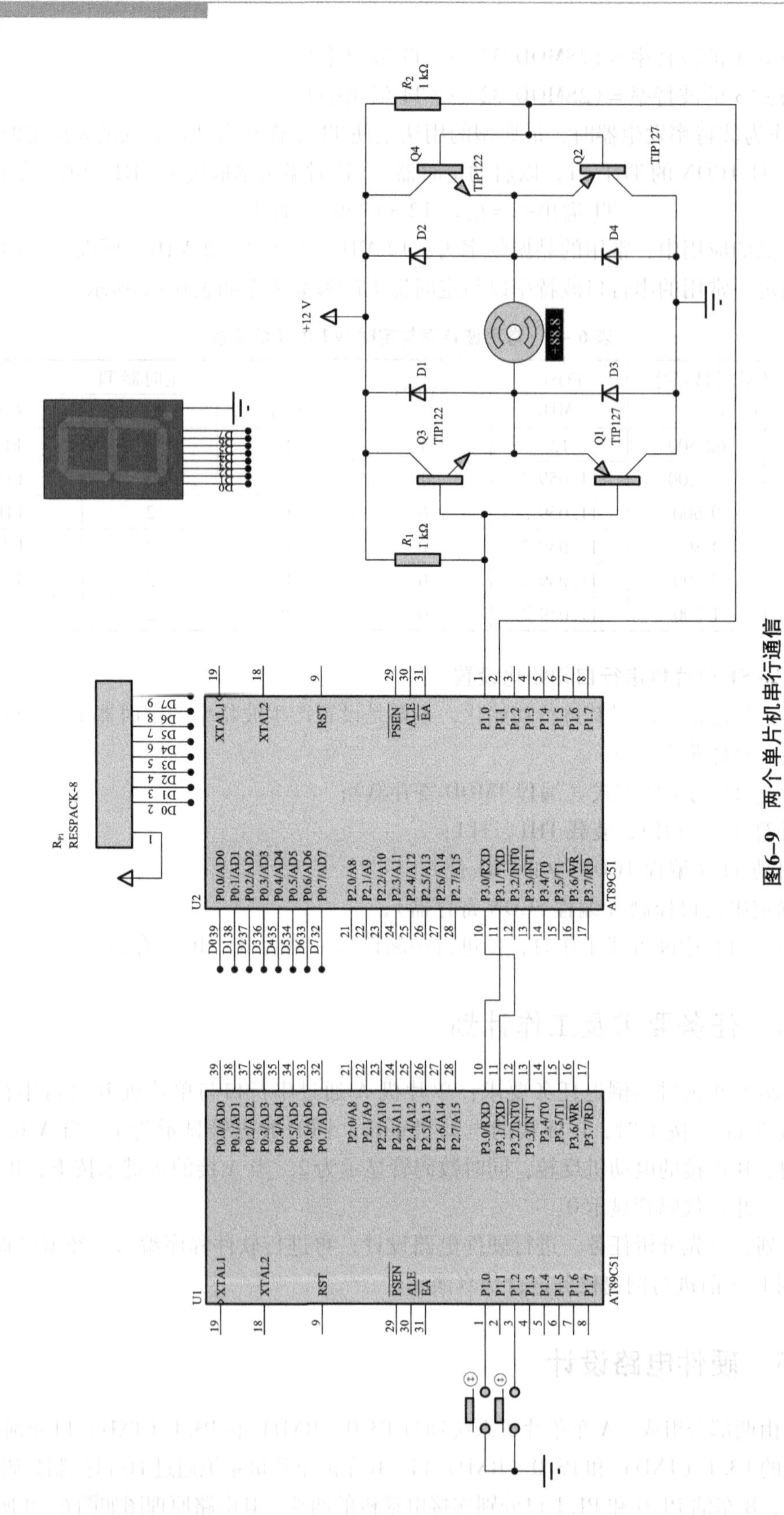

图6-9　两个单片机串行通信

6.1.6　软件程序设计

```
/******************************************************************************
　A 车按键 key1 按下,A 车通过串行口将 1 发送给 B 车,B 车接收 A 车发送的 1 后,控
制电动机正转,同时数码管显示为 1;A 车按键 key2 按下,A 车通过串行口将 2 发送给 B
车,B 车接收 A 车发送的 2 后,控制电动机反转,同时数码管显示为 2,如果按键不按下,则
电动机停转,数码管显示为 0。
******************************************************************************/
    #include <REGX52.H>
    typedef unsigned char uint8;
    typedef unsigned int uint16;
    sbit key1 = P1^0;  //控制车前进
    sbit key2 = P1^2;  //控制车倒退
    uint8 flag = 0;  //前进和倒退的标志
    void delay(uint16 z)
    {
        uint16 x,y;
        for(x = 100;x > 0;x --)
            for(y = z;y > 0;y --);
    }

    void timer1_init()  //定时/计数器初始化子函数
    {
        TMOD = 0X20;        //定时/计数器 1 的工作方式 2(自动重装模式)
        TH1  = 0XFD;        //装入计数初值
        TL1  = 0XFD;
        TR1  = 1;           //启动定时/计数器 1
    }
    void uart_send_init()  //串行口初始化子函数
    {
        SM0  = 1;        //SM1,SM0 = 01,选择串行口工作方式 1(10 位 UART,波特率
                           可变)
        SM1  = 0;
        REN  = 1;        //允许串行接收
        PCON = 0;        //SMOD = 0;
        TI  = 0;         //清除发送中断标志位
```

```
    RI  =0;        //清除接收中断标志位
}
void key_scan()  //独立按键检测子函数
{
    key1 =1;
    if(key1 ==0)
    {
        delay(5);
        if(key1 ==0)
        {
            flag =1;    //当 key1 按下时,flag 置 1
            while(key1 ==0);
        }
    }
    key2 =1;
    if(key2 ==0)
    {
        delay(5);
        if(key2 ==0)
        {
            flag =2;    //当 key2 按下时,flag 置 2
            while(key2 ==0);
        }
    }
}
void main()
{
    timer1_init();
    uart_send_init();
    while(1)
    {
        key_scan();        //调用按键检测子程序
        SBUF = flag;       //将按键的数据发送出去
        while(TI ==0);   //等待发送完毕(查询方式)
        TI =0;             //软件清除发送中断标志
    }
}
```

运行 Keil μVision4 软件，新建一个工程文件 uart_ receive_ data. uvproj，输入并编辑源

程序文件 uart_ receive_ data. c，并且编译生成 uart_ receive_ data. hex 文件。

参考程序如下：

```
#include <REGX52.H>
typedef unsigned char uint8;
typedef unsigned int uint16;

sbit motor0 = P1^0;      //前进控制位
sbit motor1 = P1^1;      //后退控制位
uint8 flag  =200;
uint8 code tab[] = {0x3f,0x06,0x5b,0x4f,0x66,0x6d,0x7d,0x07,0x7f,
0x6f};
void timer1_init()  //定时/计数器初始化子函数
{
    TMOD = 0X20;       //定时/计数器1的工作方式2(自动重装模式)
    TH1  = 0XFD;       //装入计数初值
    TL1  = 0XFD;
    TR1  = 1;          //启动定时/计数器1
}
void uart_init()
{
    SM0  = 1;          //SM1,SM0 =01,选择串行口工作方式1(10位UART,波特
                         率可变)
    SM1  = 0;
    REN  = 1;          //允许串行接收
    PCON = 0;          //SMOD = 0;
    TI   = 0;          //清除发送中断标志位
    RI   = 0;          //清除接收中断标志位
}
void ini_init()
{
    EA = 1;
    ES = 1;
}
void main()
{
    timer1_init();
```

```
    uart_init();
    ini_init();
    while(1);
}
void uart()interrupt 4      //串行口中断服务子函数
{
    if(RI ==1)              //如果接收到数据
    {
    RI =0;                  //清除接收中断标志位
    P0 =tab[SBUF];
    flag =SBUF;             //读取接收缓冲器的值
    if(flag ==1)            //如果 key1 按下电动机正转
    {
        motor0 =1;
        motor1 =0;
    }
    else if(flag ==2)       //如果 key2 按下电动机正转
    {
        motor1 =1;
        motor0 =0;
    }
    else
    {
        motor0 =1;
        motor1 =1;
    }
  }
}
```

6.1.7 调试与仿真运行

运行 Keil μVision4 软件，新建一个工程文件 send_ data_ A. uvproj，输入并编辑源程序文件 send_ data_ A. c，并且编译生成 send_ data_ A. hex 文件，仿真结果如图 6 - 10 ~ 图 6 - 12 所示。

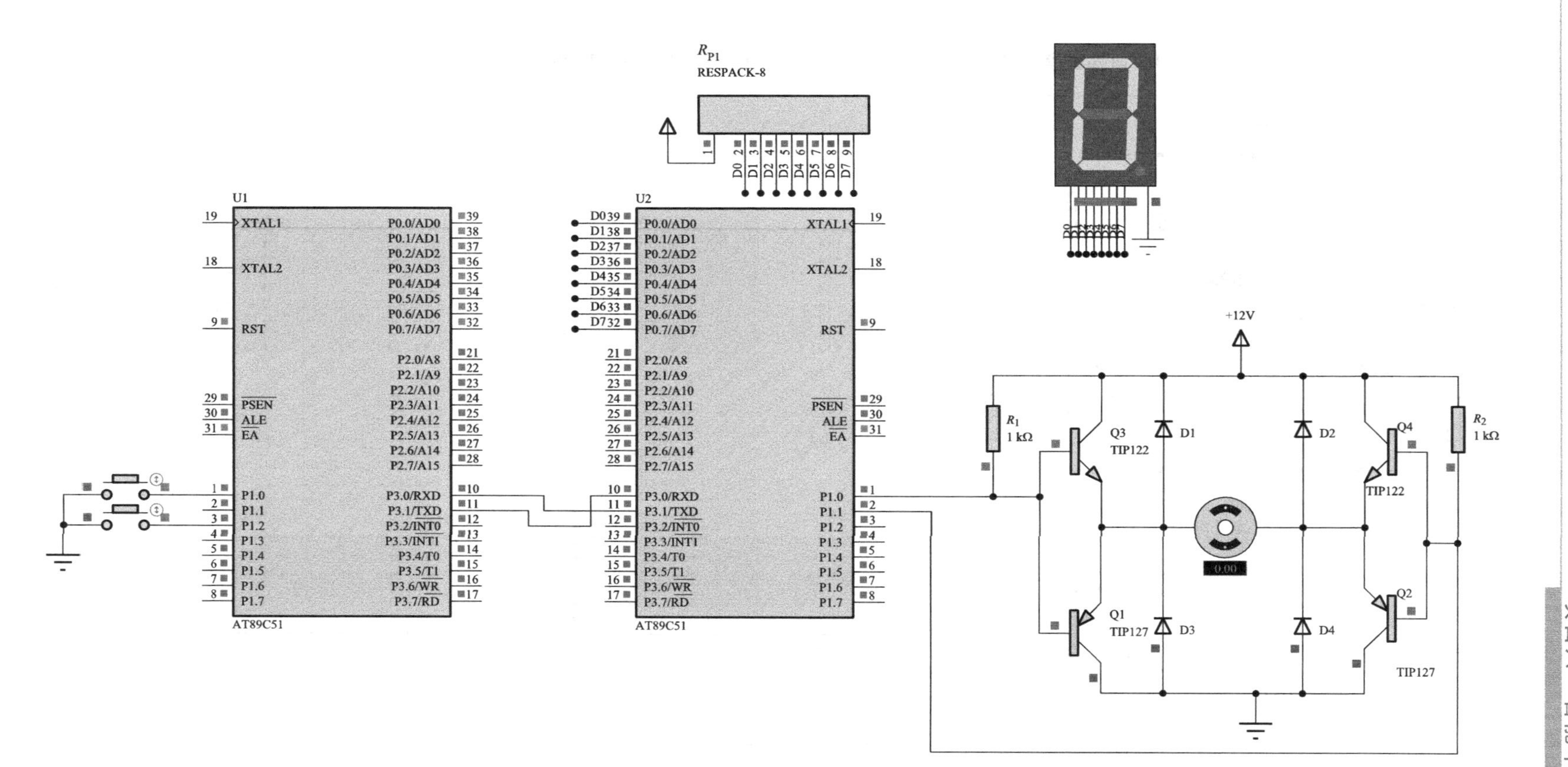

图6-10　当A车的按键未按下时，B车电动机停转，数码管显示0

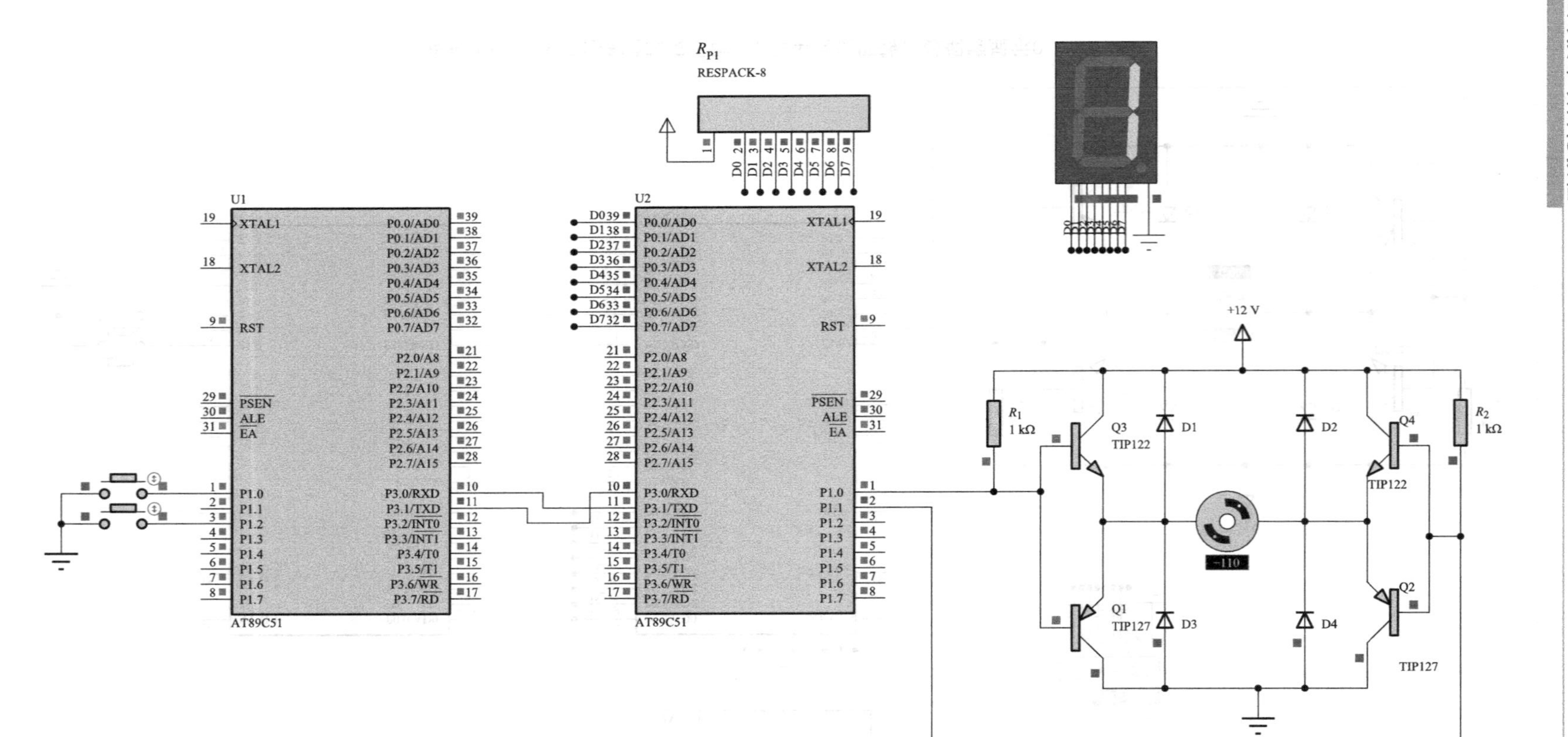

图6–11　当A车的按键key1按下时，B车电动机正转，数码管显示1

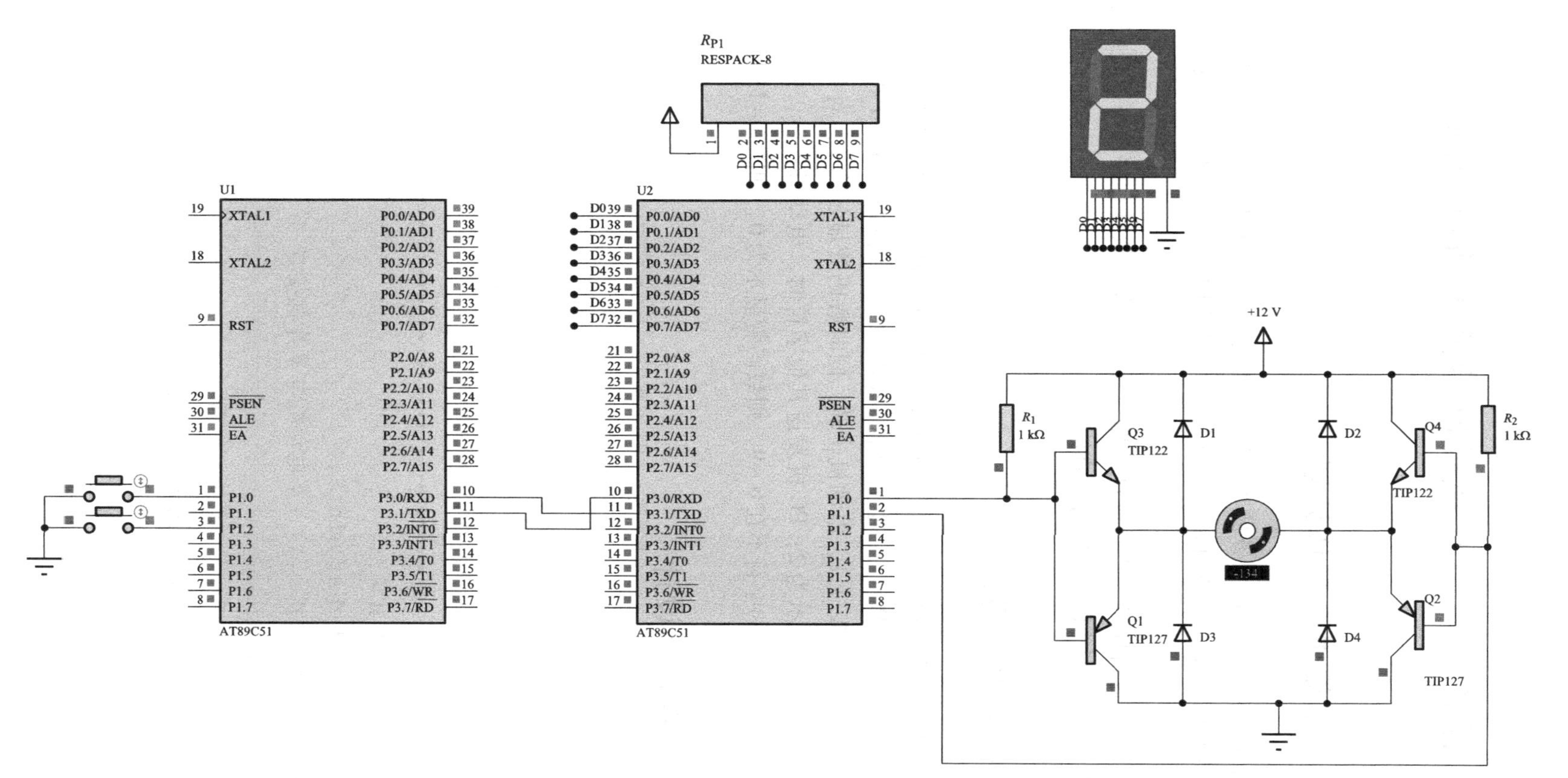

图6-12　当A车的按键key2按下时，B车电动机反转，数码管显示2

任务 6.2　PC 机控制智能车前进与倒退

6.2.1　任务要求及工作计划

PC 机控制 B 车前进与倒退任务要求：PC 机通过串行口与单片机进行串行通信，当 PC 机发送 1 时，智能车前进；当 PC 机发送 2 时，智能车倒退。当 PC 机发送其他字符时，智能车停止。

工作计划：首先分析任务，进行硬件电路设计，再进行软件程序编写，经编译调试后，对 PC 机控制 B 车前进与倒退任务进行仿真演示。

6.2.2　硬件电路设计

该电路由两部分组成，单片机系统通过 P3.0（RXD）和 P3.1（TXD）口分别接虚拟终端的 TXD 和 RXD 口。同时 P0 口控制数码管显示 PC 机接收的数字，P1.0 和 P1.1 口分别连接电动机的两端。当 PC 机发送 1，电动机正转，同时数码管显示为 1；当 PC 机发送 2 时，电动机反转，同时数码管显示为 2；PC 机发送其他字符时，电动机停转，并且数码管显示相应数字，如果 PC 机发送的字符不在 0～9，则数码管显示为 0，如图 6－13 所示。

6.2.3　软件程序设计

参考程序如下：

```
/*****************************************************************************
    PC 机控制智能车前进与倒退。当 PC 机发送 1 时,智能车前进;当 PC 机发送 2 时,智
能车倒退。当 PC 机发送其他字符时,智能车停止。
***************************************************************************** /
    #include < REGX52.H >
    typedef unsigned char uint8;
    sbit motor1 = P1^0;          //电动机与单片机接口
    sbit motor0 = P1^1;
    uint8 dat = 0;               //接收数据
    uint8 code tab[] = {0x3f,0x06,0x5b,0x4f,0x66,0x6d,0x7d,0x07,0x7f,
0x6f};
    void uart_init()     //串行口初始化子函数
    {
    SCON = 0X50;       //串行口工作方式 1,允许串行接收
```

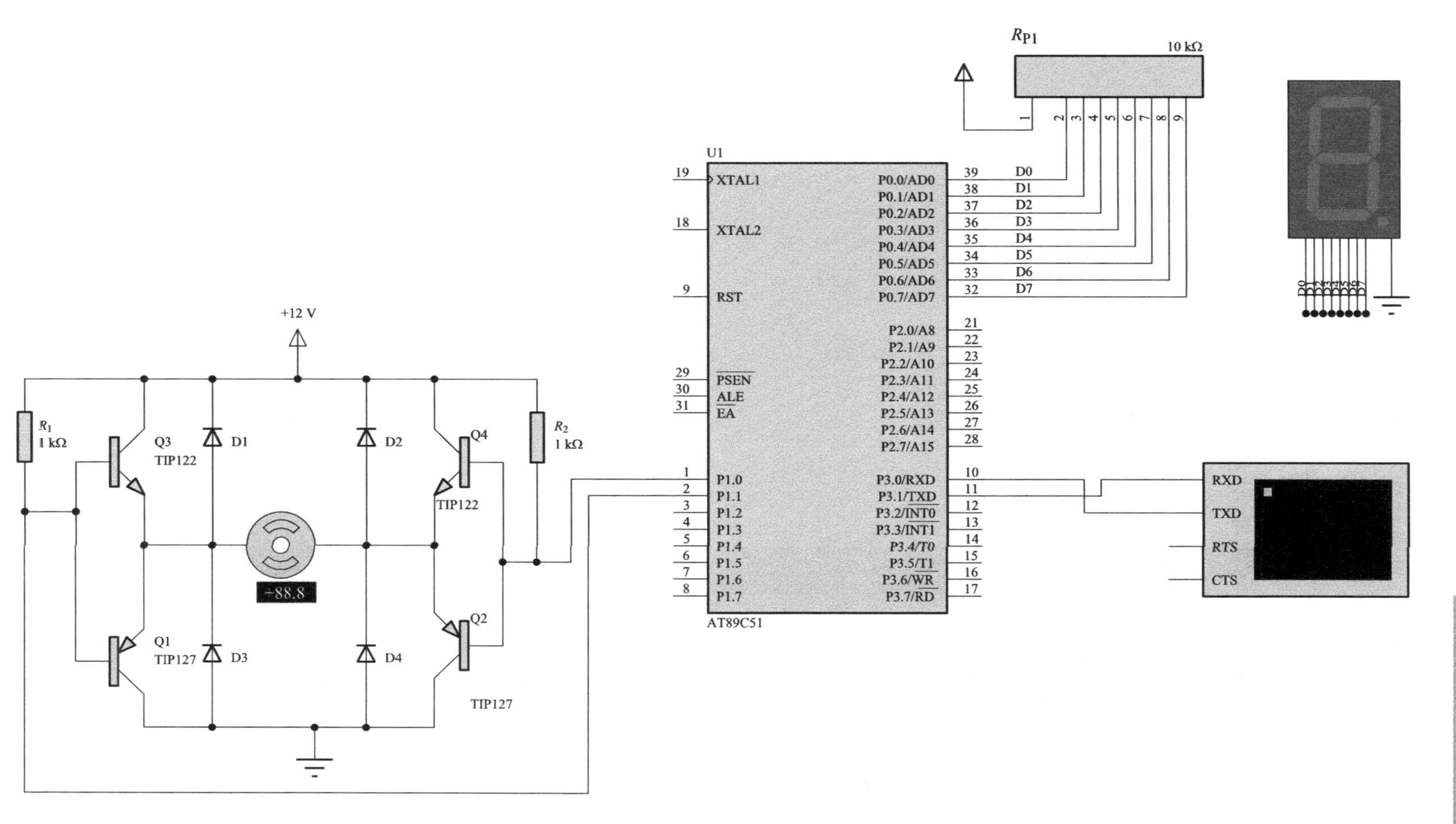

图6–13　PC机与单片机的连接电路

```
PCON=0;        //SMOD=0;波特率不倍增
    RI  =0;  //清除发送中断标志位
    TI  =0;  //清除接收中断标志位
}
void timer1_init()  //定时/计数器初始化子函数
{
    TMOD=0X20;      //定时/计数器1的工作方式2(自动重装模式)
    TH1  =0XFD;     //装入计数初值,串行口波特率为9 600
    TL1  =0XFD;
    TR1  =1;
}
void ini_init()   //中断初始化子函数
{
    EA=1;
    ES=1;
}
void main()
{
    uart_init();
    timer1_init();
    ini_init();
    while(1);
}
void uart()interrupt 4
{
    if(RI==1)
    {
        RI=0;
        dat=SBUF;
        if(dat==0x31)        //当接收数据为1时,电动机正转
        {
            motor0=1;
            motor1=0;
        }
        else if(dat==0x32)  //当接收数据为2时,电动机反转
        {
            motor0=0;
            motor1=1;
```

```
    }
    else if((dat >0x32) || (dat <  0x31))//当接收数据为其他数据时,
                                           电动机停转
    {
        motor0 =0;
        motor1 =0;
    }
    if((dat < =0x39)&&(dat > =0x30))  //当接收数据为 0 ~9 时,数码
                                          管显示数字
    {
        P0 =tab[dat -0x30];
    }
    else                        //当接收数据不为 0 ~9 时,数码管显示 0
    {
        P0 =tab[0];
    }
    SBUF =dat;
  }
  else if(TI ==1)          //将接收的数据发送出去
    TI =0;
}
```

6.2.4　调试及仿真运行

1. 调试过程

在程序的调试过程中排除输入和编辑过程中出现的错误，将 Keil 的输出设置为生成 HEX 文件，源程序通过编译后，将 HEX 文件加载到 Proteus 仿真电路中的单片机中，在仿真环境中单击 ▶ 钮，进入仿真运行状态。如果虚拟终端工作不正常显示，单片机和虚拟终端不能正常通信，可能有两处要做设置：一是对虚拟终端的波特率进行设置；二是对单片机的时钟频率进行设置。设置方法为：打开虚拟终端属性对话框，如图 6 – 14 所示，将虚拟终端的波特率设置为和单片机同样的 9 600，然后打开单片机的属性对话框，如图 6 – 15 所示，将单片机的时钟频率设置为 11.059 2 MHz。

设置完毕，运行程序，打开虚拟中断，在面板上单击右键，如图 6 – 16 所示。

在此对话框中，勾选 Echo Typed Characters，显示数字和字符。

2. 运行程序

运行 Keil μVision4 软件，新建一个工程文件 car_ lamp_ adj. uvproj，输入并编辑源程序文件 car_ lamp_ adj. c，并且编译生成 car_ lamp_ adj. hex 文件。仿真运行结果如图 6 – 17 和图 6 – 18 所示。

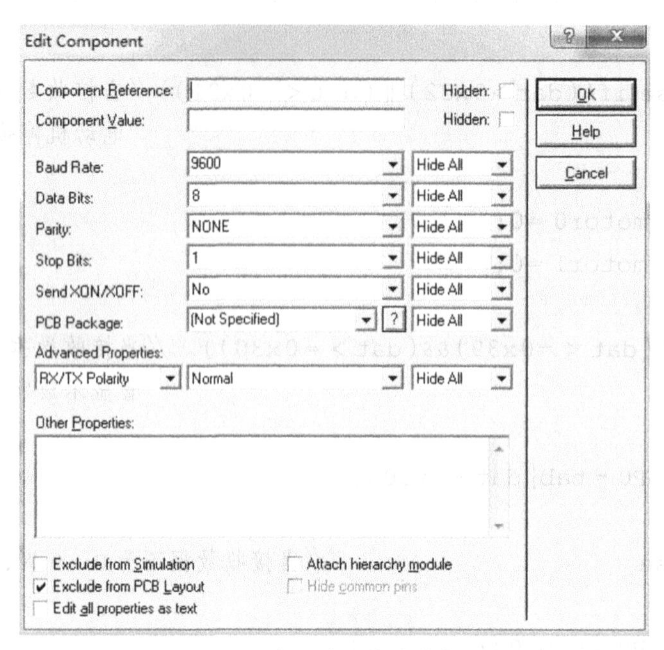

图 6－14　虚拟终端的波特率设置

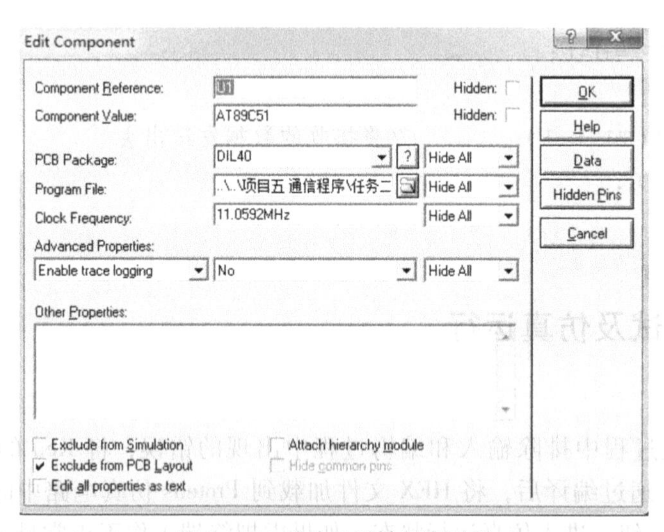

图 6－15　单片机时钟频率设置

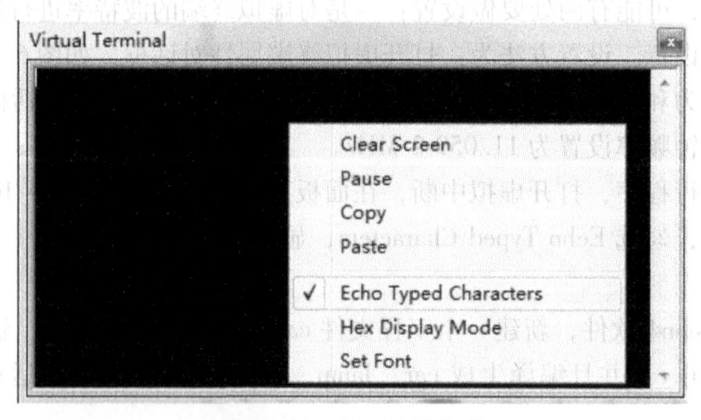

图 6－16　打开虚拟中断

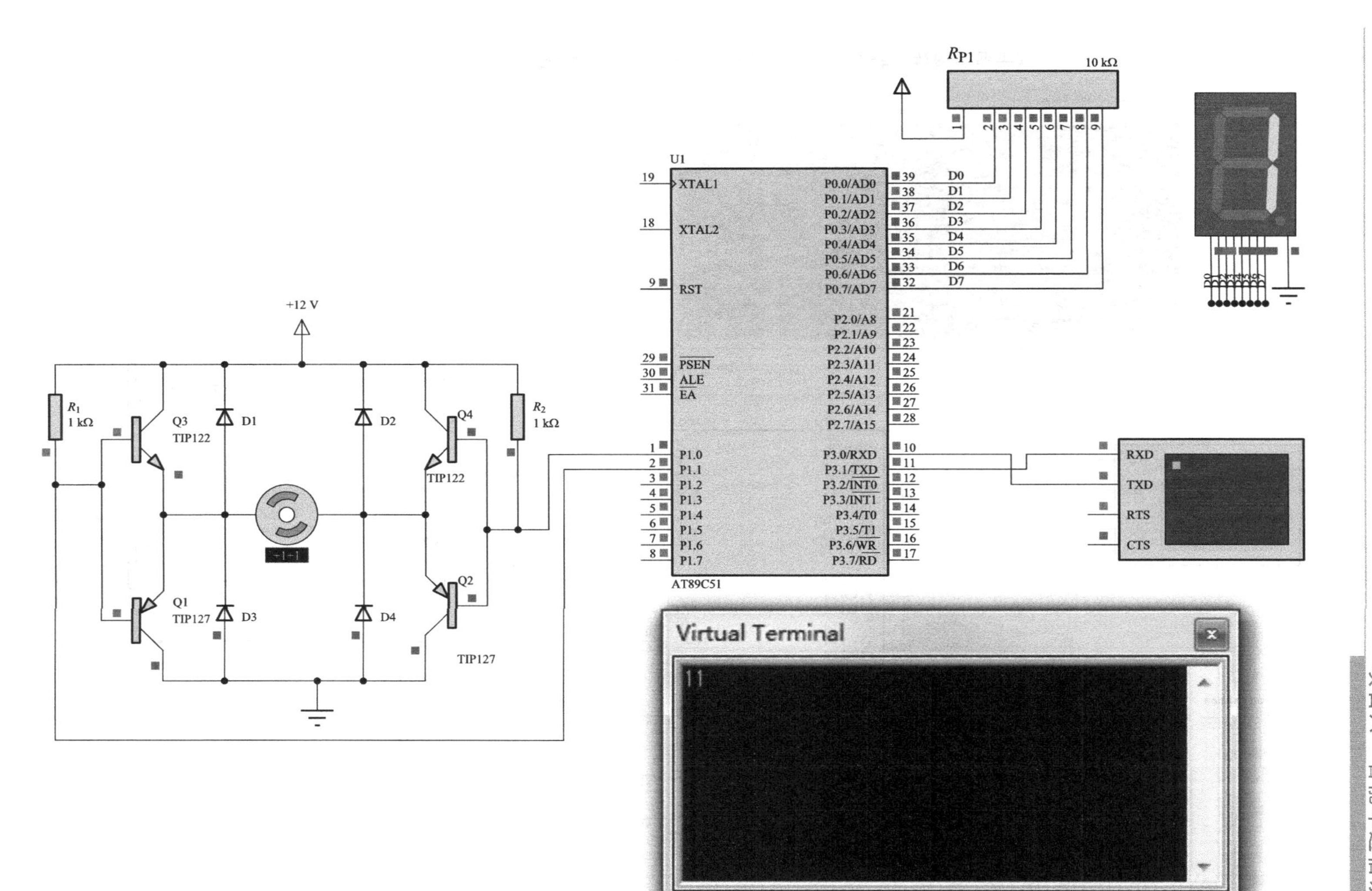

图6-17　当PC机输入1时，电动机正转，数码管显示1

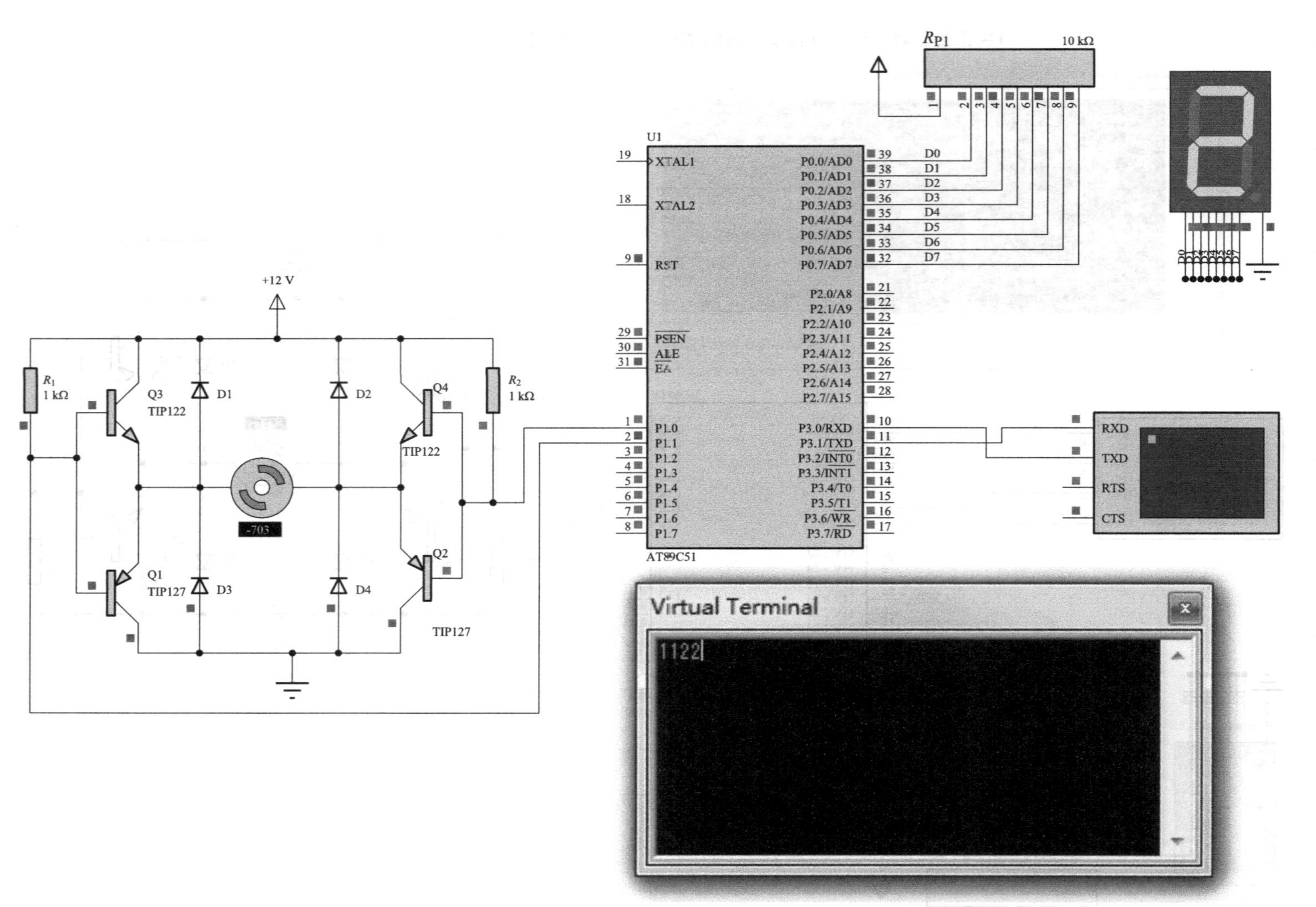

图6-18　当PC机输入2时，电动机反转，数码管显示2

拓展训练

6－1　智能车 A 与 B 采用工作方式 1 通信，波特率为 2 400，时钟频率为 11.059 2 MHz，B 车用数码管显示 A 车运动时间。

6－2　PC 机设置简易交通灯倒计时时间初值。

课后习题

1. 8051 单片串行接口有几种工作方式？各有何特点？
2. 在串行通信中通信速率与传输距离之间的关系如何？
3. 串行通信的接口标准有哪些？

项目七　智能车温度报警系统设计

学习情境任务描述

温度的采集与控制是生产工程自动化的重要任务之一。智能车温度报警系统是通过DS18B20温度传感器采集环境温度，通过LCD1602显示温度值，并对高于33℃和低于25℃进行高温和低温报警。本学习情境的工作任务是采用单片机设计智能车温度报警系统，通过LCD1602实现温度值显示。通过学习单片机应用系统设计的原则和过程，加深对单片机系统开发的认识；通过认识DS18B20，利用单片机完成温度报警系统设计。在搜集相关资料的基础上，进行单片机温度报警系统的任务分析和计划制订、硬件电路和软件程序的设计，完成温度报警系统的制作调试和运行演示，并完成工作任务的评价。

学习目标

（1）掌握DS18B20数字温度传感器的原理及应用；
（2）掌握单片机系统扩展的方法；
（3）能进行DS18B20的时序设计；
（4）能将之前所学的单片机知识应用到实际设计项目中；
（5）能独立完成温度报警系统的软硬件设计步骤；
（6）能按照设计任务书的要求，完成智能温度报警器的调试与制作。

学习与工作内容

本学习情境要求根据任务书的要求，如表7-1所示，学习单片机系统的扩展及数字温度传感器DS18B20的相关知识，进一步掌握单片机理论知识，并能将所有知识进行灵活运用，查阅资料，制订工作方案和计划，完成智能车温度报警系统的设计与制作，需要完成以下工作任务：

（1）学习数字温度传感器DS18B20的原理及使用方法；
（2）划分工作小组，以小组为单位完成智能车温度报警系统的设计与制作的任务；
（3）根据设计任务书的要求，查阅收集相关资料，制订完成任务的方案和计划；
（4）根据设计任务书的要求，整理出硬件电路图；
（5）根据任务要求和电路图，整理出所需要的器件和工具仪器清单；
（6）根据功能要求和硬件电路原理图，绘制程序流程图；
（7）根据功能要求和程序流程图，编写软件程序并进行编译调试；
（8）进行软硬件调试和仿真运行，电路的安装制作，演示汇报；

(9) 进行工作任务的学业评价，完成工作任务的设计制作报告。

表 7－1　智能车温度报警系统设计任务书

设计任务	采用单片机控制方式，设计智能车温度自动报警系统
功能要求	通过 DS18B20 温度传感器采集环境温度，通过 LCD1602 显示温度值，并对高于 33℃和低于 25℃进行高温和低温报警
工具	1. 单片机开发和电路设计仿真软件：Keil μVision4 软件、Protues 软件； 2. PC 机及软件程序、万用表、电烙铁、装配工具
材料	元器件（套）、焊料、焊剂、焊锡丝

学业评价

本学习情境的学习根据工作任务的完成过程进行考核评价，注重学习和工作过程的考核评价，依据完成任务中实际的学习和工作过程分为 10 个评分项目，根据各项目主要完成主体的不同，分别对个人和小组进行考核评价，如表 7－2 所示。

表 7－2　考核评价表

项目名称	分值	第＿＿＿组			备注
		学生 1	学生 2	学生 3	
复习 LCD1602 的应用	5				
DS18B20 的学习	10				
温度采集模块的硬件电路设计	5				
DS18B20 的软件程序设计	10				
LCD1602 显示硬件电路设计	5				
LCD1602 显示软件程序设计	15				
调试仿真	10				
安装制作	10				
设计制作报告	15				
团队及合作能力	15				

任务 7.1　单片机应用系统设计原则与过程

单片机应用系统是指以单片机为核心，配以一定的硬件和软件，能实现预定功能的应用系统，它由硬件和软件两部分组成。硬件一般是外围电路或者成品的硬件模块，软件一般分为系统软件和应用软件。硬件是整个系统的基础，软件是在硬件的基础上对其硬件资源进行合理的调配和使用，从而完成应用系统所要求的目标。为了保证系统可靠、高效的工作，在硬件和软件的设计中，需要考虑其抗干扰能力，也就是在硬件、软件的设计中包括系统的抗干扰设计。

一般而言，在应用系统的设计中，硬件和软件的抗干扰设计是紧密相关的。有时候，硬件的任务可以用软件完成；同样，软件的任务也可以用硬件完成。多用硬件可以减少 CPU 负担，提高工作速度，减少软件的工作量；多用软件可以降低成本，减少体积、质量及能源消耗。对于大批量生产的项目可以优先考虑多用软件。对于一个应用系统来说，有些部分必须由硬件来完成，有些部分必须由软件来完成，对于硬件和软件都可以完成的功能部分，可以根据具体情况，选取最佳的设计方案，达到最佳的性价比。

单片机应用系统开发项目确定以后，首先进行总体设计，确定要达到的功能。再按顺序深入进行具体的硬件和软件设计。

7.1.1 单片机应用系统总体设计

1. 总体方案设计

通过相关渠道包括图书馆、互联网、专业书店里的相关图书和电子信息等，可以参考国内外的有关资料，查询以前是否有类似的课题、项目、产品。如果有，就可以分析这些课题、项目、产品有什么优点、缺点，有什么可以借鉴的，有什么需要避免的。如果没有，首先从理论上分析，确定应用系统实现的可能性方案，根据具体的客观条件，如环境、开发工具、测试手段、仪器设备、资金成本、人员水平等，选择一种最佳方案。

2. 确定技术指标

总体方案确定后，可以参考国内外同类课题、项目、产品，提出合理可行的技术指标。主要技术指标要考虑自身的客观条件，比如硬件成本、人员水平、资金等，不能盲目追求过高的技术指标。主要技术指标是系统设计的依据和出发点，此后的整个设计和开发过程都要围绕着如何达到这些主要技术指标的要求来进行。

3. 具体方案设计

在前面的分析基础上，将总体设计方案具体化、细化，设计出各个部分功能框图，大致给出各框图的实现方法，明确哪些部分由硬件完成，哪些部分由软件实现。由于硬件结构和软件设计相互关联、相互影响，因此，从简化电路结构、降低成本、减少故障率、提供系统可扩展性和通用性等方面考虑，提倡软件能实现的功能尽可能由软件实现，但是我们也应该看到软件代替硬件本质上是降低系统的实时性、增加处理时间为代价的，而且软件设计的引入将导致研制周期的延长。不过随着技术的进步，单片机主频的提高，软件是可以完成一些以前不能完成的计算工作，并且实时性能够得到保证。因此，在系统的硬件、软件功能的分配上需要根据当前的客观条件以及系统的要求综合考虑。

对于具体方案设计，首先要考虑的是选择单片机机型。一般而言，选择机型的主要依据是：

（1）性能价格比。就目前流行情况来看，89C51 系列中的 AT89C51/52 和 AT89S52 芯片单片机性价比较高。一般而言，AT89C51/52 和 AT89S52 性能能满足工业控制领域、智能仪器仪表、计算机通信、数据采集处理设备等方面的应用。

（2）开发人员熟悉的机型。虽然各个型号的单片机的工作原理基本相同，软件设计也可以采用高级语言开发，但是每一种单片机的内部结构、指令系统、I/O 口要求一般不相同。就目前而言，89C51 系列的单片机依旧很流行，各方面的技术文档、资料、开发代码都很多，而且各大专院校在单片机教学上也基本上采用 89C51 系列的单片机。因此，在研制任务重、时间紧迫的情况下，89C51 系列的单片机是一个明智的选择。

（3）开发环境。单片机的开发一般而言需要在宿主机上开发，也就是说在另一台计算机上设计方案、编制文档、编辑程序、编译成本机代码写入 ROM、调试、运行、测试、修改，因此需要相关的开发工具进行辅助设计。前期的分析设计可以用 UML 进行建立模型，电路部分的设计可以采用辅助设计软件进行完成。代码的编辑、编译、调试可以采用成套的集成开发环境，当然也可以分开用多个工具进行完成。具体的选择可以考虑自己的开发时间、资金、开发习惯进行选择。

综上所述，除了一些高精度、高响应系统需要采用 16 位或者 32 位单片机外，在一般情况下，可以优先采用 8 位的 89C51 系列单片机。在 89C51 系列中，有几种芯片目前使用比较广泛：Atmel 公司生产的 AT89C51 系列，具有 4 KB Flash ROM。Flash ROM 使用方便、价格低廉、开发套件成本低。AT89C2051 也是与 89csi 兼容的非总线型芯片，只有 20 个引脚，价格低廉，非常适合小型单片机应用系统。当然，随着电子技术的飞速发展，新的性能优良、价格低廉的单片机不断推出，当前世界上的单片机 CPU 芯片已有上千种，技术开发人员应密切关注其动态发展情况，选择适合当前项目的单片机。

7.1.2　单片机应用系统硬件设计

单片机应用系统的硬件设计主要包括两大部分：一是单片机系统的扩展部分设计，它涉及存储器扩展和接口扩展。存储器扩展包括 ROM 扩展和 RAM 扩展；接口扩展是指 I/O 口扩展。二是各功能模块的设计，如信号测量功能模块、信号控制功能模块、人机接口功能模块、通信功能模块等。

1. 扩展模块设计

关于单片机系统扩展部分电路已经有成熟的电路和文档，因此我们只需要根据具体情况进行应用。

（1）扩展存储器。近年来，随着电子技术的飞速发展，OTP ROM 和 Flash ROM 得到广泛的应用，扩展 ROM 已经很少见，完全可以根据需要选择有足够片内 ROM 容量的单片机芯片。

一般而言，89C51 片内 RAM 是可以满足实时控制系统要求的，如果要扩展少量 RAM 同时又要扩展 I/O 口，可以选用 8155 芯片，8155 片内有 256 B RAM 和 I/O 口。如需要扩展较大容量的 RAM，可以选择一片满足容量要求的 RAM 芯片，如 6264。

（2）扩展 I/O 口。前述，由于扩展存储器机会的减少，省下了 P0、P2 口给用户使用，扩展 I/O 口的问题已经得到了缓解。即使是需要扩展少量 I/O 口，一般也采用串行扩展方式，减少电路板上连线数目，有利于电路板的布线。

如果仍然需要采用并行扩展方式，首选用 74 系列电路扩展口，如扩展输入口，选

74HC573、74HC373；扩展输出口，选74HC377。其优点是价格低廉，线路连接简单，编程方便。

2. 功能模块设计

从某种角度上看，功能部分设计的优劣是单片机应用系统性能优劣的关键，扩展部分有成熟的电路，一般不会出现问题。功能部分是整个单片机应用系统硬件设计的重心，需要花时间进行设计。电路的各部分都是紧密联系、相互协调的，任何一部分电路考虑不充分，都会给其他部分带来难以估计的影响，造成系统设计的延期、失败。在考虑成本情况下，应该优先采用数字集成芯片，能用集成芯片完成的就不再单独设计电路，这将提高系统的集成速度、缩短开发周期，同时也提高了系统的可靠性。在涉及具体电路的时候，每一个模块、每部分电路都应该参考、借鉴他人在这方面的工作经验，参考典型成熟的电路。对于复杂的电路可以请电子电路方面的专业人员参与，协同开发。对于自己设计的模拟电路部分应该单独进行实验验证，对可靠性和精度进行测试。为使功能部分电路设计尽可能合理有效，应注意以下几个方面。

（1）尽可能选择标准化、模块化的典型电路，提高设计的成功率和结构的灵活性。

（2）尽可能选择集成度高的电路和芯片。这样不仅可以减少电子元件的数量、接插件和相互连线，同时也提高了系统的可靠性，而且一般会降低系统的总成本和总能耗。

（3）尽可能采用新技术、新工艺，使产品具有先进的性能，而不落后于时代潮流。

（4）在满足系统目前功能前提下，适当留有余地，以备将来修改、扩展之需。如I/O扩展，可多安排一个8位I/O口，增加一个插座，这样对临时增加一些测量通道、被控对象或将来扩展极为方便。在设计电路板时，可适当安排一些机动布线区域，在此区域安排若干集成芯片插座或者金属化孔，但不布线。

（5）充分考虑应用系统各部分间驱动能力和阻抗匹配。

（6）工艺设计，包括机箱、面板、显示屏幕、连线、接插件等，设计时要充分考虑安装、调试、维修的方便。

7.1.3 单片机应用系统软件设计

软件设计是设计单片机系统的应用程序。其任务是在总体设计和硬件设计的基础上，确定程序中的各个功能模块，分配内存RAM资源，再进行主程序和各个模块程序的设计，最后连接起来成为一个完整应用程序。

1. 软件总体设计

在进行系统总体设计时，曾经规划过软件结构，但由于当时具体的硬件系统没有最后确定，软件结构框图也是一个逻辑上的流程图，当确定了硬件设计接口扩展及功能模块与CPU连接关系后，就能够明确软件的设计要求。例如数据采集部分，明确CPU对启动A/D转换的控制信号、端口地址、A/D转换芯片的应答信号、采样时间等信息后，就可以对数据采集部分编写程序。

软件结构设计的主要任务是确定软件结构，划分功能模块。一般情况是先进行各种初始化，然后转入动态扫描显示，在显示间隔周期内执行各部分功能模块子程序，同时等待各种中断请求并进行处理，这些功能模块子程序和中断请求一般可以分为：定时、计算、数据采集、数据处理、控制算法、数字滤波、通信、输出控制、报警、打印等，从而明确各个模块之间的任务和相互关系，画出各个模块的详细流程图。

在进行软件总体设计时，可以采用统一建模语言（UML）进行画图，比如对于一个按键处理多个功能时，可以采用画状态图，第一次按下按键是一种状态，此时系统中的硬件、软件资源切换到当前状态中。第二次按下按键是另一种状态，同样也要切换到相应的状态中。对于涉及负责的模块交互功能，各个模块之间有先后顺序，可以采用画时序图，按时间顺序表示系统执行的流程。

2. 主程序和模块程序的设计

在确定好软件总体结构、明确各个功能模块以及分配好内存 RAM 资源后，就可以对主程序和各个功能模块进行设计、编码。在软件设计中，需要借鉴当前主流的设计方法，用 UML 建立模型，画出主程序和相关功能模块图，同时编写相关的文档，最后开始编码工作。在这个环节中需要注意以下几点：

（1）分别画出主程序和各个功能模块的流程图、整个系统的状态图、模块之间的交互图，并编辑对应的文档说明其主要功能，便于开发和后期的维护。明确各个模块程序的入口、出口、占有资源、输出结构、执行时间和执行频率等。

（2）尽量利用库函数和现成的子程序，以减轻工作量、提高效率，同时也是提高系统的稳定性。每个模块可以根据实际需要分成若干个独立部分，分别实现模块化、子程序化。对于具有通用功能的模块可以做成自己的库函数，在以后的项目中可以借鉴、采用。采用模块化的编写方式既有利于调试链接，又有利于移植、修改，提高程序的可读性，便于维护。

（3）书写必要的注释。对于程序中涉及的关键部分和转移部分，应加上功能注释，可以提高程序的可读性。对于每个子程序和功能模块做一些简要说明或者编写相应的文档，内容包括模块的主要功能、版本、内存 RAM 占有资源情况、位寻址区的使用等，同时也可以写上模块的主要算法实现方式，这些可以为代码编写、调试、纠错、维护提供方便。

（4）在整个系统中应该加入必要的自检功能，对于每个模块出现的故障能够准确、及时地提示用户。在开发阶段可以方便调试、纠错，在最终产品阶段可以提高产品的人机交互友好型，提高系统的稳定性。

任务 7.2　认识数字温度传感器 DS18B20

7.2.1　数字温度传感器

DS18B20 是美国 Dallas 半导体公司推出的数字式单总线温度传感器。

由于 DS18B20 具有微型化、低功耗、高性能、抗干扰能力强、接口简单等很多优点，使其得到了广泛的应用。

1. DS18B20 温度传感器的特性

（1）单总线（1 - Wire）结构，只需一根 I/O 口线就可以实现与微处理器的双向数据通信；

（2）每一个 DS18B20 都有唯一的 64 位序列号，可以将多个 DS18B20 并联在一根 I/O 口线上进行多点温度测量；

（3）温度测量范围为 -55℃ ~ +125℃，在 -10℃ ~ +85℃范围内准确度为±0.5℃；

（4）可编程设定温度数据位数为 9 位、10 位、11 位、12 位，对应的可分辨温度为 0.5℃、0.25℃、0.125℃、0.062 5℃，可以实现高精度温度测量；

（5）可编程在 E^2PROM 单元设定高温告警 TH 和低温告警 TL，设定值断电后不会丢失；

（6）供电电压：3 ~ 5.5 V。

2. DS18B20 引脚介绍

表 7 - 3 所示为 DS18B20 的引脚定义。

表 7 - 3　DS18B20 的引脚定义

引脚	定义
GND	电源地
DQ	数据输入输出
V_{DD}	电源正极

3. DS18B20 的内部结构

DS18B20 的内部结构框图如图 7 - 1 所示，其内部功能部件有寄生电源电路、64 位 ROM、温度传感器和一个 9 B 的高速暂存器。

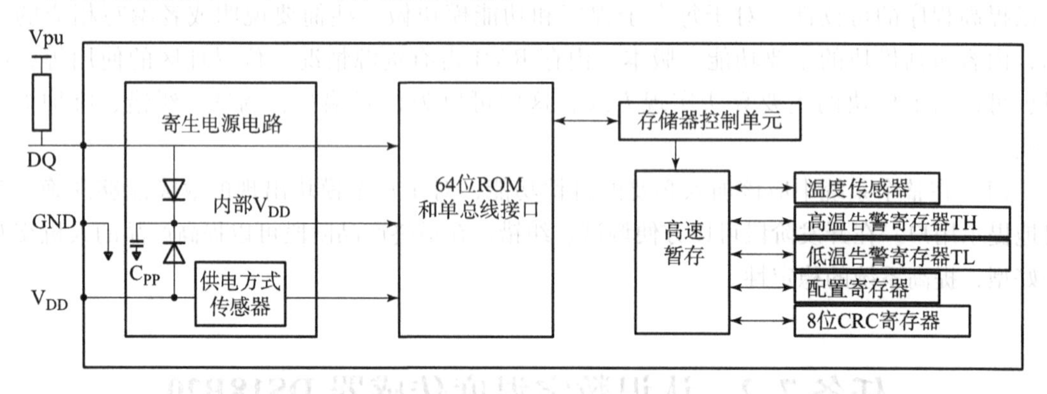

图 7 - 1　DS18B20 的内部结构框图

寄生电源电路主要用于寄生方式，DS18B20 从单信号线取得电源。在单信号线为高电平期间二极管导通，电容 C_{pp} 充电；在单信号线为低电平期间二极管不导通，断开与信号线的连接。

64 位 ROM 存储着 DS18B20 三个部分的信息：低 8 位为产品工厂代码，中间 48 位是每个器件唯一的序列号，高 8 位是前面 56 位的 CRC 校验码。高速暂存一共有 9 B，其功能如表 7 - 4 所示。

表 7－4　DS18B20 高速缓存单元的功能

字节	功能
0	温度转换结果的低位
1	温度转换结果的高位
2	高温告警 TH
3	低温告警 TL
4	配置寄存器
5～7	系统保留
8	CRC 校验码

4. DS18B20 与单片机连接电路

DS18B20 是单总线的数字式温度传感器，它只需单片机提供一根 I/O 口线就能实现双向数据通信。通过将 V_{DD}引脚连接到外部电源，为 DS18B20 供电，如图 7－2 所示。

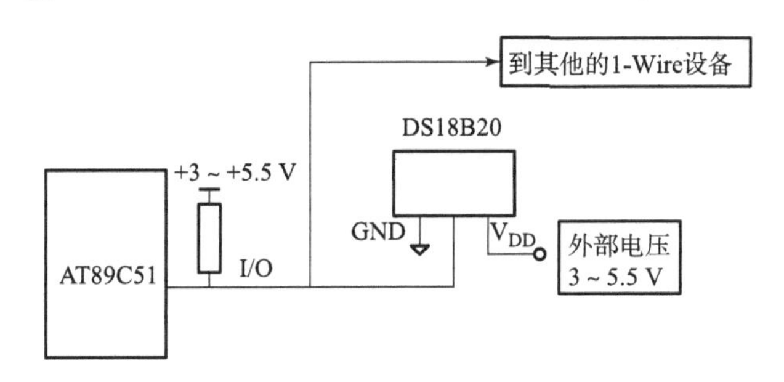

图 7－2　DS18B20 与单片机连接电路

7.2.2　DS18B20 的读写时序

初始化（复位）：让芯片处于等待接收命令状态。

读“1”和读“0”：从数据线上读取数据“1”和“0”；

写“1”和写“0”：向芯片写“1”和写“0”。

1. 初始化（复位）

DS18B20 的初始化过程由三个部分组成：首先是由主控制器（单片机）向总线发出复位脉冲，然后主控制器释放总线，第三部分为 DS18B20 对复位操作的应答，如图 7－3 所示。

初始化（复位）：让芯片处于等待接收命令状态。

（1）主机从高电平拉成低电平，时间最少 480 μs，最多 960 μs；

（2）主机再输出高平等待 15～60 μs；

（3）主机读取数据线上的电平，如果是低电平，说明复位成功，否则，复位失败。

复位的参考程序如下：

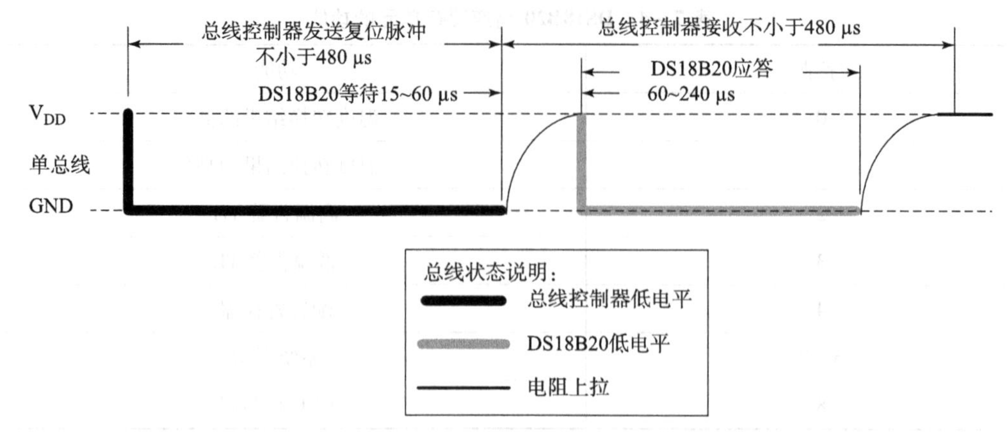

图 7-3　DS18B20 初始化时序

```
unsigned char ow_reset(void)
{
    unsigned char presence;
    DQ = 0;
    delay(60);
    DQ = 1;
    delay(6);
    presence = DQ;
    delay(60);
    return(presence);
}
```

2. 读“1”和读“0”

DS18B20 读时序是指主控制器（单片机）从数据线上读取数据“1”和“0”。其时序图如图 7-4 所示。

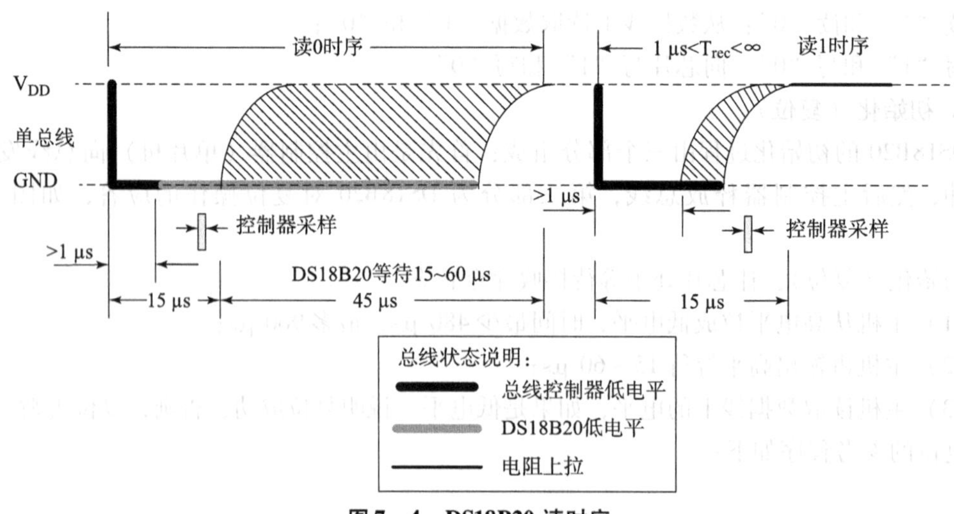

图 7-4　DS18B20 读时序

当主机从 DS18B20 读数据时，主机必须先将总线从高电平拉至低电平，产生读时序，并且总线必须保持低电平至少 1 μs 的时间。但是，来自 DS18B20 的输出数据仅在读时序下降沿之后 15 μs 内有效。因此，为了正确读出 DS18B20 输出的数据，主机在产生读时序 1 μs 后必须释放总线，使 DS18B20 输出数据（若输出 0，DS18B20 会将总线拉至低电平；若输出 1，DS18B20 会使总线保持高电平），主机在 15 μs 内取走数据。15 μs 后上拉电阻将总线拉回至高电平。所有读时序的最短持续时间为 60 μs，且各个读时序之间必须有最短为 1 μs 的恢复时间。

读操作参考程序如下：

```
/****************************** 读操作 ****************************** /
   unsigned char read_bit(void)
   {
      unsigned char i;
      DQ =0;                                   //拉低电平,产生读时序
      DQ =1;                                   //返回高电平
      for(i =0;i <2;i ++);                     //延时 15 μs
      return(DQ);                              //返回 DQ 的当前值
   }
```

3. 写“1”和写“0”

DS18B20 的写时序分为“写 0”时序和“写 1”时序。图 7 - 5 所示为 DS18B20 的写时序。

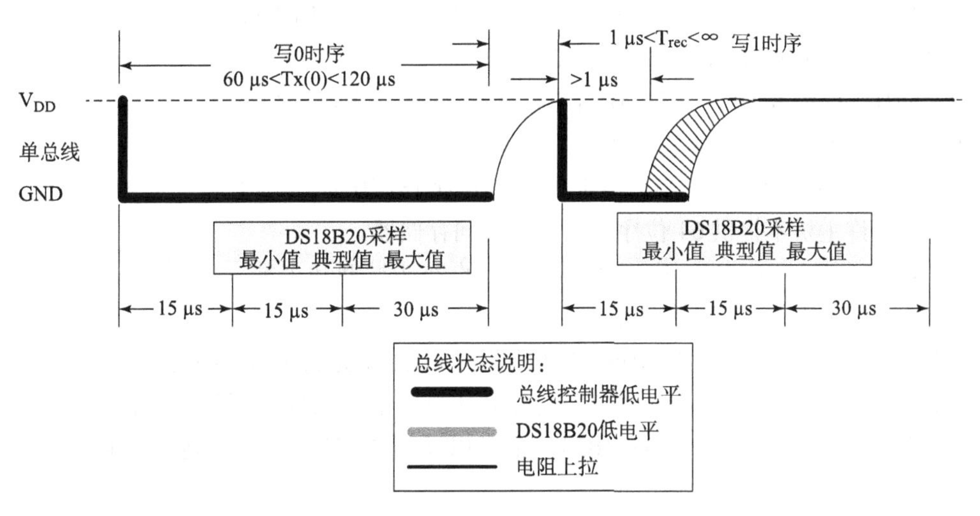

图 7 - 5　DS18B20 的写时序

操作步骤如下：

（1）写操作从主机把高电平拉低开始。

（2）主机把数据线拉低至少 1 μs，最大 15 μs 后，如果再拉高成高电平，则写“1”，否则是写“0”。

注意：

（1）DS18B20芯片在主机把电平拉低15 μs后的45 μs内采集数据线上的数据。

（2）每次写持续时间至少60 μs，两次读/写之间时间间隔至少1 μs。

写操作参考程序如下：

```
/****************************** 写操作 ********************************** /
void write_bit(char bitval)
{
    DQ = 0;                          //将 DQ 引脚拉低
    if(bitval == 1)DQ = 1;       //如果写入 1,则 DQ 返回高电平
    delay(6);                      //保持写持续时间 60 μs
    DQ = 1;
    }
```

7.2.3 DS18B20温度传感器的操作使用

在了解了DS18B20的内部结构及初始化、读、写操作之后，现在来了解一下DS18B20的常用控制命令。

1. DS18B20的ROM控制命令

ROM控制命令主要是对DS18B20内部64位ROM进行相关操作的命令。图7-6所示为操作流程。

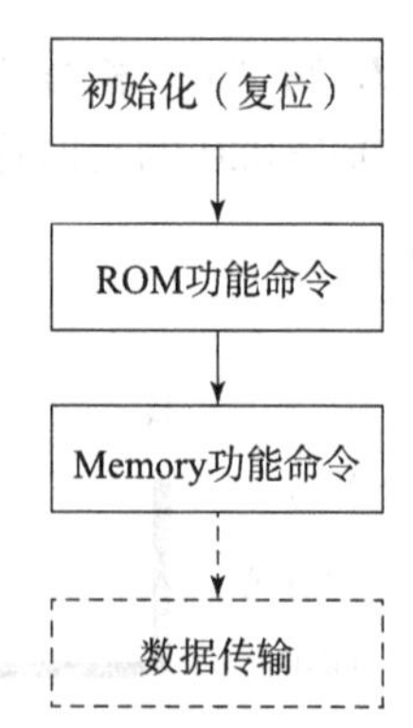

图7-6 操作流程

（1）33H（读ROM）：当总线上仅有一个DS18B20时，用于读取DS18B20的ROM中的编码（64位编码）。

（2）55H（匹配ROM）：用55H后跟64位序列号，找到与发送的序列号匹配的DS18B20，为进一步读、写操作做准备。

（3）CCH（跳过ROM）：当总线上仅有一个DS18B20时，可以通过此命令允许主机不提供64位序列号直接访问存储器。

（4）F0H（搜索ROM）：用于确定总线上的器件类型和个数，识别器件地址，为操作各器件做准备。

如果需要在总线上并联多个DS18B20使用，则需要先将DS18B20逐个挂在总线上读出并记下它们的序列号，然后将他们一起并联在总线上，根据序列号选择被操作对象进行读、写操作；如果只使用一个DS18B20，则可以跳过ROM，直接对高速暂存进行读、写操作。

2. 高速暂存控制命令

高速暂存器由9个字节组成，功能定义如表7-4所示。

（1）44H（温度转换）：向DS18B20写入44H，即启动DS18B20进行温度转换，并将结果存入高速暂存的字节0和1。DS18B20温度数据存储格式如表7-5所示。DS18B20默认数据位数为12位（一般不需要做修改），数据存储编码为补码。表7-5中S为符号位：温度值为正时，S为0；温度值为负时，S为1。

表 7－5　DS18B20 温度数据存储格式

D15	D14	D13	D12	D11	D10	D9	D8
S	S	S	S	S	2^6	2^5	2^4
D7	D6	D5	D4	D3	D2	D1	D0
2^3	2^2	2^1	2^0	2^{-1}	2^{-2}	2^{-3}	2^{-4}

当分辨率为 12 位时，温度值每增加 0.062 5℃，数据加 1，所以当读取到温度编码后，只要将所得的补码转换成原码，再将数值乘以 0.062 5 就可以得到温度值了。

（2）BEH（读暂存器）：向 DS18B20 写入 BEH，就可以从字节 0 开始依次读取 9 个字节的高速暂存内容。如果只要读取一部分，可随时用复位（初始化）操作打断读取操作。

3. DS18B20 操作流程

DS18B20 操作流程分 ROM 操作流程和 RAM 操作流程。如果仅使用一个传感器且只需要进行温度转换并读出温度值，可以按图 7－7 和图 7－8 所示流程进行。

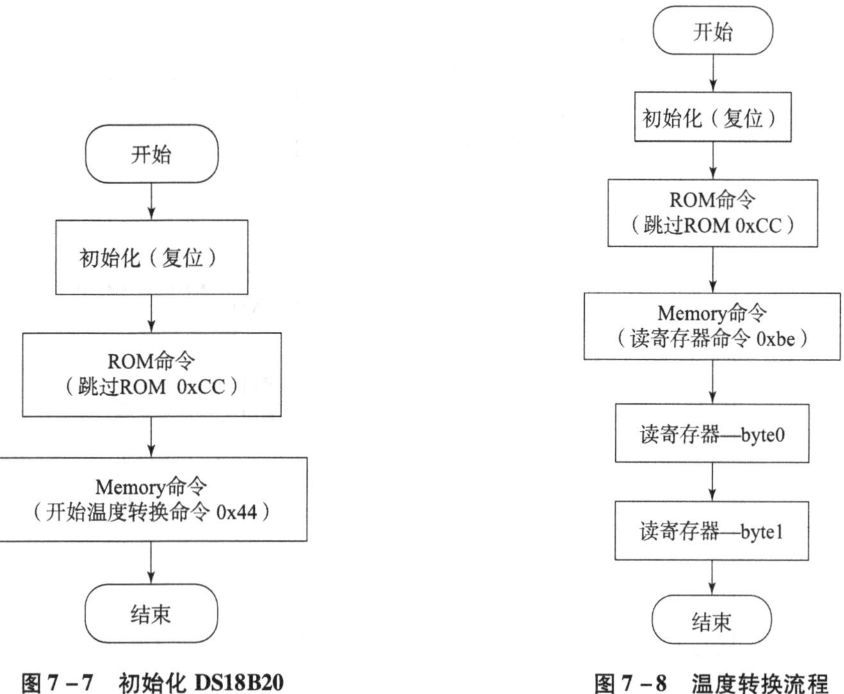

图 7－7　初始化 DS18B20　　图 7－8　温度转换流程

任务 7.3　数字温度报警器设计

7.3.1　任务要求与工作计划

数字温度报警器的任务要求：检测数字温度传感器 DS18B20，并将检测到的温度信息

“Temp：xx. x ℃”显示在LCD1602液晶显示器第一行，当温度在25℃～30℃时，第二行显示“Temp Good!”，蜂鸣器、LED灯不工作；当温度高于30℃时，蜂鸣器鸣叫报警，红灯闪烁；当温度低于25℃时，LCD1602第二行显示“Temp Low”，蜂鸣器鸣叫报警，黄灯闪烁。

工作计划：首先分析任务，进行硬件电路设计，再进行软件程序编写，经编译调试后，对数字温度报警器的设计任务进行仿真演示。

7.3.2 硬件电路设计

单片机的P2.0、P2.1、P2.2口接LCD1602液晶显示器的RS、RW、E信号端，P0口接LCD1602的数据线，P2.4口接DS18B20的DQ端，P2.7口接蜂鸣器，P1.0和P1.5口分别接一个LED灯。具体电路连接如图7－9所示。

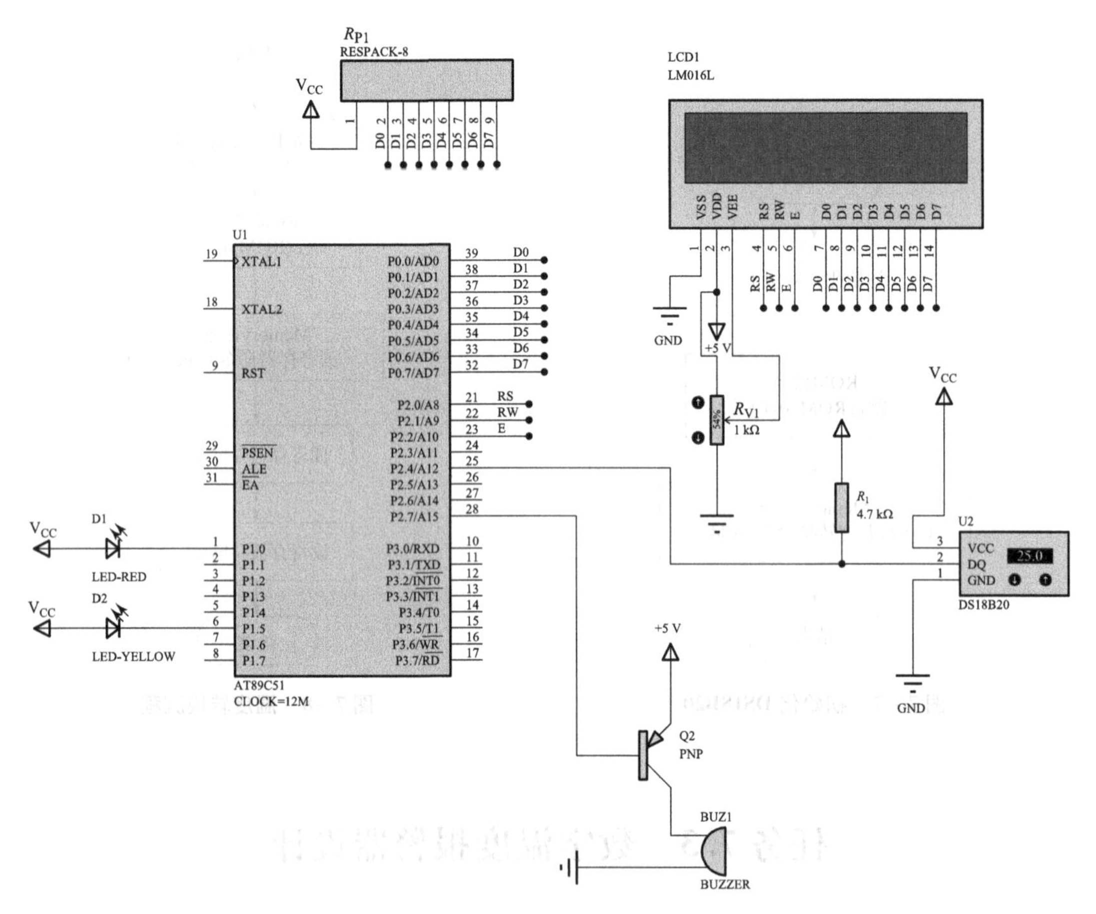

图7－9　温度报警系统的电路连接

7.3.3　软件程序设计

参考程序如下：

```
/****************************************************************
    检测数字温度传感器 DS18B20,并将检测到的温度信息"Temp:xx.x ℃"显示在
LCD1602 液晶显示器第一行,当温度在 25℃ ~30℃时,第二行显示"Temp Good!",蜂鸣
器、LED 不工作;当温度在高于 30℃时,蜂鸣器鸣叫报警,红灯闪烁;当温度低于 25℃时,
LCD1602 第二行显示"Temp Low",蜂鸣器鸣叫报警,黄灯闪烁。
**************************************************************** /
#include <REGX51.H>
// -----引脚定义------
#define LCD_DB P0
sbit LCD_RS = P2^0;
sbit LCD_RW = P2^1;
sbit LCD_E = P2^2;
sbit SOUNDER = P2^7;
sbit LED_RED = P1^0;
sbit LED_YELLOW = P1^5;
sbit DQ = P2^4;
unsigned char code tabNum[] = {"0123456789"};
// -----1602 功能函数-----
void delay1ms(unsigned char ms)
{
    unsigned char i,j;
    while(ms--)
    for(i=0;i<4;i++)
    for(j=0;j<250;j++);
}
void busy_chk()  //忙检测
{
    do
    {
      LCD_E=0;
      LCD_RS=0;
      LCD_RW=1;
      LCD_E=1;
```

```
      LCD_DB =0xff;
    }
    while(LCD_DB&0x80);        //***** “忙”则等待*****
}
//写命令
    void write_cmd(unsigned char cmd)
{
    LCD_E =0;
    LCD_RS =0;
    LCD_RW =0;
    LCD_DB =cmd;
    LCD_E =1;
    LCD_E =0;
}
//写数据
void write_dat(unsigned char dat)
{
    LCD_E =0;
    LCD_RS =1;
    LCD_RW =0;
    LCD_DB =dat;
    LCD_E =1;
    LCD_E =0;
}

//初始化函数
void LCD_Init()
{
    delay1ms(15);
    busy_chk();
    write_cmd(0x38);
    busy_chk();
    write_cmd(0x08);
    busy_chk();
    write_cmd(0x01);
    busy_chk();
```

```
write_cmd(0x06);
    busy_chk();
    write_cmd(0x0c);
}

//显示一个字符
//LCD1602 显示 在(x,y)显示字符型 ch
void LCD_char(unsigned char x,unsigned char y,unsigned char ch)
{
    if(x==0)
    {
          busy_chk();
          write_cmd(0x80+y);
    }
    else
    {
          busy_chk();
          write_cmd(0xc0+y);
    }
    busy_chk();
    write_dat(ch);
}

//从(x,y)开始显示字符串,x=0 or 1;y=0-15;
void LCD_string(unsigned char x,unsigned char y,unsigned char* p)
{
    if(x==0)
    {
          busy_chk();
          write_cmd(0x80+y);
    }
    else
    {
          busy_chk();
          write_cmd(0xc0+y);
    }
```

```
    while(* p! ='\0')
    {
        busy_chk();
        write_dat(* p);
        p ++;
    }
}

//------------DS18B20 程序---------------
    //晶振频率为 11.059 MHz 时,延时程序
//  调用 24 NS 的延时程序
//  每计一次数耗时/6 μs
//
void delay(unsigned char useconds)
{
  unsigned char s;
    for(s =0;s <useconds;s ++);
}

unsigned char ow_reset(void)
{
    unsigned char presence;
    DQ =0;
    delay(60);
    DQ =1;
    delay(6);
    presence =DQ;
    delay(60);
    return(presence);
}

unsigned char read_bit(void)
{
    unsigned char i;
    DQ =0;                          //将 DQ 拉成低电平
    DQ =1;                          //返回高电平
```

```
    for(i =0;i <2;i ++);     //延时/5 μs
    return(DQ);                         //返回 DQ 值
}

void write_bit(char bitval)
{
    DQ =0;                              //将 DQ 引脚拉低
    if(bitval ==1)DQ =1;                //如果写入 1,则 DQ 返回高电平
    delay(6);                           //保持写持续时间 60 μs
    DQ =1;
}
    unsigned char read_byte(void)
{
    unsigned char i;
    unsigned char value =0;
    for(i =0;i <8;i ++)
    {
    if(read_bit())value | =0x01 <<i;
    delay(6);
    }
    return(value);
}

void write_byte(unsigned char val)
{
    unsigned char i;
    for(i =0;i <8;i ++)                  //按位写入一个字节的字符
    {
        if((val >>i)&0x01)write_bit(1);
        else write_bit(0);
    }
}
unsigned int Read_Temperature(void)
{
    unsigned char get[9];
    unsigned char temp_lsb =0,temp_msb =0;
```

```
    int k=0;
    ow_reset();
    write_byte(0xCC);                    //跳过 ROM
    write_byte(0x44);                   //开始进行温度转换
    delay(10);
    delay1ms(200);
    ow_reset();
    write_byte(0xCC);                   //跳过 ROM
    write_byte(0xBE);                   //读暂存器
    for(k=0;k<9;k++)
    {
        get[k]=read_byte();
    }
    temp_msb=get[1];
    temp_lsb=get[0];
    return((temp_msb<<8)|temp_lsb);
}

// ---------------------------------
void display_temp(float temp_f)
{
    unsigned int temp_t=0;
    temp_t=(unsigned int)(temp_f* 10);  //显示到小数点后一位
    LCD_string(0,0,"Temp:");
    LCD_char(0,5,tabNum[temp_t/100]);  //温度"十"位
    LCD_char(0,6,tabNum[temp_t% 100/10]);  //温度"个"位
    LCD_char(0,7,'.');  //小数点
    LCD_char(0,8,tabNum[temp_t% 10]);  //温度"小数"位
}
// -----系统测试主函数-------
void main()
{
    float temperature=0;
     LCD_Init();
     while(1)
     {
```

```
        temperature = Read_Temperature()* 0.0625;
        display_temp(temperature);
        if(temperature <25)
        {
            SOUNDER =0;
            LED_RED =1;
            LED_YELLOW = ~LED_YELLOW;
            LCD_string(1,0,"Temp Low! ");
        }
        else if(temperature >30)
        {
            SOUNDER =0;
            LED_RED = ~LED_RED;
            LED_YELLOW =1;
            LCD_string(1,0,"Temp High!");
        }
        else
        {
            SOUNDER =1;
            LED_RED =1;
            LED_YELLOW =1;
            LCD_string(1,0,"Temp Good!");
        }
    }
}
```

7.3.4　调试与仿真运行

仿真调试程序结果如图 7 – 10 ~ 图 7 – 12 所示。

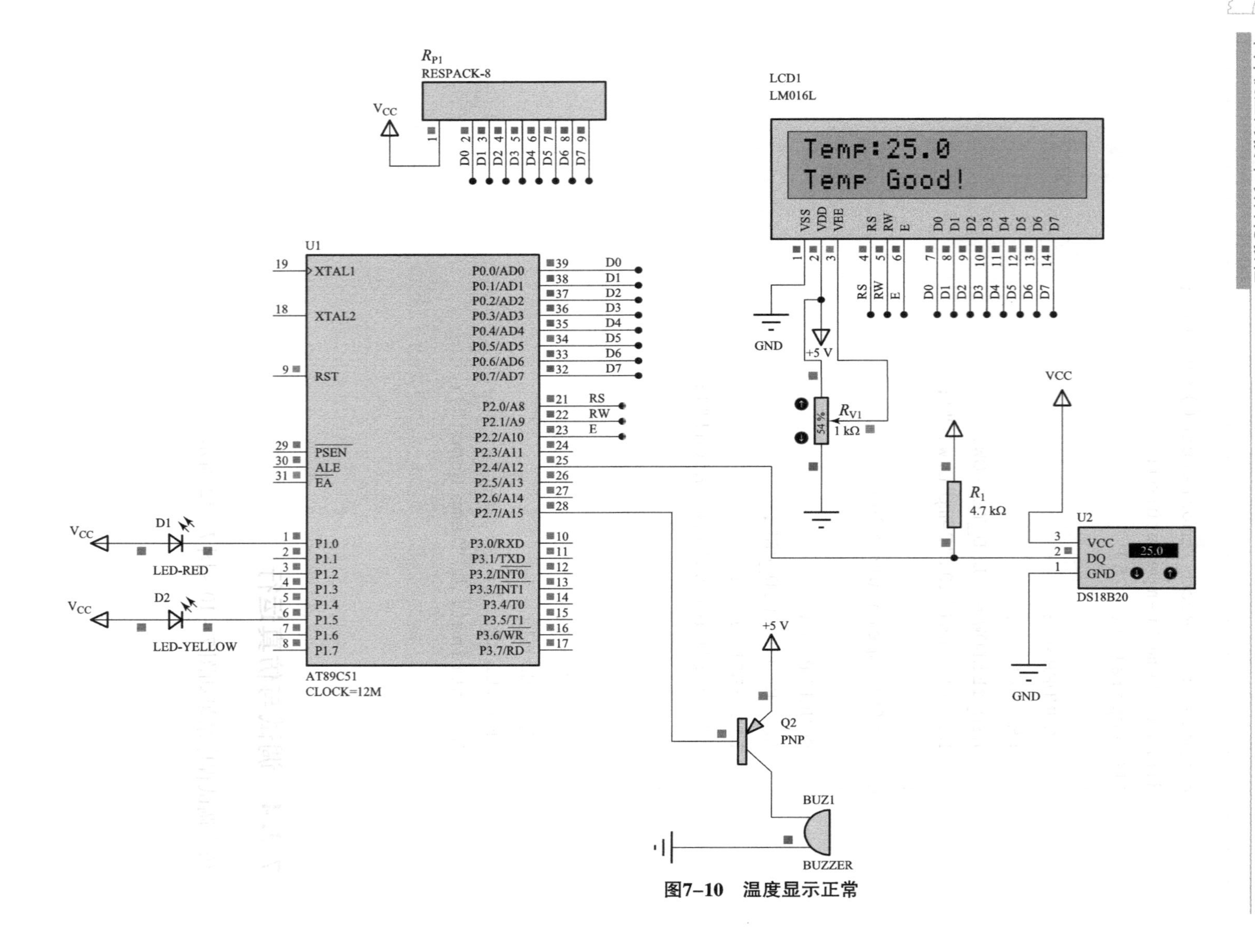
RP1
RESPACK-8
VCC
LCD1
LM016L
Temp:25.0
Temp Good!
VSS
VDD
VEE
RS
RW
E
D0
D1
D2
D3
D4
D5
D6
D7
GND
+5 V
RV1
1 kΩ
54 %
R1
4.7 kΩ
U2
DQ
DS18B20
25.0
U1
XTAL1
XTAL2
RST
PSEN
ALE
EA
P0.0/AD0
P0.1/AD1
P0.2/AD2
P0.3/AD3
P0.4/AD4
P0.5/AD5
P0.6/AD6
P0.7/AD7
P2.0/A8
P2.1/A9
P2.2/A10
P2.3/A11
P2.4/A12
P2.5/A13
P2.6/A14
P2.7/A15
P3.0/RXD
P3.1/TXD
P3.2/INT0
P3.3/INT1
P3.4/T0
P3.5/T1
P3.6/WR
P3.7/RD
P1.0
P1.1
P1.2
P1.3
P1.4
P1.5
P1.6
P1.7
AT89C51
CLOCK=12M
D1
LED-RED
D2
LED-YELLOW
Q2
PNP
BUZ1
BUZZER

图7-10 温度显示正常

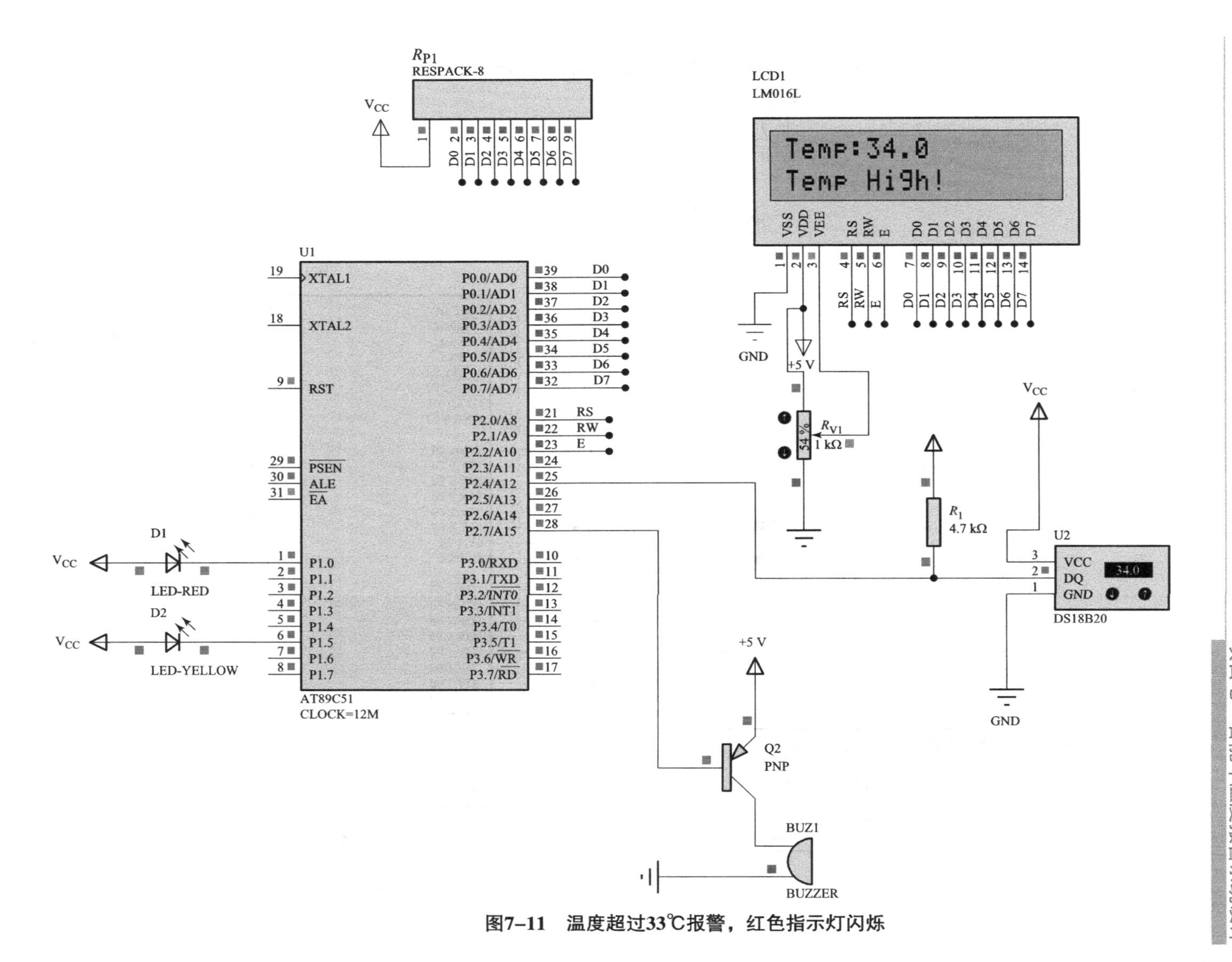

图7-11　温度超过33℃报警，红色指示灯闪烁

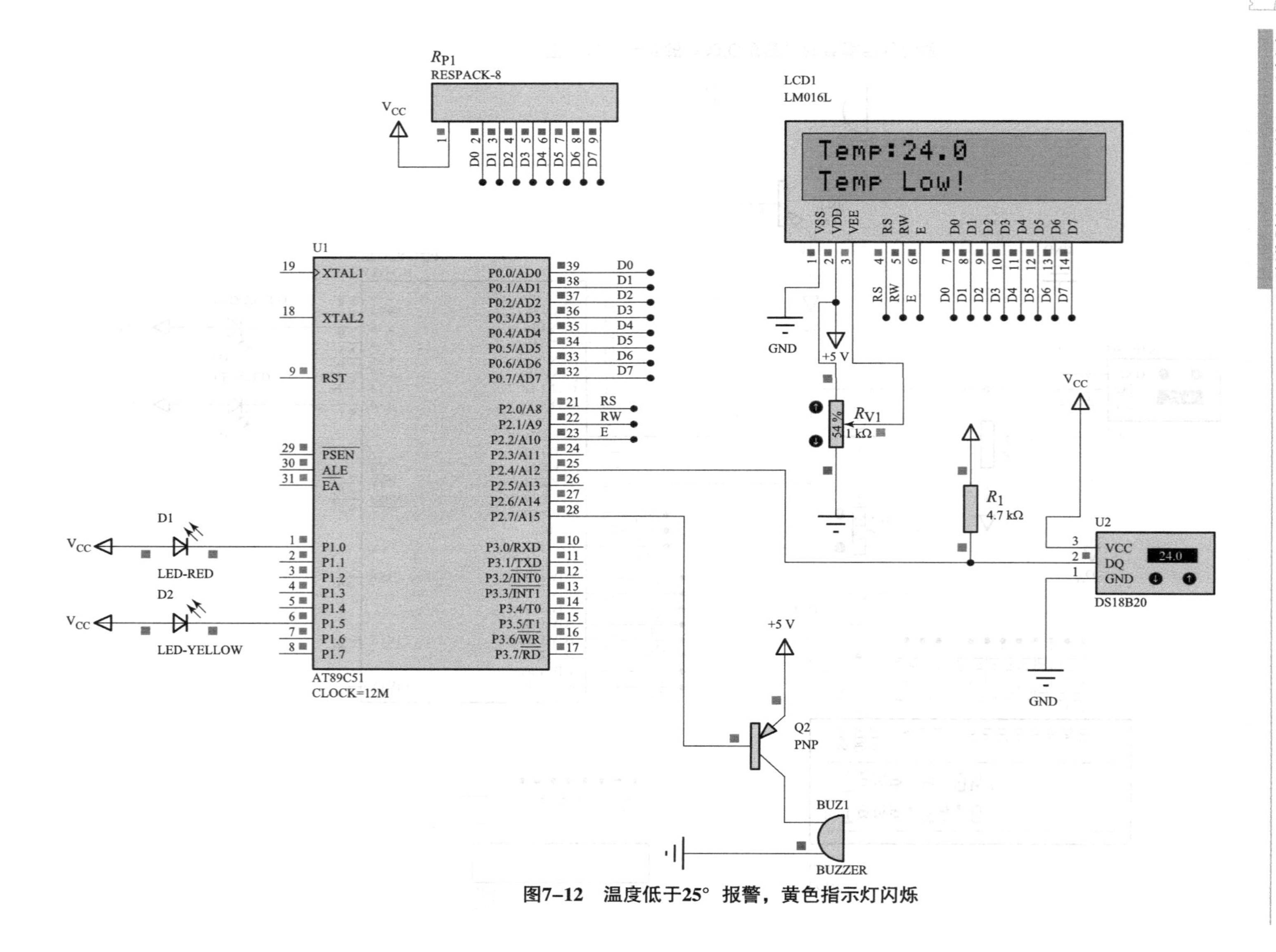

图7-12　温度低于25°报警，黄色指示灯闪烁

项目八　出租车计价器的设计

学习情境任务描述

本学习情境的工作任务是采用单片机应用系统设计一出租车计价器，LCD1602 实现智能车运动里程及费用，并用 AT24C02 存储每次的里程及计费值。通过认识 I^2C 总线及 AT24C02 芯片，利用单片机的 I/O 口模拟 I^2C 总线操作，完成出租车计价器的设计。在搜集电子钟的相关资料的基础上，进行出租车计价器的任务分析和计划制订、硬件电路和软件程序的设计，完成出租车计价器的制作调试和运行演示，并完成工作任务的评价。

学习目标

（1）掌握 I^2C 总线协议；

（2）掌握 I^2C 芯片 AT24C02 的使用方法；

（3）能用单片机 I/O 口模拟 I^2C 总线操作；

（4）能用单片机完成出租车计价器的设计；

（5）能按照设计任务书的要求，完成出租车计价器的设计调试与制作。

学习与工作内容

本学习情境要求根据任务书的要求，如表 8－1 所示，学习 I^2C 总线及其芯片 AT24C02 的相关知识，查阅资料，制订工作方案和计划，完成出租车计价器的设计与制作，需要完成以下工作任务：

（1）学习 I^2C 总线及其芯片 AT24C02；

（2）划分工作小组，以小组为单位完成出租车计价器的设计任务；

（3）根据任务书的要求，查阅收集相关资料，制订完成任务的方案和计划；

（4）根据任务书的要求，整理出硬件电路图；

（5）根据任务要求和电路图，整理出所需要的器件和工具仪器清单；

（6）根据功能要求和硬件电路原理图，绘制程序流程图；

（7）根据功能要求和程序流程图，编写软件程序并进行编译调试；

（8）进行软硬件调试和仿真运行，电路的安装制作，演示汇报；

（9）进行工作任务的学业评价，完成工作任务的设计制作报告。

表 8-1　出租车计价器的设计任务书

设计任务	采用单片机控制方式，设计出租车计价器
功能要求	1. 系统有两个按键“开始/停止”键和“查询”键。 2. “开始/停止”按一次模拟出租车行驶，并开始计费，计费指示灯常亮，LCD显示相关数据；再按一次计费终止，并存储此次的“总价”和“总里程数”，计费指示灯熄灭。 3. 按“查询”键，可以查看上一次的计费记录，包括“总价”和“总里程数”，并在 LCD 有“Last Mem”提示，再按一次退出查询状态。 4. 时钟源，模拟车轮转动的脉冲信号输出
工具	1. 单片机开发和电路设计仿真软件：Keil μVision4 软件、Protues 软件； 2. PC 及软件程序、万用表、电烙铁、装配工具
材料	元器件（套）、焊料、焊剂、焊锡丝

学业评价

本学习情境的学业根据工作任务的完成过程进行考核评价，注重学习和工作过程的考核评价，依据完成任务中实际的学习和工作过程分为 8 个评分项目，根据各项目主要完成主体的不同，分别对个人和小组进行考核评价，如表 8-2 所示。

表 8-2　考核评价表

项目名称	分值	第______组			备注
		学生 1	学生 2	学生 3	
I^2C 总线的学习	15				
AT24C02 的学习	10				
出租车计价器硬件电路设计	15				
出租车计价器软件程序设计	10				
调试仿真	10				
安装制作	10				
设计制作报告	15				
团队及合作能力	15				

任务 8.1　认识 I^2C 总线

在单片机系统中，由于串行总线的接口比较简单，有利于系统设计的模块化和标准化，提高系统的可靠性，降低成本，所以串行总线的应用十分广泛。在众多的串行总线中，由于 I^2C 总线只需两根线，支持带电插拔，有大量的外围接口芯片，因此经常被单片机系统所采用。I^2C 总线连接图如图 8-1 所示。

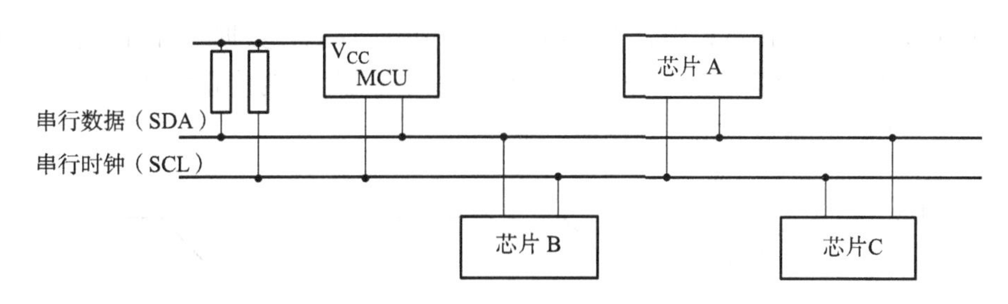

图 8-1　I²C 总线连接图

8.1.1　I²C 总线协议

I²C（Inter-Integrated Circuit）总线是由 PHILIPS 公司开发的两线式串行总线，用于连接微控制器及其外围设备，是微电子通信控制领域广泛采用的一种总线标准，具有接口线少，控制方式简单，器件封装形式小，通信速率较高等优点。

1. I²C 总线的特点

（1）只要求两条总线线路：一条串行数据线 SDA，一条串行时钟线 SCL。

在 I²C 总线系统中，任何一个 I²C 总线接口的外围器件，不论其功能差别有多大，都是通过串行数据线（SDA）和串行时钟线（SCL）连接到 I²C 总线上的。这一特点为用户在设计应用系统中带来了极大的便利性。

（2）在单片机应用系统中，一般采用单主结构方式，只存在单片机对从器件的读写操作，每个 I²C 总线从器件具有唯一的器件地址，各从器件之间互不干扰，相互之间不能进行通信，单片机与 I²C 器件之间的通信是通过从器件地址来实现的。

（3）软件操作的一致性。由于任何器件通过 I²C 总线与单片机进行数据传送的方式基本都是一样的，这就决定了 I²C 总线软件编写的一致性。

2. I²C 总线数据传送的规则

（1）在 I²C 总线上的数据线 SDA 和时钟线 SCL 都是双向传输线，它们的接口各自通过一个上拉电阻接到电源正端，如图 8-2 所示。当总线空闲时，SDA 和 SCL 必须保持高电平，为了使总线上所有电路的输出能完成一个“线与”的功能，各接口电路的输出端必须是开路漏极或开路集电极。

（2）进行数据传送时，在时钟信号高电平期间，数据线上的数据必须保持稳定；只有时钟线上的信号为低电平期间，数据线上的高电平或低电平才允许变化，如图 8-2 所示。

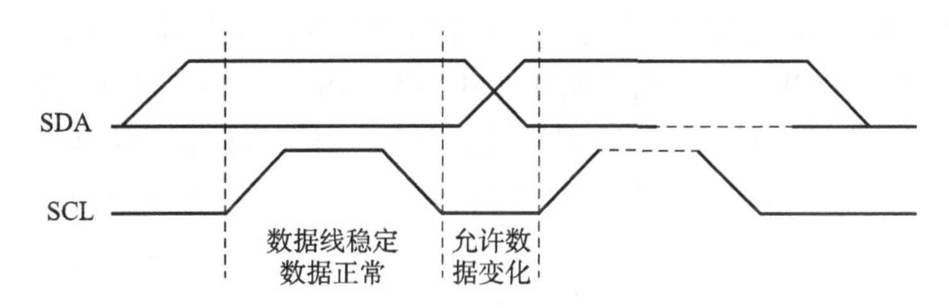

图 8-2　I²C 总线数据有效性

(3) 在 I^2C 总线的工作过程中，当时钟线保持高电平期间，数据线由高电平向低电平变化定义为起始信号（S），而数据线由低电平向高电平的变化定义为终止信号（P），如图 8－3 所示。起始信号和终止信号均由主控制器产生。

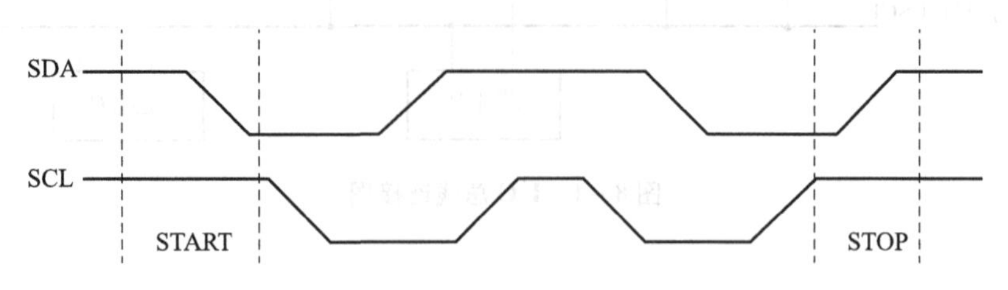

图 8－3　I^2C 总线起始信号及终止信号

(4) I^2C 总线传送的每 1 B 均为 8 位，但每启动一次总线传送的字节数没有限制，由主控制器发送时钟脉冲及起始信号、寻址字节和停止信号，受控器件必须在收到每个数据字节后做出响应，在传送 1 B 后的第 9 个时钟脉冲位，受控器件输出低电平作为应答信号。此时，要求发送器在第 9 个时钟脉冲位上释放 SDA 线，以便受控器送出应答信号，将 SDA 线拉成低电平，表示对接收数据的认可。应答信号用 ACK 或 A 表示。非应答信号用$\overline{ACK}$或$\overline{A}$表示。当确认后，主控器可通过产生一个终止信号来终止总线数据传输。I^2C 总线数据传输格式如图 8－4 所示。

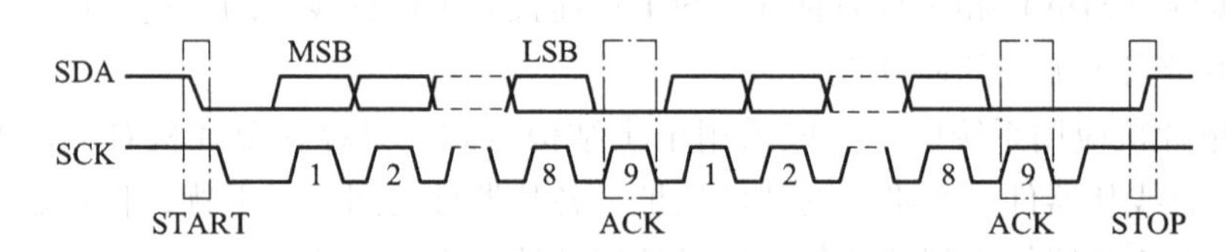

图 8－4　I^2C 总线数据传输格式

3. I^2C 总线数据的读写格式

总线上传送数据的格式是指为被传送的各项有用数据安排先后顺序，这种格式是根据串行通信的特点，传送数据的有效性、准确性和可靠性而制定的。另外，总线上数据的传送还是双向的，也就是说主控器在指令操作下，既能向受控器发送数据（写入），也能接收受控器中某寄存器内存放的数据（读取），所以传送数据的格式有“写格式”与“读格式”之分。

1）写格式

I^2C 总线数据的写格式如图 8－5 所示。

写格式是指主控器向受控器发送数据，工作过程是先由主控器发出启动信号（S），随后传送一个带读/写（R/W）标记的从地址（SLAVE ADD）字节，从地址只有 7 位长，第 8 位是“读/写”位（R/W）用来确定数据传送的方向。对于写格式，R/W 应为 0，表示主控器将发送数据给受控器，接着传送第 2 B，即从地址的子地址（SUB ADD）。若受控器有多字节的控制项目，该子地址是指第一个地址，因为子地址在受控器中都是按顺序编制的，这就便于某受控器的数据一次传送完毕；接着才是若干字节的控制数据的传送，每传送 1 B 的地址或数据后的第 9 位是受控器的应答信号，数据传送的顺序要靠主控器中程序的支持才能实现；数据发送完后，由主控器发出终止信号（P）。

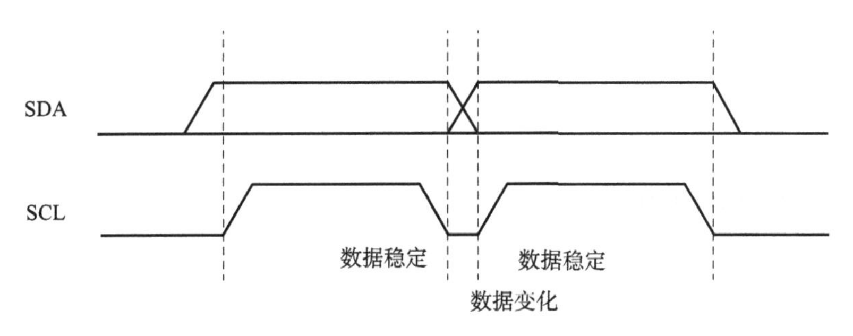

图 8－5　I²C 总线数据的写格式

2）读格式。

与写格式不同，读格式首先要找到读取数据的受控器的地址，包括从地址和子地址。所以格式中在启动读操作之前，用写格式发送受控器，再启动读格式，不过前 3 个应答信号因为是指向受控器，所以应由受控器发出；然后，所有数据字节的应答信号因为是指向主控器，因此由主控器发出，不过最后的 A＝1。

8.1.2　I/O 口模拟 I²C 总线操作

在大多数单片机系统中，一般只有一个主机就是单片机本身，其他设备都是从机。因此，I²C 总线的传送机制可以简化。由此可以选用那些不带 I²C 总线接口的单片机，例如 51 单片机，可以在单片机应用系统中通过软件模拟的方式模拟 I²C 总线的工作时序，访问 I²C 总线的器件。在使用时，只需要调用各个程序就可以方便地扩展 I²C 总线接口器件。

为了保证数据传送的可靠性，标准的 I²C 总线的数据传送有严格的时序要求。起始信号、终止信号和数据位的时序模拟和要求如下：

（1）对于起始信号而言，要求在 SDA 跳变成低电平之前，必须保持至少 4.7 μs 的高电平，而且起始信号到第一个时钟脉冲的时间间隔要大于 4.0 μs。

（2）对于终止信号而言，在 SDA 发生高电平跳变之前，SCL 必须保持高电平至少 4.7 μs，SDA 跳变为高电平之后，还必须保持高电平至少 4.0 μs。

（3）对于数据位、应答位和非应答位而言，只要满足 SCL 的高电平周期大于 4.0 μs，并且在此期间 SDA 保持稳定即可。

综上所述，可以在单片机中用软件模拟出 I²C 总线的接口时序。SDA 线用单片机的 P0 口任意一个引脚来模拟，SCL 线用单片机的 P0 口任意一个引脚来模拟。主机采用 80C51 单片机，晶振频率为 12 MHz，机器周期为 1 μs。

起始信号的时序模拟子程序如下：

```
void start_24c02()
{
    SCL =0;
    SDA =1;
    SCL =1;
```

```
    SDA=0;
    SCL=0;
  }
```

终止信号的时序模拟子程序如下：

```
  void stop_24c02()
  {
    SCL=0;
    SDA=0;
    SCL=1;
    SDA=1;
    SCL=0;
  }
  }
```

8.1.3 I²C 芯片 AT24C02 的使用

24C ** 为 I²C 串行 E²PROM 存储器，该系列有 24C01、24C02、24C04、24C08、24C16、24C32、24C64 等型号，它们的封装形式、引脚功能及内部结构类似，只是存储容量不同，对应的存储容量分别是 128 B、256 B、512 B、1 KB、2 KB、4 KB、8 KB。

1. 24C ** 芯片的引脚

24C ** 芯片的引脚排列如图 8－6 所示。

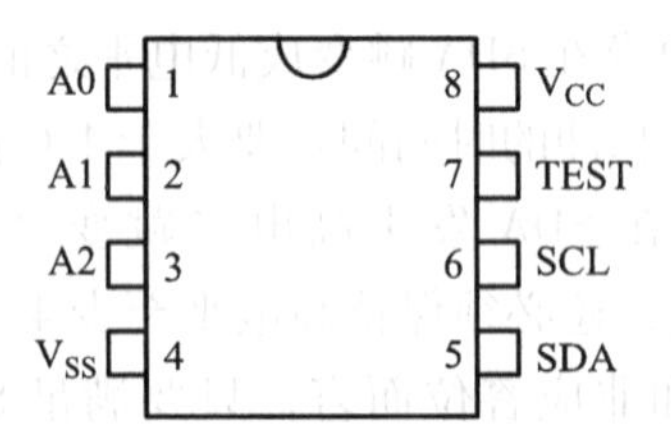

图 8－6　24C ** 芯片的引脚排列

共有 8 个引脚，各引脚功能如下。

（1）A0、A1、A2：片选或页面选择地址输入端。选用不同的 E²PROM 存储器芯片时，其意义不同，但都要接固定电平，用于多个器件级联时的芯片寻址。

对于 24C01/24C02 E²PROM 存储器芯片，这 3 位用于芯片寻址，通过与其所接的接线逻辑电平相比较，判断芯片是否被选通。总线上最多可连接 8 片 24C01/24C02 存储器芯片。

对于 24C04 E²PROM 存储器芯片，用 A1、A2 作为片选，A0 悬空。在总线上最多可连接 4 片 24C04。

对于 24C08 E²PROM 存储器芯片，只用 A2 作为片选，A0、A1 悬空。在总线上最多可连接 2 片 24C08。

对于24C16 E2PROM存储器芯片，A0、A1、A2都悬空。这3位地址作为页地址位P0、P1、P2，在总线上只能连接1片24C16。

（2）GND：接地。

（3）SDA：串行数据（地址）I/O口，用于串行数据的输入/输出。这个引脚是漏极开路驱动端，可以与任何数量的漏极开路或集电极开路器件“线或”连接。

（4）SCL：串行时钟输入端，用于输入/输出数据的同步。在其上升沿时，串行写入数据；在下降沿时，串行读取数据。

（5）WP：写保护端，用于硬件数据的保护。WP接地时，对整个芯片进行正常的读/写操作；WP接电源V_{CC}时，对芯片进行数据写保护。

（6）V_{CC}：电源电压，接+5 V。

2. 24C ** 芯片的寻址与读写方式

24C ** 系列串行E^2PROM寻址方式字节的高4位为器件地址且固定为1010 B；低3位为器件地址引脚A2～A0。对于存储容量小于256 B的芯片，如24C01，片内寻址只需8位。对于容量大于256 B的，如24C16，其容量为2 KB，因此需要11位寻址位。通常，将寻址地址多于8位的称为页面寻址，每256 B作为1页。

1）读操作（同写操作）

图8-7所示为AT24C02读操作与写操作时序图。

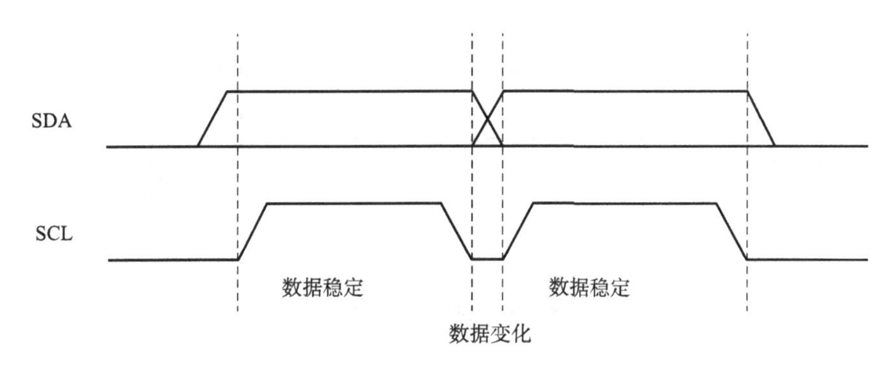

图8-7　AT24C02读操作与写操作时序图

从SDA读取数据时，须在SCL=1时进行。

2）向任一地址写入数据

图8-8所示为向任一地址写数据。

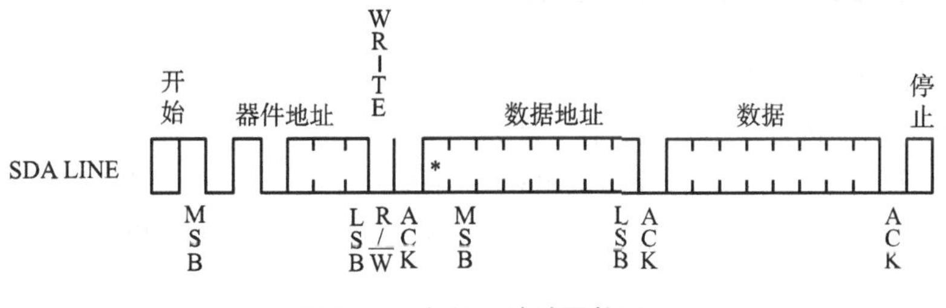

图8-8　向任一地址写数据

3）从任一地址读取数据

图 8－9 所示为从任一地址读取数据。

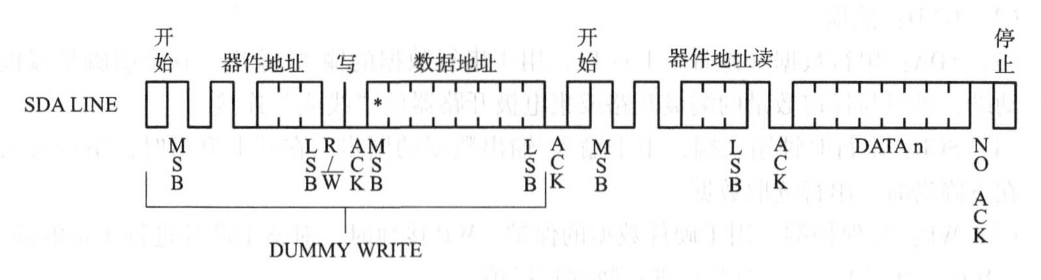

图 8－9　从任一地址读取数据

注意：在数据串行“写/读”操作时，字节数据的高位在前，低位在后。

4）回应信号

回应信号是 24C02 器件发出的，电平信号为“低电平”，其时序如图 8－10 所示。

当向 24C02 写入一个字节后（8 bits，即在第 9 个时钟脉冲），器件就会回发一个回应信号以表成功收到。

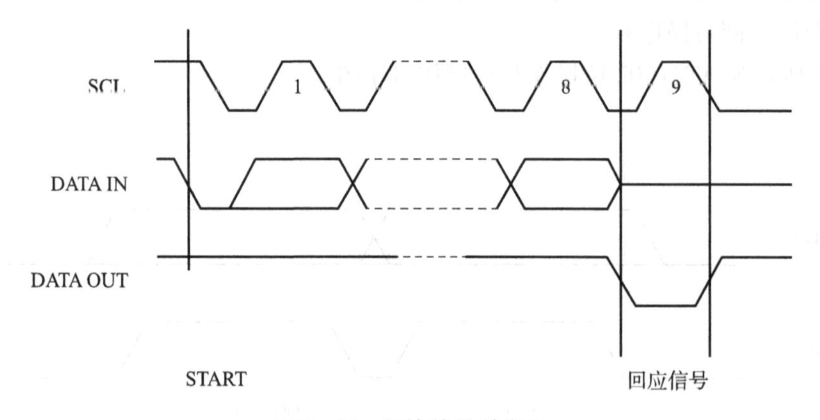

图 8－10　回应信号时序图

任务 8.2　出租车计价器设计

8.2.1　任务要求及工作计划

出租车计价器的任务要求：

（1）系统有两个按键“开始/停止”键和“查询”键。

（2）按一次“开始/停止”键模拟出租车行驶并开始计费，计费指示灯常亮，LCD 显示相关数据；再按一次计费终止，并存储此次的“总价”和“总里程数”，计费指示灯熄灭。

（3）按“查询”键，可以查看上一次的计费记录，包括“总价”和“总里程数”，并在 LCD 有“Last Mem”提示，再按一次退出查询状态。

(4) 时钟源，模拟车轮转动的脉冲信号输出。

工作计划：首先分析任务，进行硬件电路设计；再进行软件程序编写，经编译调试后，对出租车计价器的设计任务进行仿真演示。

8.2.2　硬件电路设计

单片机的 P2.0、P2.1、P2.2 口接 LCD1602 液晶显示器的 RS、RW、E 信号端，P0 口接 LCD1602 的数据线。P3.0 口接计费指示灯，P3.2 口接脉冲输入信号，P3.6 和 P3.7 口分别接查询按键和开始/停止按键。P1.6 和 P1.7 口分别接 24C02 的 SCK 和 SDA 端。其电路图如图 8-11 所示。

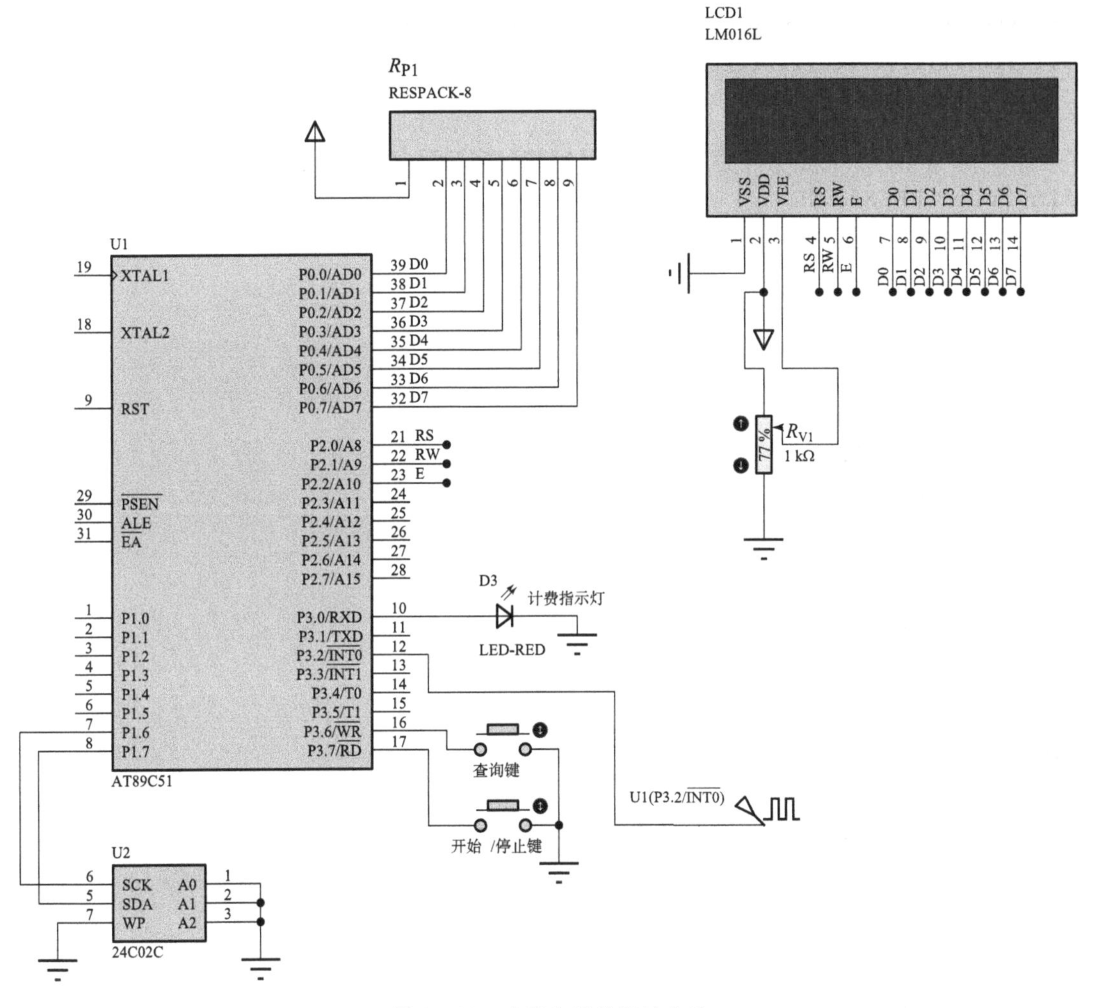

图 8-11　出租车计价器的电路

8.2.3 软件程序设计

程序按照模块化编程思路完成。参考程序如下:

```
/**********************************************************************
    功能:1. 系统有两个按键"开始/停止"键和"查询"键。
    2. 按一次"开始/停止"键模拟出租车行驶并开始计费,计费指示灯常亮,LCD 显示相关数据;再按一次计费终止,并存储此次的"总价"和"总里程数",计费指示灯熄灭。
    3. 按"查询"键,可以查看上一次的计费记录,包括"总价"和"总里程数",并在 LCD 有"Last Mem"提示,再按一次退出查询状态。
    4. 时钟源,模拟车轮转动的脉冲信号输出。
********************************************************************** /
/**********************************************************************
24C02 存储及调用子函数
********************************************************************** /
#include <REGX52.H>
sbit SCL = P1^6;
sbit SDA = P1^7;

void start_24c02()
{
        SCL = 0;
        SDA = 1;
        SCL = 1;
        SDA = 0;
        SCL = 0;
}

void stop_24c02()
{
        SCL = 0;
        SDA = 0;
        SCL = 1;
        SDA = 1;
        SCL = 0;
    }

void ans_24c02()
```

```
{
    SCL =0;
    SCL =1;
    SCL =0;
}
unsigned char du_byte_24()
{
      unsigned char i,temp =0;
      SCL =0;
      SDA =1;
      for(i =0;i <8;i ++)
      {
           SCL =1;
           if(SDA)temp = temp |(0x80 >>i);
           SCL =0;
      }
      return temp;
}

void xie_byte_24(unsigned char tem)
{
    unsigned char i =0;
    SCL =0;

    for(i =0;i <8;i ++)
    {
          SDA = tem&(0x80 >>i);
          SCL =1;
          SCL =0;
    }

}

//*********
void xie_24c02(unsigned char  adds,unsigned char shu)
{
    start_24c02();
```

```
    xie_byte_24(0xa0);
    ans_24c02();
    xie_byte_24(adds);
    ans_24c02();
    xie_byte_24(shu);
    ans_24c02();
    stop_24c02();

}

unsigned char du_24c02(unsigned char adds)
{
    unsigned char shu;
      start_24c02();
      xie_byte_24(0xa0);
      ans_24c02();
      xie_byte_24(adds);
      ans_24c02();
      start_24c02();
      xie_byte_24(0xa1);
      ans_24c02();
      shu=du_byte_24();
      stop_24c02();
      return shu;

}

     /********************************************************************
     LCD1602 显示子函数
     ******************************************************************** /
     #include<REGX51.H>
     //-----引脚定义------
     #define LCD_DB P0
     sbit LCD_RS=P2^0;
     sbit LCD_RW=P2^1;
     sbit LCD_E=P2^2;
     //-----1602 功能函数-----
     void delay1ms(unsigned char ms)
```

```
{
    unsigned char i,j;
    while(ms--)
    for(i=0;i<4;i++)
    for(j=0;j<250;j++);
}
void busy_chk()  //忙检测
{
     do
     {
       LCD_E=0;
       LCD_RS=0;
       LCD_RW=1;
       LCD_E=1;
       LCD_DB=0xff;
      }
      while(LCD_DB&0x80);  //*****“忙”则等待*****
}
//写命令
void write_cmd(unsigned char cmd)
{
    LCD_E=0;
    LCD_RS=0;
    LCD_RW=0;
    LCD_DB=cmd;
    LCD_E=1;
    LCD_E=0;
}
//写数据
void write_dat(unsigned char dat)
{
    LCD_E=0;
    LCD_RS=1;
    LCD_RW=0;
    LCD_DB=dat;
    LCD_E=1;
    LCD_E=0;
}
```

```
//初始化函数
void LCD_Init()
{
    delay1ms(15);
    busy_chk();
    write_cmd(0x38);
    busy_chk();
    write_cmd(0x08);
    busy_chk();
    write_cmd(0x01);
    busy_chk();
    write_cmd(0x06);
    busy_chk();
    write_cmd(0x0c);
}

void LCD_clear()
{
    busy_chk();
    write_cmd(0x01);
}
//显示一个字符
//1602 显示 在(x,y)显示字符型 ch
void LCD_char(unsigned char x,unsigned char y,unsigned char ch)
{
    if(x ==0)
    {
        busy_chk();
        write_cmd(0x80 +y);
    }
    else
    {
        busy_chk();
        write_cmd(0xc0 +y);
    }
    busy_chk();
    write_dat(ch);
}
```

```
//从(x,y)开始显示字符串,x=0 or 1;y=0-15;
void LCD_string(unsigned char x,unsigned char y,unsigned char* p)
{
    if(x==0)
    {
        busy_chk();
        write_cmd(0x80+y);
    }
    else
    {
        busy_chk();
        write_cmd(0xc0+y);
    }
    while(* p! ='\0')
    {
        busy_chk();
        write_dat(* p);
        p++;
    }
}
```

```
/*********************************************************************
主函数:main()函数
********************************************************************* /
```

```
#include <REGX51. H >
#include "lcd1602. h"
#include "at24c02. h"
sbit Key_start=P3^7;
sbit Key_search=P3^6;
sbit start_led=P3^0;
bit start_flag=0,search_flag=0;
float licheng=0;
float speed=0;
float fare=0,licheng_total=0;
union fSave
{
    float data_f;
    unsigned char data_c[4];
```

```
}fare_s,licheng_total_s;
unsigned int timer0_i =0;
unsigned char code tabNum[] = {"0123456789"};
void dis_licheng(unsigned char x,unsigned char y,float dat_p)
{
    unsigned int temp_t =0;
    temp_t =dat_p* 10;//小数调整
//  LCD_string(x,y,"Mil:");
//  LCD_char(x,y +4,tabNum[temp_t/10000]);
    LCD_char(x,y,tabNum[temp_t/1000]);
        LCD_char(x,y +1,tabNum[temp_t% 1000/100]);
        LCD_char(x,y +2,tabNum[temp_t% 100/10]);
        LCD_char(x,y +3,'.');
        LCD_char(x,y +4,tabNum[temp_t% 10]);
        LCD_string(x,y +5,"Km");
}
void dis_speed(unsigned char x,unsigned char y,float speed_p)
{
 unsigned int speed_t;
 speed_t =speed_p* 10;//小数调整
    LCD_char(x,y,tabNum[speed_t/1000]);
 LCD_char(x,y +1,tabNum[speed_t% 1000/100]);
 LCD_char(x,y +2,tabNum[speed_t% 100/10]);
    LCD_char(x,y +3,'.');
    LCD_char(x,y +4,tabNum[speed_t% 10]);
    LCD_string(x,y +5,"Km/m");
}
void count_fare()
{
    if(licheng_total <3)
    {
      fare =8;
    }
    else if(licheng_total <6)
    {
      fare =8 +(licheng_total -3)* 1.2;
    }
    else
```

```
    {
      fare =8 +3* 1.2 +(licheng_total -6)* 1.2* (1 +0.5);
    }
}
void dis_fare(unsigned char x,unsigned char y,float fare_p)
{
    unsigned int fare_t =0;
    fare_t = fare_p* 10;
    LCD_char(x,y,tabNum[fare_t/1000]);
    LCD_char(x,y +1,tabNum[fare_t% 1000/100]);
    LCD_char(x,y +2,tabNum[fare_t% 100/10]);
    LCD_char(x,y +3,'.');
    LCD_char(x,y +4,tabNum[fare_t% 10]);
    LCD_string(x,y +5,"MYM");
}
void save_data()
{
    unsigned char i =0;
    for(i =0;i <4;i ++)     //写低四位
    {
        xie_24c02(1 +i,fare_s.data_c[i]);
        delay1ms(10);
    }
    for(i =0;i <4;i ++)   //写高四位
    {
        xie_24c02(5 +i,licheng_total_s.data_c[i]);
        delay1ms(10);
    }
}
void load_data()
{
    unsigned char i =0;
    for(i =0;i <4;i ++)     //读第四位的值
    {
        fare_s.data_c[i] =du_24c02(1 +i);
    }
    for(i =0;i <4;i ++)     //读高四位的值
    {
```

```
        licheng_total_s.data_c[i]=du_24c02(5+i);
    }
}
void dis_mem()
{
    dis_fare(0,0,fare_s.data_f);
    dis_licheng(0,7,licheng_total_s.data_f);  //显示总里程
    LCD_string(1,4,"Last Mem");
}
void main()
{
    unsigned char temp=0;
    LCD_Init();
    IT0=1;  //边沿触发
    EX0=0;
    TMOD=0x01;
    TH0=(65535-50000)>>8;
    TL0=65535-50000;
    ET0=1;
    TR0=1;
    EA=1;  //总中断打开
    while(1)
    {
      //----启动/停止计费键功能-------------
      Key_start=1;
      if(Key_start==0)
      {
          delay1ms(10);
          if(Key_start==0)
          {
              while(Key_start==0);
              start_flag=~start_flag;
              if(start_flag)  //开始计费
              {
                  licheng_total=0;
                  licheng=0;  //用于测速
                  timer0_i=0;
                  IE0=0;
```

```
            EX0 =1;  //使能外部中断0
          }
          else
          {
           EX0 =0;  //关中断允许
           licheng_total_s.data_f =licheng_total;
           count_fare();  //费用计算
           fare_s.data_f =fare;
           save_data();  //保存此次数据
         }
      }
    }
    //--------------------------------------------------
    //-----查询功能键---------------------
      Key_search =1;
      if(Key_search ==0)
      {
       delay1ms(10);
       if(Key_search ==0)
       {
           while(Key_search ==0);
           search_flag = ~search_flag;  //查询功能标志
           LCD_clear();  //清屏
           if(search_flag)
           {
              load_data();
           }
       }
      }
      //-----------------------------------
      start_led =start_flag;
      if(search_flag)  //查询功能
      {
        dis_mem();
      }
      else
      {
        dis_licheng(0,7,licheng_total);  //显示总里程
```

```
            dis_speed(1,7,speed);
            count_fare();  //费用计算
            dis_fare(0,0,fare);
        }
    }
}
void Int0(void)interrupt 0
{
    licheng_total + =0.01;      //每个脉冲模拟 0.001 公里
}
void Timer0(void)interrupt 1
{
    TH0 =(65535 -50000) >>8;
    TL0 =63335 -50000;
    timer0_i ++;
    if(timer0_i > =20)    //计时 1s
    {
        timer0_i =0;
        speed =(licheng_total - licheng)* 60;  //转换为分钟 km/min
        licheng = licheng_total;
    }
  }
  /***************************************************************
  LCD1602 头文件:LCD1602.H
  *************************************************************** /
  #ifndef__LCD1602_H__
  #define  __LCD1602_H__
  extern void delay1ms(unsigned char ms);
  extern void LCD_Init();  //初始化函数
  void LCD_clear();
  extern void LCD_char(unsigned char x,unsigned char y,unsigned char
ch);
     //显示一个字符,1602 显示 在(x,y)显示字符型 ch
  extern void LCD_string(unsigned char x,unsigned char y,unsigned
char* p);  //从(x,y)开始显示字符串,x =0 or 1;y =0 -15;
  #endif
  /***************************************************************
  24C02 头文件:AT24C02.H
```

```
************************************************************************ /
#ifndef__AT24C02_H__
#define __AT24C02_H__
extern unsigned char du_24c02(unsigned char adds);      //从地址adds,读一字节并返回
extern void xie_24c02(unsigned char  adds,unsigned char shu);  //向地址 adds 写一字节 shu
#endif
```

8.2.4 调试与运行

计价器运行过程仿真图如图 8－12 所示。

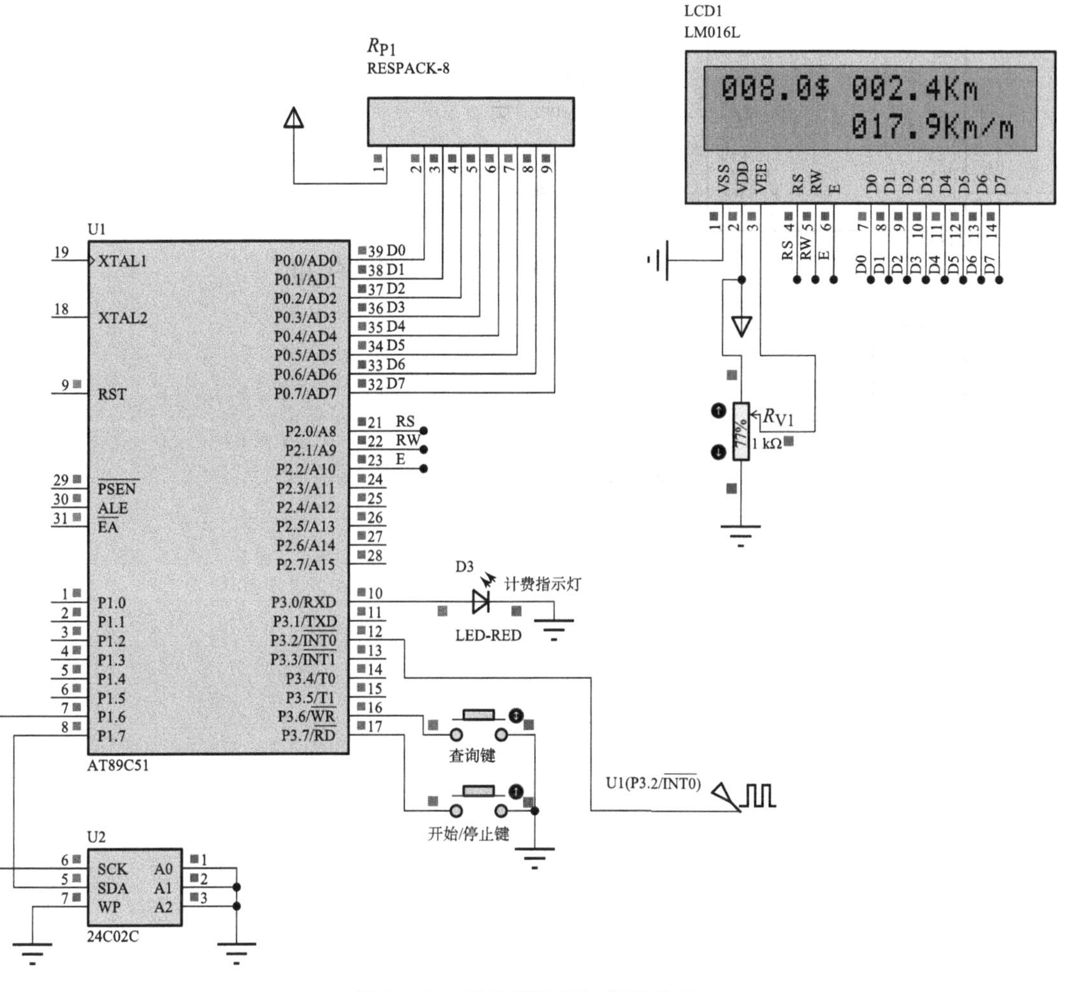

图 8－12　计价器运行过程仿真图

查询结果仿真图如图 8－13 所示。

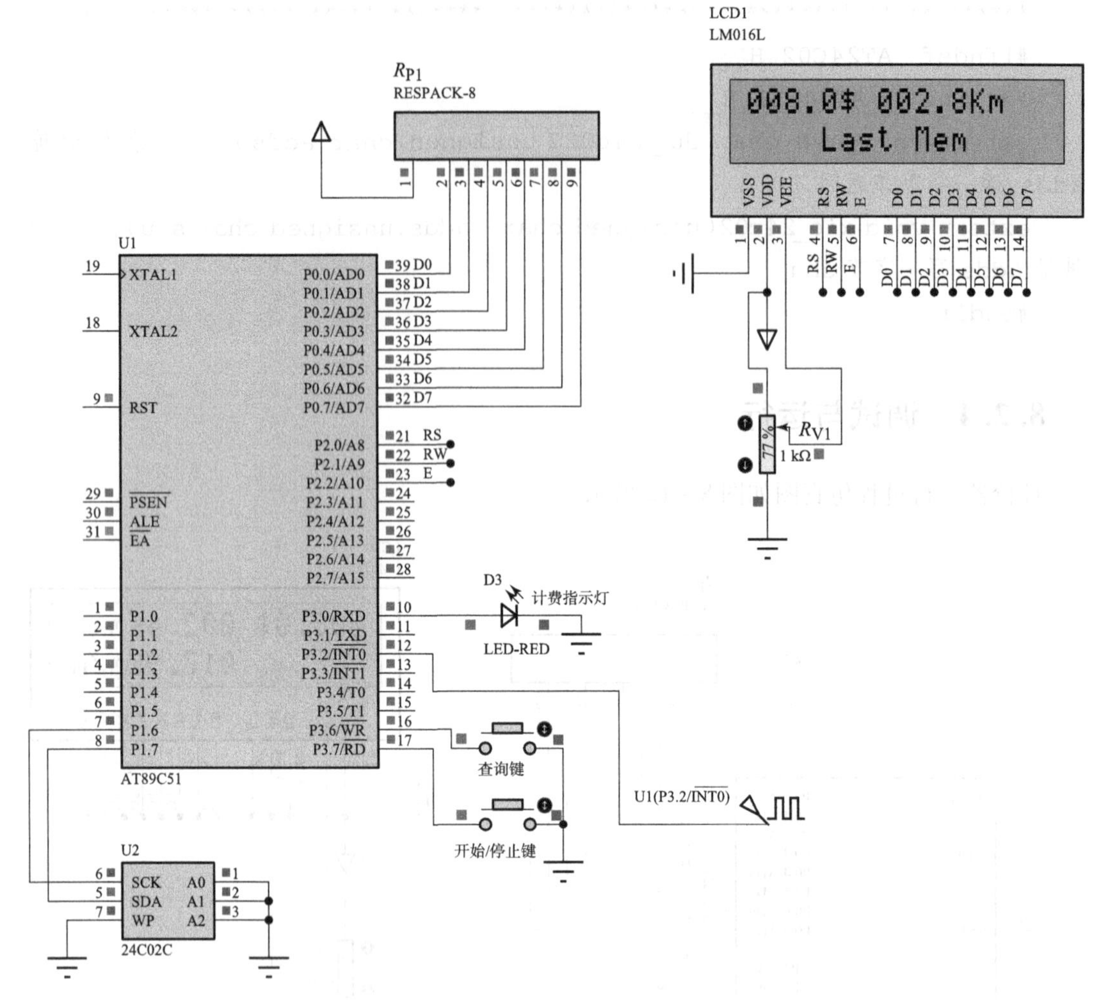

图 8-13　查询结果仿真图

附录1　常用 ASCII 码表对照表

ASCII 值	控制字符	ASCII 值	控制字符	ASCII 值	控制字符	ASCII 值	控制字符
0	NUT	32	(space)	64	@	96	、
1	SOH	33	!	65	A	97	a
2	STX	34	"	66	B	98	b
3	ETX	35	#	67	C	99	c
4	EOT	36	$	68	D	100	d
5	ENQ	37	%	69	E	101	e
6	ACK	38	&	70	F	102	f
7	BEL	39	·	71	G	103	g
8	BS	40	(	72	H	104	h
9	HT	41	)	73	I	105	i
10	LF	42	*	74	J	106	j
11	VT	43	+	75	K	107	k
12	FF	44	,	76	L	108	l
13	CR	45	-	77	M	109	m
14	SO	46	.	78	N	110	n
15	SI	47	/	79	O	111	o
16	DLE	48	0	80	P	112	p
17	DCI	49	1	81	Q	113	q
18	DC2	50	2	82	R	114	r
19	DC3	51	3	83	X	115	s
20	DC4	52	4	84	T	116	t
21	NAK	53	5	85	U	117	u
22	SYN	54	6	86	V	118	v
23	TB	55	7	87	W	119	w
24	CAN	56	8	88	X	120	x
25	EM	57	9	89	Y	121	y
26	SUB	58	:	90	Z	122	z
27	ESC	59	;	91	[	123	{
28	FS	60	<	92	\	124	|
29	GS	61	=	93	]	125	}
30	RS	62	>	94	^	126	~
31	US	63	?	95	—	127	DEL

附录2 “reg52. h”头文件详解

在每个使用C51语言编写的程序中，都会在程序的开头出现“#include <reg52. h>”这条语句，它的含义是引用头文件reg52. h，在头文件reg52. h中对单片机的各个寄存器进行了符号定义，以下程序是reg52. h头文件的内容及含义。

```
/*-----------------------------------------------------------
REG52.H

Header file for generic 80C52 and 80C32 microcontroller.
Copyright(c)1988-2002 Keil Elektronik GmbH and Keil Software,Inc.
All rights reserved.
-----------------------------------------------------------*/

#ifndef__REG52_H__
#define__REG52_H__

/*  BYTE Registers(字节寄存器)  */
sfr P0     =0x80;
sfr P1     =0x90;
sfr P2     =0xA0;
sfr P3     =0xB0;
sfr PSW    =0xD0;
sfr ACC    =0xE0;
sfr B      =0xF0;
sfr SP     =0x81;
sfr DPL    =0x82;
sfr DPH    =0x83;
sfr PCON   =0x87;
sfr TCON   =0x88;
sfr TMOD   =0x89;
sfr TL0    =0x8A;
sfr TL1    =0x8B;
sfr TH0    =0x8C;
sfr TH1    =0x8D;
sfr IE     =0xA8;
sfr IP     =0xB8;
sfr SCON   =0x98;
sfr SBUF   =0x99;

/*  8052 Extensions  */
sfr T2CON  =0xC8;
sfr RCAP2L =0xCA;
sfr RCAP2H =0xCB;
sfr TL2    =0xCC;
sfr TH2    =0xCD;

/*  BIT Registers(位寄存器)*/
/*  PSW  */
sbit CY    =PSW^7;
sbit AC    =PSW^6;
sbit F0    =PSW^5;
sbit RS1   =PSW^4;
sbit RS0   =PSW^3;
sbit OV    =PSW^2;
sbit P     =PSW^0;//8052 only
```

```
/*   TCON   * /
sbit TF1   =TCON^7;
sbit TR1   =TCON^6;
sbit TF0   =TCON^5;
sbit TR0   =TCON^4;
sbit IE1   =TCON^3;
sbit IT1   =TCON^2;
sbit IE0   =TCON^1;
sbit IT0   =TCON^0;

/*   IE   * /
sbit EA    =IE^7;
sbit ET2   =IE^5;//8052 only
sbit ES    =IE^4;
sbit ET1   =IE^3;
sbit EX1   =IE^2;
sbit ET0   =IE^1;
sbit EX0   =IE^0;

/*   IP   * /
sbit PT2   =IP^5;
sbit PS    =IP^4;
sbit PT1   =IP^3;
sbit PX1   =IP^2;
sbit PT0   =IP^1;
sbit PX0   =IP^0;

/*   P3   * /
sbit RD    =P3^7;
sbit WR    =P3^6;
sbit T1    =P3^5;
sbit T0    =P3^4;
sbit INT1   =P3^3;
sbit INT0   =P3^2;
sbit TXD   =P3^1;
sbit RXD   =P3^0;

/*   SCON   * /
sbit SM0   =SCON^7;
sbit SM1   =SCON^6;
sbit SM2   =SCON^5;
sbit REN   =SCON^4;
sbit TB8   =SCON^3;
sbit RB8   =SCON^2;
sbit TI    =SCON^1;
sbit RI    =SCON^0;

/*   P1   * /
sbit T2EX   =P1^1;//8052 only
sbit T2    =P1^0;//8052 only

/*   T2CON   * /
sbit TF2    =T2CON^7;
sbit EXF2   =T2CON^6;
sbit RCLK   =T2CON^5;
sbit TCLK   =T2CON^4;
sbit EXEN2   =T2CON^3;
sbit TR2    =T2CON^2;
sbit C_T2   =T2CON^1;
sbit CP_RL2 =T2CON^0;
#endif
```

附录3 Proteus常用元件名称

元件名称	中文名
7407	驱动门
1N914	二极管
74Ls00	与非门
74LS04	非门
74LS08	与门
74LS390	TTL 双十进制计数器
7SEG	4 针 BCD - LED 输出从 0 ~ 9 对应于 4 根线的 BCD 码
7SEG	3 - 8 译码器电路 BCD 7SEG [size = +0] 转换电路
ALTERNATOR	交流发电机
AMMETER - MILLI	mA 安培计
AND	与门
BATTERY	电池/电池组
BUS	总线
CAP	电容
CAPACITOR	电容器
CLOCK	时钟信号源
CRYSTA	晶振
D - FLIPFLOP	D 触发器
FUSE	熔断丝
GROUND	地
LAMP	灯
LED - RED	红色发光二极管
LM016L	行 16 列液晶，可显示 2 行 16 列英文字符
LOGIC ANALYSER	逻辑分析器
LOGICPROBE	逻辑探针
LOGICPROBE [BIG]	逻辑探针，用来显示连接位置的逻辑状态
LOGICSTATE	逻辑状态，用鼠标单击，可改变该方框连接位置的逻辑状态

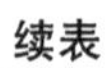

续表

元件名称	中文名
LOGICTOGGLE	逻辑触发
MASTERSWITCH	按钮，手动闭合，立即自动打开
MOTOR	电动机
OR	或门
POT - LIN	三引线可变电阻器
POWER	电源
RES	电阻
RESISTOR	电阻器
SWITCH	按钮手动按一下一个状态
SWITCH - SPDT	二选通一按钮
VOLTMETER	伏特计
VOLTMETER - MILLI	mV 伏特计
VTERM	串行口终端
Electromechanical	电机
Inductors	变压器
Laplace Primitives	拉普拉斯变换

参 考 文 献

[1] 李广弟，等．单片机基础［M］．北京：北京航空航天大学出版社，2001.

[2] 楼然苗，等．51 系列单片机设计实例［M］．北京：北京航空航天大学出版社，2003.

[3] 唐俊翟，等．单片机原理与应用［M］．北京：冶金工业出版社，2003.

[4] 刘瑞新，等．单片机原理及应用教程［M］．北京：机械工业出版社，2003.

[5] 吴国经，等．单片机应用技术［M］．北京：中国电力出版社，2004.

[6] 李全利，迟荣强．单片机原理及接口技术［M］．北京：高等教育出版社，2004.

[7] 侯媛彬，等．凌阳单片机原理及其毕业设计精选［M］．北京：科学出版社，2006.

[8] 罗亚非．凌阳十六位单片机应用基础［M］．北京：北京航空航天大学出版社，2003.

[9] 张毅刚，等．MCS－51 单片机应用设计［M］．第 2 版．哈尔滨：哈尔滨工业大学出版社，2004.

[10] 霍孟友，等．单片机原理与应用［M］．北京：机械工业出版社，2004.

[11] 霍孟友，等．单片机原理与应用学习概要及题解［M］．北京：机械工业出版社，2005.

[12] 许泳龙，等．单片机原理及应用［M］．北京：机械工业出版社，2005.

[13] 马忠梅，等．单片机的 C 语言应用程序设计［M］．北京：北京航空航天大学出版社，2003.

[14] 薛均义，张彦斌，虞鹤松，樊波．凌阳十六位单片机原理及应用［M］．北京：北京航空航天大学出版社，2003.

[15] 郭天祥．新概念 51 单片机 C 语言教程［M］．北京：电子工业出版社，2009.

[16] 陈雅萍．单片机项目设计与实训——项目式教学［M］．北京：高等教育出版社，2011.

[17] 谭浩强．C 程序设计［M］．北京：清华大学出版社，1999.

[18] 王平．单片机应用设计与制作——基于 Keil 和 Proteus 开发仿真平台［M］．北京：清华大学出版社，2014.

[19] 王静霞．单片机应用技术（C 语言版）［M］．北京：电子工业出版社，2012.